路在脚下：流域水生态环境保护政策措施与市场模式

主编　张红举　魏清福

科学出版社

北　京

内 容 简 介

　　本书在梳理国内外生态环境保护与治理进展，以及中国流域生态环境保护管理体制沿革的基础上，以太湖流域为主，介绍了流域水生态环境状况与存在问题、治理任务，对流域水生态环境保护与治理的政策进行浅析，阐述了很多具有太湖流域特色的水生态环境保护与治理的探索与实践、河湖水生态治理的市场模式及流域水生环境治理实践，并对流域水生态环境保护政策措施与市场模式的未来发展路径提出建议。

　　本书可供各级政府管理人员、政策咨询研究人员、广大科研工作者以及关心流域水生态环境保护政策措施与市场模式的人士阅读。

图书在版编目（CIP）数据

路在脚下：流域水生态环境保护政策措施与市场模式/张红举，魏清福主编. —北京：科学出版社，2023.7
　ISBN 978-7-03-074303-9

　Ⅰ.①路… Ⅱ.①张… ②魏… Ⅲ.①太湖-流域-区域水环境-区域生态环境-保护-研究 Ⅳ.①X321.25

中国版本图书馆 CIP 数据核字（2022）第 240340 号

责任编辑：王腾飞/责任校对：何艳萍
责任印制：张　伟/封面设计：许　瑞

科学出版社 出版
北京东黄城根北街 16 号
邮政编码：100717
http://www.sciencep.com
北京建宏印刷有限公司 印刷
科学出版社发行　各地新华书店经销
*
2023 年 7 月第 一 版　开本：720×1000　1/16
2023 年 7 月第一次印刷　印张：17 3/4
字数：358 000
定价：169.00 元
（如有印装质量问题，我社负责调换）

序

　　生态环境保护是一个公益性突出、经营性兼有的准公益性行业，既要法律法规"长牙齿"动真碰硬，也要靠市场解决"烧钱项目的缺钱困境"。改革开放以来，太湖流域在取得巨大发展成就的同时，也付出了生态退化、环境污染、资源紧缺的沉重代价。近年来，流域各省份在习近平生态文明思想的科学指引下，深入践行新发展理念，不为指标波动所慌乱，不为短期变化所干扰，不为困难增多所畏惧，敢于舍沉舟、弃病树，坚定不移地开展生态环境治理，在政府监管与市场引导方面，探索并形成了一批值得借鉴推广的经验做法。

　　该书就是这些经验做法的提炼归纳。总的来说，这本书有两个特色。

　　第一，信息比较全，可以说把这几年太湖流域开创性的体制机制成果总体上都呈现出来了。太湖流域的事情就有这么一个特点，以创新引领实践，实践反过来又促进了创新。比如，在政策监管方面，《长江保护法》是我国第一部流域法律，《太湖流域管理条例》是我国第一部流域综合性行政法规。在理念引导方面，浙江省开展的"五水共治"，是"绿水青山就是金山银山"理念的鲜活实践。在机制探索方面，国家实施太湖流域水环境综合治理省部际联席会议制度，进一步拓展建立地区调度协调机制，内涵不断丰富。同时，水环境综合治理信息共享、太湖淀山湖湖长协作、太浦河水资源保护省际协作等机制相继探索实施，扩大和加深了水环境治理合作的范围与深度，形成了流域治理管理协同发力的良好局面。在市场引导方面，江苏省建立了省内水环境质量双向补偿机制，推动建立省际横向生态补偿机制，还通过完善资源有偿使用和环境损害赔偿制度，实行排污权和水权等市场交易机制，激发市场主体保护河湖的积极性和自觉性。这些案例都值得借鉴。

　　第二，研究视野比较宽。该书叙述了生态环境衰退导致古巴比伦等文明的衰落，也介绍了我国宏大而精微的"天人合一""道法自然"等哲理思想。我们国家保护环境的历史非常悠久，例如开展环境管理的虞衡制度，始于帝舜，兴于西周，成熟于春秋战国，传于秦汉，赓续于魏晋隋唐、宋元明清。从中华文明历史文化传统和民族文化自信来看，"曲水流觞、灵动秀美""看得见山，望得见水，记得住乡愁"的画面与思想，始终是人们对美好生活环境的不懈追求。该书还较为系统地编录了生态环境保护管理体制的沿革脉络。读者可以从中看到，我国生态环境保护事业是怎样历经风雨，从蹒跚起步到蔚为大观的。

　　小故事汇成大文章，我相信这本书可为全国其他地区水生态环境保护工作提供"太湖智慧"。太湖流域的"今天"可能就是我国东部其他地区与中部地区的"明天"、西部地区的"后天"。把"政府有为"和"市场有效"的力量统筹起来，各地绿色发展之路定会越走越精彩，"春螺澄岸芦芽柳，暖日流云渡晚舟；绿水青山民共富，行人处处画中游"的愿景也一定能实现。

中国工程院院士

2022 年 7 月 21 日

前　言

　　做好生态环境保护要把握好政府与市场的关系。把有为政府与高效市场结合起来，对于推动全社会形成尊重自然、顺应自然、保护自然的思想共识和行动自觉，加快推动绿色低碳发展，促进经济社会发展全面绿色转型，建设人与自然和谐共生的现代化，具有十分重要的意义。

　　本书主要以太湖流域为对象，就流域水生态环境保护的政策措施、协作机制、市场模式等进行了探讨，并总结了典型的实践案例。第 1 章介绍了国内外生态环境保护与治理，并重点梳理了中国流域生态环境保护管理体制的沿革。第 2 章叙述了太湖流域水生态环境状况，分析了存在的问题。第 3 章从长江经济带建设战略、生态文明建设和全面建成小康社会三个方面，阐述了经济社会发展对流域水生态的要求，在此基础上提出了太湖流域河湖生态环境治理的总体要求和主要任务。第 4 章归纳了我国在流域水生态环境保护与治理方面的政策，对具有特色的太湖流域水环境综合治理省部际联席会议制度等创新机制进行了阐述。第 5 章就已经取得较好成效的太湖流域水环境综合治理、太湖流域水生态文明城市建设试点、河长制、浙江省"五水共治"等实践进行了总结。第 6 章论述了河湖水生态治理的经济理论、典型河湖防洪与水生态治理市场模式和太湖流域河湖水生态治理的投融资状况。第 7 章汇集了典型的流域水生态环境治理市场模式的实践案例。第 8 章对流域水生态环境保护政策措施与市场模式的未来发展路径提出建议。

　　感谢中国工程院院士王浩在百忙之中审阅书稿，并提出宝贵意见。本书在编写过程中得到了中国水利水电科学研究院冯健、上海勘测设计研究院有限公司袁洪州等专家的指导与大力支持，在此表示诚挚的谢意！

　　由于编者水平有限，书中难免存在疏漏或不当之处，敬请广大读者谅解，竭诚欢迎广大读者给予批评指正。

目　　录

序

前言

第1章　国内外生态环境保护与治理及中国流域生态环境保护管理体制沿革 ···· 1

  1.1　古代文明与生态环境保护 ·· 2

    1.1.1　古巴比伦：灌溉工程引起的兴衰 ······························· 2

    1.1.2　古印度：和谐的生态自然观 ···································· 3

    1.1.3　古罗马：森林的砍伐与保护 ···································· 4

    1.1.4　古埃及：智慧的生态教育 ······································ 5

    1.1.5　中国古代生态环境保护 ·· 7

  1.2　当代国外流域水生态环境保护与治理进展 ····················· 10

    1.2.1　美国流域水生态环境保护与治理进展 ····················· 10

    1.2.2　欧洲流域水生态环境保护与治理进展 ····················· 13

    1.2.3　日本流域水生态环境保护与治理进展 ····················· 17

    1.2.4　典型流域案例 ·· 18

    1.2.5　小结 ··· 26

  1.3　当代中国生态环境保护政策构建与市场模式 ··················· 28

    1.3.1　国家生态环境保护管理体制的演进 ······················· 29

    1.3.2　生态环境保护政策构建与发展 ···························· 34

    1.3.3　生态环境保护治理市场模式的改革、创新和发展 ········· 41

  1.4　中国流域生态环境保护管理体制沿革 ························ 43

第2章　太湖流域水生态环境状况与存在问题 ····················· 46

  2.1　太湖流域概况 ·· 46

  2.2　太湖流域水生态环境状况 ···································· 49

    2.2.1　饮用水安全保障 ·· 49

    2.2.2　入湖河流水质 ·· 49

    2.2.3　太湖湖体 ··· 50

    2.2.4　淀山湖湖体 ··· 51

    2.2.5　太湖流域河网水功能区 ······································ 51

  2.3　河湖生态主要问题 ·· 51

    2.3.1　流域污染物减排进入瓶颈期 ································· 52

2.3.2　流域水环境治理成效还不稳固 …………………………… 52
2.3.3　湖库富营养化趋势没有得到有效控制 …………………… 52
2.3.4　生态环境协同治理较弱 …………………………………… 53
2.3.5　太湖治理关键问题需要开展深入研究 …………………… 53

第3章　太湖流域河湖生态环境治理任务 …………………………… 54
3.1　形势背景 ………………………………………………………… 54
3.1.1　长江经济带建设战略对流域水生态的要求 ……………… 54
3.1.2　生态文明建设对流域水生态的要求 ……………………… 55
3.1.3　全面建成小康社会对流域水生态的要求 ………………… 56
3.2　总体要求 ………………………………………………………… 57
3.2.1　指导思想 …………………………………………………… 57
3.2.2　基本原则 …………………………………………………… 57
3.2.3　总体目标建议 ……………………………………………… 58
3.3　主要任务 ………………………………………………………… 59
3.3.1　推动工业绿色发展 ………………………………………… 59
3.3.2　提升城乡生活污染治理水平 ……………………………… 62
3.3.3　推进农业面源污染治理 …………………………………… 63
3.3.4　提升生态环境监管服务水平 ……………………………… 67
3.3.5　深化流域水环境综合治理 ………………………………… 70
3.3.6　推进河湖休养生息 ………………………………………… 74
3.3.7　落实国家节水行动 ………………………………………… 76
3.3.8　加强依法管水治水 ………………………………………… 78
3.3.9　挖掘发展弘扬优秀水文化 ………………………………… 80

第4章　太湖流域水生态环境保护与治理政策浅析 ………………… 82
4.1　法律法规 ………………………………………………………… 83
4.1.1　《中华人民共和国长江保护法》 ………………………… 83
4.1.2　《太湖流域管理条例》 …………………………………… 84
4.1.3　地方性水生态环境治理法规 ……………………………… 85
4.2　司法解释 ………………………………………………………… 86
4.2.1　最高人民法院、最高人民检察院《关于办理环境污染刑事案件适用法律若干问题的解释》 ……………………………… 86
4.2.2　最高人民法院《关于审理生态环境损害赔偿案件的若干规定（试行）》 ……………………………………………………… 87
4.3　政策文件 ………………………………………………………… 88
4.3.1　中共中央、国务院《关于加快推进生态文明建设的意见》 …… 88

4.3.2 中共中央、国务院《关于深入打好污染防治攻坚战的意见》·· 89

4.3.3 中共中央办公厅、国务院办公厅印发《关于深化生态保护补偿制度改革的意见》 90

4.3.4 国家发展改革委、生态环境部、水利部《关于推动建立太湖流域生态保护补偿机制的指导意见》 91

4.3.5 国家发展改革委印发《关于加强长江经济带重要湖泊保护和治理的指导意见》 91

4.3.6 中国人民银行等七部委《关于构建绿色金融体系的指导意见》 92

4.3.7 财政部等四部委《支持长江全流域建立横向生态保护补偿机制的实施方案》 92

4.4 管理制度 94

4.4.1 中央生态环境保护督察制度 94

4.4.2 最严格水资源管理制度 97

4.4.3 资源环境审计制度 97

4.4.4 排污许可证制度 99

4.4.5 河长制与湖长制 100

4.4.6 国家公园体制 102

4.5 区划与红线 104

4.5.1 主体功能区划 104

4.5.2 生态保护红线 106

4.5.3 水功能区划 107

4.5.4 生态功能区划 109

4.6 规划纲要 109

4.6.1 《长江经济带发展规划纲要》 109

4.6.2 《长江三角洲区域一体化发展规划纲要》 110

4.6.3 《大运河文化保护传承利用规划纲要》 111

4.7 规划方案 113

4.7.1 生态环境保护规划 113

4.7.2 《太湖流域综合规划（2012～2030年）》 114

4.7.3 《太湖流域水环境综合治理总体方案》 114

4.7.4 《长江经济带生态环境保护规划》 115

4.7.5 《长三角生态绿色一体化发展示范区总体方案》 115

4.7.6 《长江三角洲区域生态环境共同保护规划》 116

4.7.7 《长江三角洲区域一体化发展水安全保障规划》 118

4.8　行动计划 ··119
　　4.8.1　《水污染防治行动计划》··119
　　4.8.2　《建立市场化、多元化生态保护补偿机制行动计划》·········119
　　4.8.3　《长江保护修复攻坚战行动计划》·······································120
　　4.8.4　《深入打好长江保护修复攻坚战行动方案》························120
　　4.8.5　《沪苏浙皖检察机关加强环太湖流域生态环境保护检察协作
　　　　　　三年行动方案》··121
　　4.8.6　《江苏省打好太湖治理攻坚战实施方案》···························122
　　4.8.7　《江苏省生态河湖行动计划（2017—2020 年）》··················122
　　4.8.8　《浙江省美丽河湖建设行动方案（2019—2022 年）》············123
　　4.8.9　《上海市 2021—2023 年生态环境保护和建设三年行动计划》
　　　　　　··124
4.9　协作机制 ··125
　　4.9.1　长三角区域水污染防治协作机制···125
　　4.9.2　长三角区域生态环境保护司法协作机制······························125
　　4.9.3　太湖流域水环境综合治理省部际联席会议制度····················126
　　4.9.4　太湖流域调度协调机制··126
　　4.9.5　太湖湖长协商协作机制··127
　　4.9.6　环太湖城市水利工作联席会议··127
　　4.9.7　太湖流域水环境信息共享机制··128
　　4.9.8　太湖流域跨省河湖突发水污染事件联防联控协作机制·········128
　　4.9.9　太浦河水资源保护省际协作机制···129
　　4.9.10　太湖流域省际边界地区水葫芦防控工作协作机制···············129
　　4.9.11　流域和区域水行政执法联合巡查机制·································130
第 5 章　太湖流域水生态环境保护与治理的探索与实践 ····················131
5.1　太湖流域水环境综合治理 ··131
　　5.1.1　治理成效··131
　　5.1.2　太湖流域水环境综合治理的经验总结··································132
　　5.1.3　存在的问题··139
　　5.1.4　形势分析··142
　　5.1.5　工作展望··143
5.2　太湖流域水生态文明城市建设试点 ···145
　　5.2.1　主要工作内容··145
　　5.2.2　流域典型城市试点做法——以苏州市为例····························148
　　5.2.3　太湖流域水生态文明城市建设试点成效································152

　　　5.2.4　太湖流域水生态文明城市建设试点的经验总结 ····················· 155

　5.3　探索实践河长制 ··· 157
　　　5.3.1　河长制起源 ··· 158
　　　5.3.2　流域层面指导 ··· 159
　　　5.3.3　省（市）开展工作 ·· 167

　5.4　浙江省"五水共治" ·· 169
　　　5.4.1　决策与重点 ··· 169
　　　5.4.2　治水步骤 ··· 171
　　　5.4.3　工作举措 ··· 172
　　　5.4.4　治水成效 ··· 176
　　　5.4.5　"五水共治"的经验总结 ·· 177

第6章　河湖水生态治理市场模式 ··· 180
　6.1　综合治理经济理论 ·· 180
　　　6.1.1　生态服务功能价值 ·· 180
　　　6.1.2　外部性理论 ··· 183
　　　6.1.3　环境治理的市场失灵 ·· 186
　　　6.1.4　环境治理的政府缺陷 ·· 187
　　　6.1.5　第三方环境治理风险构成 ·· 188

　6.2　典型河湖防洪及水生态治理市场模式 ··· 189
　　　6.2.1　政府与社会资本合作（PPP）模式 ································· 190
　　　6.2.2　水利债券 ··· 193
　　　6.2.3　政府购买服务 ··· 194
　　　6.2.4　生态补偿 ··· 195
　　　6.2.5　排污权交易制度 ··· 201
　　　6.2.6　环境污染责任保险制度 ·· 202
　　　6.2.7　洪水保险制度 ··· 203

　6.3　太湖流域河湖水生态治理投融资状况 ··· 204
　　　6.3.1　太湖流域水环境治理投融资现状 ···································· 204
　　　6.3.2　国有银行对太湖流域河湖防洪及水生态治理的资金支持情况 ··· 206
　　　6.3.3　太湖流域河湖防洪及水生态治理的其他资金渠道 ·················· 207
　　　6.3.4　流域综合治理投融资问题 ··· 209

第7章　流域水生态环境治理市场模式实践集锦 ····································· 214
　7.1　生态补偿相关实践案例 ·· 214
　　　7.1.1　新安江流域生态补偿 ·· 214
　　　7.1.2　江苏省昆山市生态补偿 ·· 220

7.1.3 浙江省湖州市老虎潭水库水生态补偿 …………………………… 222
7.1.4 浙江省德清县生态补偿模式 …………………………………… 222
7.2 排污权与水权交易的相关实践案例 ……………………………… 223
7.2.1 江苏省太湖流域排污权交易 …………………………………… 223
7.2.2 上海市排污权交易 ……………………………………………… 225
7.2.3 东苕溪流域水权制度改革 ……………………………………… 226
7.3 绿色金融相关实践案例 …………………………………………… 228
7.3.1 江苏银行业金融机构绿色信贷 ………………………………… 229
7.3.2 江苏省常州市绿色信贷 ………………………………………… 230
7.3.3 江苏省无锡市五里湖水环境综合治理投融资 ………………… 232
7.3.4 浙江省绿色金融改革创新"浙江案例" ………………………… 232
7.4 环境污染强制责任保险相关实践案例 …………………………… 235
7.4.1 江苏省环境污染责任保险 ……………………………………… 236
7.4.2 环境污染强制责任保险"湖州模式" …………………………… 238
7.5 其他相关实践案例 ………………………………………………… 239
7.5.1 江苏省常熟市农村分散式污水处理 PPP 项目 ……………… 239
7.5.2 上海市巨灾保险制度 …………………………………………… 240
7.6 各类实践的经验与启示 …………………………………………… 241
7.6.1 寻求多样化投融资途径 ………………………………………… 241
7.6.2 健全治理设施与管理机制 ……………………………………… 242
7.6.3 构建税收补偿体系 ……………………………………………… 243
7.6.4 保障流域水生态环境治理的投资 ……………………………… 245
7.6.5 完善风险防范机制 ……………………………………………… 247
7.6.6 推行排污权交易制度 …………………………………………… 248
7.6.7 推动环境污染责任保险制度 …………………………………… 250
7.6.8 试行洪水保险制度 ……………………………………………… 252
第8章 流域水生态环境保护政策措施与市场模式的未来发展路径 …… 254
8.1 强化系统思维，加强对生态环境治理的统筹谋划 ……………… 254
8.1.1 系统治理生态环境理念 ………………………………………… 254
8.1.2 深入推进新时代生态环境管理体制改革 ……………………… 255
8.1.3 推进生态环境保护工作的统筹谋划综合治理 ………………… 256
8.2 强化法治思维，运用法治方式治理生态环境 …………………… 257
8.2.1 提升生态环境立法质量，发挥立法的引领和推动作用 ……… 257
8.2.2 加大对生态环境违法行为的处罚力度 ………………………… 257
8.2.3 推动生态环境治理领域的司法创新 …………………………… 258

8.3　强化市场思维，充分发挥市场在资源配置中的决定性作用……………258

　　8.3.1　充分认识自然生态环境资源的稀缺性和商品价值属性………258

　　8.3.2　健全生态环境保护的市场体系……………………………258

　　8.3.3　建立和完善生态环境资源的补偿机制……………………259

参考文献………………………………………………………………261

后记……………………………………………………………………266

第1章　国内外生态环境保护与治理及中国流域生态环境保护管理体制沿革

远古时代，人类力量弱小。与其他自然生物一样，人类的生存规律也基本遵循自然界的必然性法则，以采集、狩猎、捕捞等依靠天然的劳动方式，获得生活资料。在原始人与自然的这种关系中，自然界处于主导地位，先民们学习和追求的目标就是怎样去顺应自然。人和自然界相互作用的历史形式，是以生态规律占支配地位的。原始人和自然共生共存、共同进化的方式，体现着人与自然之间的一种天然和谐关系，即朴素的"天人合一"的原始文明。

随着畜力和金属工具投入使用，人类社会由原始状态逐步进入农业文明。在农业文明中，人对自然资源的利用能力非常有限，索取在总体上尚未超过自然界自我调节和再生的能力，因此自然界较少受到破坏。

18世纪下半叶至20世纪上半叶，首先是英国，然后是欧美其他国家、日本等，先后经历和完成了工业革命。在这场被社会学家普遍称为人类技术史和经济史上"分水岭"的革命中，西方资本主义国家建立了以纺织、煤炭、能源、化工、冶金为基础的高污染、高耗能、高排放、资源型的产业结构和发展模式，迅速提升了国家的生产力，并建立了主导现代世界体系的物质基础。马克思和恩格斯曾经在《共产党宣言》中指出这种工业和发展模式在推动人类生产力方面的巨大历史意义——资产阶级在它不到100年的阶级统治中所创造的生产力，比过去一切世代创造的全部生产力还要多，还要大。但是，这个生产力的"分水岭"，同时也是生态环境的"分水岭"（王丹，2011）。从工业革命开始，由于人类对自然界大规模地利用、控制、征服，生态环境也随之开始恶化。20世纪20年代后，西方资本主义国家开始出现了严重的环境公害事件，到了50年代更是进入了"公害泛滥期"，并发生过著名的"八大公害事件"①。

从时间尺度看，人类出现的时间，特别是工业革命以来的200多年，相对于地球的年龄来说，十分短暂。然而就在这短暂的时间内，人类极大地改变了地球的面貌。时至今天，人类在地球上的足迹几乎无处不在。这既有其好的一面，也带来了一些负面影响。有史以来全球森林面积已减少一半，不可再生的煤炭、石

---

① 八大公害事件：比利时马斯河谷烟雾事件、英国伦敦烟雾事件、日本四日市哮喘事件、日本米糠油事件、日本水俣病事件、日本富山骨痛病事件、美国洛杉矶光化学烟雾事件、美国多诺拉镇烟雾事件。

油等自然资源被大规模消耗，气候变化不再是未来的影响而成为当前的现实威胁，水资源短缺影响着世界上40%的人口，活性氮污染成为全球面临的新的重要环境挑战，大量的污染物排放已经让今天的地球"净土"难寻。

从目前来看，人类在传统工业化进程中、在处理人与自然关系上，充斥着各种不平等、不和谐、不平衡的问题。发达国家通过对外扩张，向后发国家转移污染企业和技术，在解决自身环境问题的同时，也输出了污染。尽管经济在发展、技术在进步，但人类的生产生活方式并未发生根本性变化。高投入、高消耗、高排放的传统发展模式，给地球带来了资源短缺、环境污染和生态破坏，引发人与自然之间愈来愈尖锐的矛盾冲突，教训极其深刻。

1.1 古代文明与生态环境保护

1.1.1 古巴比伦：灌溉工程引起的兴衰

起源于底格里斯河和幼发拉底河的两河流域文明为古代世界四大文明之一。从新石器时代起，底格里斯河和幼发拉底河两条大河就哺育了许多农业村落。约公元前3000年，从外部迁移到今伊拉克南部干旱无雨地区的苏美尔人，利用河水灌溉农田并在生产中发明世界上最早的文字，从而创造出一批人类最早的城市国家和灿烂的苏美尔文明（宋娇等，2014）。苏美尔文明不断向周围扩张，发展成为古巴比伦文明，并把北方的亚述人带入两河流域文明圈。新迁入两河流域的游牧部落王朝在巴格达附近的巴比伦城建立的古巴比伦王国，战败南方苏美尔地区的伊辛和拉尔萨王朝，一统天下。古巴比伦人制定了第一部较为完备的法典《汉谟拉比法典》[①]，其中零散地谈及了关于土地、森林牧场的耕种、垦荒和保护的规定，以及防治污染水源和空气的规定；书写了《吉尔伽美什史诗》[②]，史诗通过最重要的配角——恩奇都的一生历程，揭示出了人类文明的创建不能以征服自然、破坏森林为代价的朴素生态意识（克莱夫·庞廷，2002）。

在巴比伦人和亚述人把两河流域文明推到顶点后，该地区被伊朗高原上的波斯人征服。公元前331年，代表希腊文明的征服者亚历山大征服了全部西亚地区。不久，像1000年多前许多苏美尔城市一样，许多古老的巴比伦和亚述的城市也被

---

① 《汉谟拉比法典》（*The Code of Hammurabi*）是中东地区的古巴比伦国王汉谟拉比（约公元前1792～前1750年在位）在公元前1776年左右颁布的法律汇编，是最具代表性的楔形文字法典，也是世界上现存的第一部比较完备的成文法典。

② 《吉尔伽美什史诗》（又称基尔麦什史诗）（*The Epic of Gilgamesh*）是目前已知世界最古老的英雄史诗。早在4000多年前就已在苏美尔人（Sumerian）中流传，经过千百年加工提炼，终于在古巴比伦王国时期（公元前19世纪～前16世纪）被人用文字形式记录并流传下来。这是一部关于统治着古代美索不达米亚（Mesopotamia）地区苏美尔（Sumer）王朝的都市国家乌鲁克（Uruk）英雄吉尔伽美什（Gilgamesh）的赞歌。

陆续放弃，两河流域文明不久便衰亡了（石艾帆等，2010）。3000 年的两河流域文明灭绝的原因是复杂的。一方面，是因为外部的新兴文明如希腊和伊斯兰文明的征服和取代；另一方面，过度的农业开发使先天不足的生态环境恶化也是一个主要内因。1982 年，美国著名亚述学家雅各布森在《古代的盐化地和灌溉农业》一书中论述了两河流域南部苏美尔地区灌溉农业和土地盐化的关系，并指出这是苏美尔人过早退出历史舞台的一个重要原因。

苏美尔（伊拉克南部）的土地是肥沃的冲积黏土，宜于谷物种植；而气候却干旱少雨，主要生产方式是灌溉农业。然而，土壤和河水中都含有可交换的钠离子等盐分。通常，钠离子等盐分被水带到地下水层中，只要地下水层与地表层保持一定的距离，含盐分的地下水就不能危害农田。古苏美尔人只知浇灌而不知土地中的盐分必须用充足的水加以过滤、疏导并完全排泄出去，结果使当地的地下水层中的盐分逐年加浓。当过度的地表积水渗入地下水时，含盐的地下水位就会上升，在土地的毛细管作用下侵入地表层，使土地盐碱化。从出土的苏美尔城邦争霸时期（约公元前 2400 年）到乌尔第三王朝末（公元前 2004 年）的大批农业泥板文书考古发现，文明一开始，随古代灌溉农业而来的土地盐碱化问题就一直存在，很可能这一恶性循环最后导致了在古巴比伦王国晚期（约公元前 1700 年）以吉尔苏为代表的大批苏美尔城市被永久放弃。

历史经验告诉我们，古代两河流域文明灭亡的一个重要原因是当地的生态环境的变化，尤其是土地的盐碱化导致的农业衰败。

1.1.2　古印度：和谐的生态自然观

古印度文明是世界古代文明圈里一座璀璨夺目的文明殿堂，它有着许多与其他文明迥异的特点：政治上长期处于分裂状态，很少形成统一局面；宗教繁多，吠陀教、婆罗门教、耆那教、佛教、印度教等均产生于古印度；等级制度森严，各等级职业世袭，互不通婚，保持严格界限；农村公社长期存在；各地文化多彩多样，各种文明相互包容（张永秀，2011）。

印度半岛地区拥有良好的森林环境，其地理位置决定当地的农耕、生存需要主要依赖于森林，因而人们对自然始终报以敬重的态度。同时，印度教的创世说认为，"世界上所有的物质都是神的创造，世上万物不论动物与不动物都具有灵性和情感"。因此，印度教主张"梵我合一"，自然与人均为"梵"的化身，崇拜自然并将其视为神化对象。《奥义书》中也指出，"存在于这个宇、水中及火中的神也同样存在于大量的树木和草本植物中"。故自然不是人类征服或享受的对象，而是与人合二为一的另一个自我。

然而，古印度文明在历史上风光一时便衰落了，这是人口密度加大、砍伐森林、生态环境遭到破坏的结果。古印度地区有着茂密的森林原野、丰富的野生资源。但是，这些森林或被清除掉以提供农业用地，或用于居民建筑。为了修建庞大的神殿和宫殿，古印度地区的人们使用窑来烧制泥砖。这个过程就需要采集数量极大的木柴，这一地区的森林很快就被砍光。土地暴露在风吹、日晒、雨淋之下，被迅速侵蚀，土壤质量下降。

1.1.3　古罗马：森林的砍伐与保护

古罗马文明是人类历史上的伟大文明之一。古罗马人面对环境要素破坏直观感受不好，逐渐产生了一种保护传统形式的农牧经济的思想，并因此产生对不适当攫取自然资源行为的反思。

在古罗马人的生活中，树木被用于多种目的，以至于在拉丁语中，罗马人以表征一般性的物质或材料的"materia"来指代树木。罗马人充分认识到树木蕴藏在生活、生产、城市建设和军事等方面的重要价值。例如，老普林尼[①]在《自然史》中记载，公元前 256 年，罗马人在一次与迦太基人的海战中使用了 160 艘舰船，在此后的一场海战中更使用了 330 艘舰船。可以想见，为了建造如此多的舰船，罗马士兵在森林中昼夜砍伐的忙碌情景。正因为树木具有如此重要的功用，所以树木砍伐现象司空见惯。随着城镇化的不断推进，森林不断被圈入其中，这些森林在城镇化运动中逐渐消失，其曾经存在过的痕迹也只能通过在之上建立的城镇的名字显示。老普林尼在《自然史》中还提到，罗马的很多地方都是以树来命名的，这表明了此等地区先前曾是森林。李维在《罗马史》中详细描述了罗马人惯常使用的"火烧土地"战略，这给意大利众多区域的自然生态造成的系统性破坏。他提到：费边（Quintus Fabius Maximus，约公元前 280～公元前 203 年）下令未设防的罗马当地居民焚烧掉所有植物，以使敌人汉尼拔的军队缺乏食物供应。由此可见，在公元前 3 世纪，"火烧土地"的策略甚至被罗马人用于自己的领土之上。

作为一种客观结果，"火烧土地"的战争策略及对森林的无节制砍伐对生态系统的平衡产生严重影响。森林砍伐所带来的最通常的影响是没有树木对雨水吸收和抑制，导致水土流失以及水分供应不足。没有了树木对雨水的吸收和抑制，洪水泛滥，例如公元前 3 世纪之后，台伯河泛滥次数逐渐增加（有记录的第一次泛滥发生在公元前 241 年）。不断的森林砍伐还带来其他严重的水文地质问题，比如经常发生的水道改道。森林砍伐带来的另一个不利后果是土地盐化，农业生产也因此遭创，粮食和其他农作物产量逐渐萎缩。森林砍伐还导致运输成本增加，主要的造船中心附近很难再找到好的造船木料，商人们必须走更远的路去寻找。

---

① 盖乌斯·普林尼·塞孔都斯（Gaius Plinius Secundus），生于公元 23 年（一说 24 年），卒于公元 79 年，世称老普林尼，古罗马百科全书式的作家，以其所著《自然史》一书著称。

　　考虑到树木所蕴含的重要经济价值，对于森林砍伐，罗马人并没有一味听之任之，他们也在法律上采取了一定的规制措施，但是因其归属主体的不同，私人树木和公共树木在法律上的处境迥然有别（李飞，2018）。对私人所有的树木的法律保护措施可追溯到《十二表法》[①]，该法第 8 表第 11 条规定："不法砍伐他人树木的，每棵判处 25 阿斯的罚金。"《十二表法》在有关不法砍伐他人树木的处罚性规定之后引入的是"盗伐树木之诉"。根据此等诉讼，对被告最初可处以《十二表法》中所规定的 25 阿斯的罚金，后来该诉被改为双倍罚金之诉，即按照被盗伐树木的价值对被告加倍处以罚金。除此之外，"盗窃之诉""阿奎流斯法之诉"和"制止暴力或欺瞒令状"也适用于盗伐私人树木的情形。对于树木和森林，如果它们属于私人所有，则如同其他私人财产一样受到保护；如果不属于任何个人，防止森林砍伐的实践在一定程度上是借鉴宗教范畴内的对"圣林"的保护。圣林最初是一些原始树林，后来也包括一些人工栽植的树林，圣林都受到虔诚的献祭与法律保护。为了不激怒神灵，禁止侵犯圣林。阻止侵犯圣林的规则有很多，虽然各地的规则有所差异，但几乎任何导致环境改变的行为都被禁止，比如禁止在圣林中砍伐、犁地或捕杀动物。虽然如此，对圣林的砍伐和各种利用并没有杜绝，而是随着时间推移，上述制裁不断丧失约束力，对圣林的砍伐和其他利用屡见不鲜，甚至出于经济收益的考虑，政府还积极参与。

　　对罗马帝国的衰亡，大部分历史学家认为是多方面因素相互作用的结果，很难孤立起来看待，但其中一个不可忽视的因素是以对森林等自然资源的过度开采为主要表现的对待环境问题的错误做法。早期罗马人曾认为森林和土地都是神圣的，他们尽量避免可能会激怒神灵的行为，例如在圣林中捕杀动物，他们还通过植树来取悦神。这些传统都展现了他们在生态意识上的敏锐性，但是这并没能阻止不和谐行为的出现，罗马人选择了为经济利益而舍弃其他。在对森林这一重要的环境要素的法律保护上，罗马人似乎没有展现出其在其他法律方面的同样智慧，他们对待自然环境的漠视态度使其所居住的地中海地区的生态平衡未能维持。这成为罗马帝国走向衰亡的一大促因。

1.1.4　古埃及：智慧的生态教育

　　古希腊史学家希罗多德曾经这样对古埃及描述道："没有任何一个国家有这么多的令人惊异的事物，没有任何一个国家有这么多的非笔墨所能形容的巨大业绩……不仅是那里的气候和世界其他各地不同，河流的性质也和其他任何河流不同。"古埃及文明起源于沿尼罗河两岸充满生机的绿色狭长地带。在这里，有生命

---

　　① 《十二表法》是古罗马国家立法的纪念碑，也是最早的罗马法文献。因这个文法刻在十二块牌子（铜表）上而得名。《十二表法》反映了罗马奴隶制的发展和奴隶主阶级国家的形成过程。

与无生命地区的划分非常清晰，一个人可以一只脚踩在肥沃的黑土地上，与此同时另一只脚踩在褐色的沙漠上。生态环境一方面是大自然的馈赠，另一方面也与人的生态文明意识和对环境的保护有关。世界上没有一个文明像古埃及文明这样，强烈地依赖自然和生态环境。虽然古埃及的成文法不够完善，但其宗教本身具有法文化的性质。通过宗教传播，古埃及成功地完成了生态教育的任务，建立了人与自然的和谐关系（赵克仁，2015）。

一是从玛阿特观念衍生出的生态教育理念。在古埃及神话中，玛阿特是太阳神拉的女儿，智慧之神托特的妻子。古埃及宗教要求人们一切顺应玛阿特，在生态方面，就是顺应自然规律、生态法则。生态意义上看，玛阿特观念的实质是神向世人表明，人类的一切行为都需要以维护生态体系的有序运转为前提。二是通过神化自然培养民众生态意识。古埃及宗教将尼罗河奉为神灵，他们创造的尼罗河神哈皮（Hapy），身为男性但却长着硕大胸乳，而胸乳在古埃及人那里是丰产的象征。尼罗河神在新王国时期是全国性的主神，备受政府和民众的崇拜。他们虔诚地敬奉尼罗河神，对其善待有加。虽然不同的地方敬奉不同的神灵，但由于神灵多是自然神，人们从心里崇拜它们，这就使古埃及宗教宣扬的泛生态意识和保护环境的观念深入民心，并由此起到了对民众进行生态教育的作用。三是通过装饰审美不断强化生态意识。审美具有意识形态性，因此装饰审美也就具有了审美教育意义。古埃及人用动植物图案装饰日常用品不仅仅涉及审美，还体现出装饰者对动植物的敬畏与热爱，从而对制作装饰图案产生浓烈的情趣。在此驱动下，他们构思出各式各样的动植物图案装饰品，以美来感染他人，观赏者受这些装饰品和图案的吸引，产生审美愉悦。因为这些装饰品以动植物为图案，所以，每一次审美愉悦都伴随着对动植物珍爱感受的加强，最终化为现实生活中的生态意识。例如，卡纳克神庙的栏杆上有着大量以动植物图案装饰的绘画和浮雕，走进卡纳克神庙，人们犹如打开了古埃及人生活的历史长卷，在这里聆听祭司吟诵经文，感受大自然神灵，潜移默化地受到宗教自然观和泛生态意识的教育。四是通过宗教文化给民众灌输简单消费思想。古埃及人简单消费的思想观念，一方面来自当时古埃及恶劣的自然生态环境，另一方面来自古埃及宗教神学的教化。古埃及宗教是尼罗河生态环境的产物。尼罗河生态环境孕育出古埃及的绿洲文化。这种文化要求人们和谐相处、简单消费、紧密团结，一致应对恶劣的自然环境。法老时代，大自然没有赐予古埃及茂密的原始森林，他们无法依赖狩猎维持生存。古埃及民族生存在降雨量为 0 或近乎为 0 的沙漠地带，他们充分发挥自己的聪明与智慧，尽其所能应对恶劣的生态环境。

古埃及文明虽然是古代文明，从属性上讲属农业文明，但其生态教育智慧是人类智慧的结晶，对今天人类的生态文明教育仍具有借鉴意义。

1.1.5　中国古代生态环境保护

1. 中国古代的环境保护思想

1）古代居住遗址与先民朴素生态观

原始社会，人类以氏族部落为单位聚族而居，当时人类活动的流动性很大，很难留下规模较大的居住点。随着生产力的进步，人类在某一居住点的生活时间加长，出现了规模较大的聚落形态。这些聚落的一个显著特点就是把居住区、生产区和埋葬区紧密地结合在一起，并且划分为不同的区域，发挥不同的功能。人们一般将生活垃圾，如废弃的陶器、灰土等，都放置在自然的土坑等低洼地，不随地丢弃。这在本质上与文明时代"弃灰于公道者断其手"的要求是相同的。先人的这种做法，不但有利于保证居住环境的卫生，也起到对四周植被的保护作用。

远古时期，人对自然环境的依赖程度很强，人们把自然视为一种神秘的力量，产生了对自然的崇拜。对自然的崇拜是古人环境保护思想形成的重要渊源之一。同时，由于知识水平和经验的欠缺，人们无法解释一些客观存在的自然现象，比如，打雷和闪电等。于是人们就把这些视为神明的惩罚，渐渐地便产生出对自然的畏惧，随之便形成了一种自然禁忌。自然禁忌逐渐就成了被大家遵守的行为规范。我们不难从诸如"愚公移山""大禹治水""精卫填海"等神话传说中发现古人主动认识自然，并且迫切要求对自然进行改造的朴素愿望，这也说明了古人从长期的劳动实践中认识到自然不依赖人类而独立存在，人类也不能独立存在于自然之外，人需要做到与自然和谐相处（王海滨，2016）。

2）儒家自然观

儒家思想是中国历史最久、最具影响力的思想之一。"天人合一"与"普遍和谐"的儒家自然观代表了中国古代哲学的"根本精神"和"最高境界"（魏世梅，2008；邓启铜等，2015；刘震，2018）。在儒家看来，人类与万物同源同根于自然界，深深根植自然界之中，是自然界开出的"花朵"，而不是自然界的主宰。至宋明时期，儒家学者王阳明说："夫人者，天地之心。天地万物本吾一体者也，生民之困苦荼毒，孰非疾痛之切于吾身者乎"（《王阳明全集·卷二》），将人定位为"天地之心"，使人对万物负有了一种不可推卸的道德上的义务和责任。虽然受时代和经验思维所限，儒家理论思想还仅限于朴素的理论范畴，但"天人合一"思想从根源性角度审视了人与自然的关系，给后人看待人与自然的关系时提供了诸多启示（李宗桂，2012；张艺，2019）。

3）道家自然观

"人法地，地法天，天法道，道法自然。"人要了解自然，遵循自然规律，认识到自然对人类的制约作用，道家自然观表达了人与自然和谐相处的思想观念。

道家认为"天道"和"人道"是统一的。在道家看来，天地万物是一个整体，而"道"是天地之根、万物之母，是万物的本原。"道生一，一生二，二生三，三生万物。万物负阴而抱阳，冲气以为和。"自然万物从本原上就有着统一性，人类要以"道"为出发点，去对待世间万物（饶尚宽，2006；安继民等，2008）。道家认为人们生活的环境被分为四大要素："道""天""地""人"，而人仅仅是自然要素的一部分，"有物混成，先天地生，寂兮寥兮，独立而不改，周行而不殆，可以为天下母。吾不知其名，字之曰道，强为之名曰大。大曰逝，逝曰远，远曰反。故道大，天大，地大，王亦大。域中有四大，而王居其一焉"。人与自然是一个完整的循环链，缺少或打破其中任意一环都将影响到自然界的和谐运转。作为其中一环，人在做任何事时都要以遵循自然为前提，不得逾越、打破自然和谐。

2. 中国古代的环保法律制度

中国古代的环境保护法律制度通常以律、诏令、礼、禁令等形式出现，它们大多与其他法律条文同时出现，呈现出综合性，但也有个别是单独做出的（南玉泉，2005）。根据史料考证，中国古代最早的环境保护法是以令的形式表现出来的，接着又以律的形式表现出来（胡北，2009）。

中国古代最早的环境保护法令出现在《逸周书》《伐崇令》等，这些法律条文规定了不允许破坏环境。西周《伐崇令》要求："毋填井，毋伐树木，毋动六畜。有不如令者，死无赦。"在《礼记·月令》中，记录了环境保护的相关内容："禁止伐木。毋覆巢。毋杀孩虫胎夭飞鸟。毋麛毋卵。毋竭川泽。毋漉陂池。毋焚山林。命野虞无伐桑柘"。在周朝统治时期，在"以德配天"的主导思想影响下，作为约束人民大众行为的道德规范——"礼"，起到了非常重要的作用。

到了秦朝，关于环境与资源保护的相关法律被收录在《田律》中。《田律》有一部分专讲环境保护，几乎包括生物资源保护的所有方面，如山丘、陆地、水泽以及园池、草木、禽兽、鱼鳖等，非常全面。《田律》中明文规定："春二月，毋敢伐材木山林及雍隄水。不夏月，毋敢夜草为灰，取生荔、麛卵鷇，毋　毒鱼鳖，置阱罔，到七月而纵之。唯不幸死而伐棺享者，是不用时。邑之近皂及它禁苑者，麛时毋敢将犬以之田。"

汉朝时期，天子的诏书和法令是主要的环境保护法律。如公元前63年，汉宣帝曾下过一道诏书："令三辅（今西安周围地区）毋得以春夏捅巢探卵，弹射飞鸟，具为令。"（范晔，2015）

在封建统治的鼎盛时代——唐朝，《唐律》中多次提到了环境保护问题，也详细规定了相应的法律。《唐律》记载："诸部内有旱、涝、霜、雹、虫、蝗为害之处，主司应言而不言，及妄言者，杖七十""诸失火及非时烧田野者笞五十""诸弃毁官私器物及毁伐树木稼穑者准盗论"。

在宋太宗时期，皇帝下诏禁止捕杀犀牛，这是世界上最早的禁捕杀犀牛令，"雍熙四年正月十日，帝以万州所获犀皮及蹄、角示近臣。先是，有犀自黔南来，入忠、万之境，郡人因捕杀之。诏自今有犀勿复杀"。最早的禁止捕杀青蛙令也早在南宋时期就已经出现了，孝宗淳熙三年五月八日诏："民间采捕田鸡杀害生命，虽累有约束，货卖愈多，访问多是缉捕使臣火下买贩及纵容百姓出卖。"

明清大多沿袭前朝相应的环境保护法律，并无太大的变化。这些与环保相关的法律法规，对当时的生产发展、社会秩序的稳定、政权的稳固都起到了积极的作用。

3. 中国古代的环保机构

中国古代有着丰富而深邃的环保思想，古人为了更好地开展环境与资源保护工作，设置了专门进行环境保护与治理的机构和官职（王少波等，2007）。我国早在帝舜时期就设立了管理山林川泽草木鸟兽的官员——虞，这是世界上最早的环保管理机构负责人，以后又设立虞部下大夫、大司徒等。

周代环保机构的建制较为完整，主要设有山虞、泽虞、川衡、林衡。根据《礼记·地官》的记载，周代的环保机构归地官司徒管辖，当时的司徒是朝廷六卿之一，主管农业林牧渔业的税收；虞人则专管"山泽所生之物及其禁令"。大司徒是掌管国家土地的大员，《周礼》中规定大司徒"以土宜之法……以阜人民，以蕃鸟兽，以毓草木，以任土事"，考察动植物生活状态，使之正常繁衍，禁止破坏和损害生态，引导合理开发山林川泽，以保护自然生物资源。

秦朝的环保机构为少府。在少府下面还设置有苑官、林官、湖官、陂官等。到汉朝时期，汉承秦制、有所损益，环保机构改为水衡都尉。东汉设有司空一职，"掌水土事。凡营城起邑、浚沟洫、修坟防之事，则议其利，建其功。凡四方水土功课，岁尽则奏其殿最而行赏罚。"

唐宋之后，虞、衡的职责有所扩大。根据《旧唐书·职官》的记载，唐朝设有虞部郎中、虞部员外郎，他们奉令"掌京城街巷种植、山泽苑囿，草木薪炭，供顿田猎之事。凡采捕渔猎，必以其时……其关内、陇右、西使、南使诸牧监马牛驼羊，皆贮槁及茭草。其柴炭木橦进内及供百官蕃客，并于农隙纳之"。在明清时期，由虞衡清吏司、都水清吏司和屯田清吏司在工部管理下共同开展环保工作。此外，还有专门管理皇家苑囿的官吏，即上林苑监，并设左、右监正各一人。

古代环保机构最大的特点就是各朝各代都将环保部门与相关部门统属于某一上级部门，比如周代，虞部直属于大司徒；秦汉之际归属少府；隋唐以后由工部统辖，所属的这些上级部门除负责环保禁令的发布以外，往往还兼管农林渔业、手工业、各项工程、水利、交通等与之相关的部门。这样设置的目的就是便于协调各部门的冲突，有利于环保目标的实现，同时也有利于各部门的配合以充分利用生态系统的自然规律。

1.2　当代国外流域水生态环境保护与治理进展

国外河湖水生态治理，大多结合了区域发展实际，以合理开发和保护水资源为主线，通过水资源管理体制改革、法制体系完善、河流开发模式转变、污水处理、节约用水、公众参与等工程和非工程措施，促进水资源的可持续利用，塑造人水和谐的关系，尤其是在流域层面的综合治理方面取得了较多成功经验（黄肇义等，2001；李蔚军，2008）。其中，欧洲的莱茵河流域、美国的田纳西河流域、澳大利亚的墨累-达令流域均是流域综合治理方面的成功典范，被世界各国广为借鉴（叶大凤等，2017）。

1.2.1　美国流域水生态环境保护与治理进展

美国的环境保护已有上百年的历程，政策发展迅速且具有鲜明的时代特征（曹彩虹，2017；李创等，2015）。1891 年美国国会通过了《森林保护法》，自此掀开了美国环境管制政策立法的篇章。时至今日，已发展到有《国家环境政策法》基本法和其他环境管制政策相结合、内容丰富的立法体系，覆盖了空气、水、气候、危险废弃物、有毒物质与固体废弃物等生活的各个方面（王曦，2009；朱源，2013）。经历了政府从被动应对到主动引领，企业从消极抵制到积极参与的逐步演变，在全社会形成了一套完整的环境保护体系。在这个体系中，每种力量都按照自己的社会角色发挥着至关重要的作用，共同推动环境保护沿着健康的轨道发展。

美国独立之初，其防洪事宜属于州和地方政府的管辖范围。联邦政府并不参与防洪，其管理河流的任务仅限于港湾和航运。19 世纪 60～80 年代，密西西比河流域频繁发生洪灾，促使国会在 1879 年成立了密西西比河委员会（Mississippi River Commission），主要任务是负责河道航运，对防洪并没有给予足够重视。在20 世纪初，国会通过第一部防洪法，即《1917 年防洪法》，并批准密西西比河与萨克拉门托河的防洪工程。1927 年，《1928 年防洪法》通过，该法确认防洪应成为联邦政府的责任，即国家应该在防洪政策方面承担领导责任。《1936 年防洪法》是国会通过的首部综合性的防洪法案，将全国的综合性防洪工作列为联邦政府的一项重要职责。此后，国会分别于 1938、1941、1944、1950、1958、1960 和 1965 年对该法进行多次修订，其中 1965 年的防洪法开始推行工程措施与非工程措施相结合的防洪政策。联邦政府又相继颁布了 1933 年的《河流流域管理局法案》、1956 年的《联邦洪水保险法》、1968 年的《国家洪水保险法》、1973 年的《洪水灾害防御法》和 1977 年的《洪水保险计划修正案》等多部防洪法规。这些法案涉及密西西比河、田纳西河、俄亥俄河、阿肯色河、红河和白河等流域的防洪治理。美国史学家称 20 世纪 70 年代为"环保的十年"(李勃然，2014)。这一时期，美国公众越来越多地关注环境保护，美国乃至世界政策制定的焦点之一即是环境保护政策。一系列的环境保护法案在美国地方政府、州政府乃至国会被制定通过，并在这一时期基本形成了美国环境政策的主要框架。

美国水生态治理按主体可划分为三种类别：传统政府治理、府际合作治理与特殊组织治理。传统政府治理方面，美国联邦关于全国性的生态立法，主要有《河流港口法》《清洁水法》《濒危物种法》《海岸带管理法》《鱼类和自然生物保护法》。此外还有联邦的行政立法，指向具体的区域生态问题。府际合作治理方面，如 1965 年依据《水资源规划法案》设立的河流流域委员会和依据《清洁水源法修正案》建立的联邦-州合作治理典范的全国河口计划。特殊组织治理方面，田纳西河流域管理局(Tennessee Valley Authority，TVA)是依照《田纳西河流域管理局法》成立于 1933 年 5 月的美国跨州的水资源治理机构，以国有公司的形式运行。作为特殊的治理机构，TVA 体现出美国州际生态治理的基本理念——多中心治理：治理意味着一系列来自政府但不限于政府的社会公共机构和行为者；治理意味着在社会和经济问题寻求解决方案的过程中存在界限和责任方面的模糊性；治理明确肯定了在涉及集体行为的各个社会公共机构之间存在着权力依赖；治理意味着参与者最终将形成一个自主网络；治理意味着办好事情的能力并不限于政府权力，不限于政府发号施令或运用权威。具体而言，TVA 作为国家流域管理机构体现了政府对生态的治理，以国有公司形式运行体现出市场对生态问题治理的价值，运行体系注重社区组织，公民的参与则保障了社会力量对生态事务的参与。

美国政府从 20 世纪 60 年代开始，尝试建立国家洪水保险，并设立洪水保险基金。1968 年美国颁布了《国家洪水保险法》，1969 年颁布了《国家洪水保险计划》，确立了国家强制性洪水保险制度。1973 年又颁布了《洪水灾害防御法》，确立了洪水风险必须通过制度和非制度的措施(工程措施)来转移风险的体系，洪水保险必须强制参保规定。1994 年又通过了《国家洪水保险改革法案》，2004 年通过《洪水保险改革法》，2011 年提出《洪水保险改革法(草案)》，依据实践中出现的新情况、新问题，对管理体制进行不断改进完善。美国还通过一系列法律制度建立了以政府保险机构为主体的管理机构(联邦保险管理局 FIA)，私人商业保险公司参与销售经营，社区参与、个人购买的国家洪水保险制度。

联邦保险管理局(FIA)负责国家洪水保险计划管理，负责洪水保险费率、承保范围与标准、投保审核及理赔等事项，具有商业经营和政策发布特点。具体保险业务由商业保险公司负责销售，商业保险公司把销售所得保费收入以及保单全部转给 FIA，FIA 支付相应佣金。洪水保险计划的承保对象包含居民财产与小型企业财产，不包括中大型企业。从 1985 年起，美国的国家洪水保险计划(NFIP)

实现了自负盈亏，不再需要用财政支出来补贴赔偿、运营等费用支出。美国已将洪水保险覆盖全国两万多个可能形成的洪泛区，洪水保险成为美国仅次于养老保险的第二大社会保险项目。

美国的排污权交易制度首先起源于美国对空气污染领域的治理，随后相关做法被逐步推广到应对固体污染和流域污染的政策方案中。在美国，水污染排污权交易制度又被称为水质交易。其交易方式主要有三种，即点源与点源、点源与非点源和非点源与非点源。参与的交易污染物涉及氮、磷、氨、盐、酸性物、TSS、硒、BOD、汞等。1981 年，美国威斯康星州在福克斯河上首次推行了点源与点源的排污交易制度；并随后于 20 世纪 80 年代中期在科罗拉多州的狄龙水库首次推行了点源与非点源之间的排污权交易制度。到了 20 世纪 90 年代，由于酸雨计划的成功实施，美国当局的政策制定者对于把在大气领域成功实施的排污权交易制度应用于水污染治理的信心增加。因此，从 1995 年 3 月克林顿政府颁发重新探求环境政策计划开始，美国就着力推行流域排污权交易制度，并逐步作出了一些结构性改进。1996 年，美国环境保护署起草了《流域交易框架（草案）》，为各州政府提供关于设计和评估流域排污权交易制度的指导，并为一些流域建立水质交易系统提供财政支持。2003 年 1 月，美国环境保护署颁布《水质交易政策》。2004 年，美国环境保护署又制定了《水质交易评估手册》，为分析水质交易对流域环境是否有效提供分析评估框架。截至 2003 年，美国已经实施、正在实施或者正在探索实施的水质交易项目一共有 40 项，其中 21 项已经实施。其中，水质交易应用较为成功的是康涅狄格州的长岛湾交易计划，它预计可以在 15 年内节约大约 2 亿美元的治理成本。该计划中参与交易的污染物为氮，并配合最大日负荷总量（total maximum daily loads, TMDL）一起实施，旨在解决长岛湾的水缺氧问题。长岛湾附近的康涅狄格州和纽约州地区 84 个点源和大量非点源污染源参加了计划。在此项计划中，人们首创了交易协会和清洁基金。后者事实上是一种信用银行制度，由交易协会负责管理。有许可盈余的排污者把盈余的许可卖给基金，需要许可的排污者可以向基金购买。而各个污染源之间的交易率，则由相应的模型根据各自对海湾水质影响的不同系数来确定。

根据社会各个成员的环境利益诉求及参与环境保护的途径，美国社会环境保护机制的构成要素分为环保组织、国家机构、企业利益集团与普通民众四个部分。①环保组织在整个美国环境保护体系中是最积极、最坚决的社会力量，是美国环境保护的先锋，他们包括环保精英及其建立的环保组织与环保成员。20 世纪 60~70 年代，民间环保力量成立了大量环保组织，以宣传和推动环保运动的发展，受此影响，1969~1979 年美国通过了 27 部环境保护法律和数百个环境管理条例。美国环保组织在各级政府、科研教育机构和企业之外形成了一支规模庞大、有着巨大社会影响力的社会力量，对美国社会的环境保护产生巨大的推动作用。游说是环保组织影响环境政策的一个强有力的工具，同时，环保诉讼也是一个重要途径。环保组织可以利用法律武器起诉环境污染企业或制定不利于环境政策的政府部门。②国家机构是环境保护体系的重要组成部分，按其内部职权与管理方式可分为国会、政府与法院三个机构。美国环境保护署（EPA）的成立也是在 20 世纪 60～70 年代环保运动发展的高潮时期，尼克松政府迫于压力而成立的。近些年随着环境保护法的不断完善，联邦政府逐渐发挥重要的环境管理职能。EPA 是联邦政府环境保护的主要执行机构，负责日常环境管理和执行联邦政府的环境法律与政策。政府通过任命 EPA 最高级别官员、预算、项目优先权和审查等，实现对环境政策的巨大影响力。司法系统对环境保护也起着非常大的作用，其对环境政策的影响主要体现在法院对法律的执行上。③企业利益集团包括各个企业及其所建立或扶持的企业协会。企业利益集团在环境保护问题上一开始是最消极的群体，甚至是反环境保护的。随着环境保护思想深入人心，以及新的绿色经济发展方式为大势所趋，很多企业一方面为了树立良好的公众形象，另一方面为了占领新的环保市场，纷纷转向环境友好型产品或技术的开发之中，这些企业的市场行为最终推动环境保护向积极的方向发展。企业发挥作用的途径首先是竞选捐款与游说；其次为了树立良好的企业形象，也为了应对新的环境政策和环境灾难，工业企业也开始努力表现出其社会责任，组织更大的研发团队，宣传环保思想与政策。④普通民众是数量最多的环境保护支持力量，是环保组织最持久、最坚实的后盾，也是美国环境保护的社会基础。大量民众参加各种环保组织，使各个环保俱乐部或组织的会员人数倍增，并成为历次轰轰烈烈的环境保护运动的参与者，甚至是运动的主体。民众的积极参与使环保运动有了广泛的群众基础，也因此进一步形成了一种新的强大的环境政治力量。从法律的角度来看，民众参与环境保护的途径主要是民主议政和公民诉讼。此外，民众参与机制还有公众听证会、选民倡议、公民评审小组等。

1.2.2　欧洲流域水生态环境保护与治理进展

欧洲通过环境政策的不断完善和立法以及各种环境合作和行动，强化了在全球环境治理与合作中的作用，并树立了良好的国际形象，成为当今世界环境治理的典范，其环境政策也是欧洲一体化进程的重要组成部分（蒋仕伟，2008）。随着欧洲一体化进程的不断推进和公众环境保护意识的日益提高，欧洲的环境政策从早期的各自为政的环境管理到后来的欧盟整体化的环境方案，从早期片面的工业治理到后来的全面环境保护，从早期的被动防污行动到后来的积极预防战略等（王文睿，2007；罗熹，2007）。欧洲的环境政策随着欧洲一体化进程的逐步推进而不断完善（蔡守秋，2002；叶姝阳等，2016）。

欧洲环境政策的发展起源于 20 世纪 70 年代初至 80 年代中期，1972 年的巴黎峰会可以说是当时欧共体建立环境政策及法律体系的一个重要转折点。在巴黎峰会上，各成员国政府首脑建议在环境保护方面制定一个行动计划，提出在欧共体内部建立一个共同的环境保护政策框架。理事会通过了第一个环境行动规划 *European Community Environment Action Program*（1973～1976 年），提出了四个基本原则：预防优先原则、污染者付费原则、服从原则和高水平保护原则。在此之后欧共体（欧盟）分别于 1977 年、1983 年、1988 年、1993 年及 2002 年通过了五个环境行动规划。在第一个环境行动规划中，欧洲人首次将环境保护纳入其他政策领域，并确立了其未来的政策原则和优先领域，其中的基本原则在后来的行动中一直有效，这就包括"预防优先"和"污染者付费"原则。1983 年的欧共体第三个环境行动规划是一个突破，它明确地将环境保护问题纳入其他政策之中，但这只是政府间的承诺，仍未以法律形式确定环境政策的独立地位（马娜，2005）。

1987 年《单一欧洲文件》的生效，使共同体的环境行动有了明确的法律基础。法令第 7 条给共同体的环境政策规定了一个框架；第 130r（2）明确了共同体环境政策的目标和原则；第 130s 则赋予了理事会采取环境行动的权利；第 130t 又对共同体的环境政策与成员国国家环境政策的关系进行了规定。1993 年《欧洲联盟条约》生效，条约将共同体纳入欧盟的框架之中，其中条约的第 130r（2）明确将环境保护纳入其他的共同体政策的制定和实施中，后来此条款被学者称为欧洲环境政策一体化原则。此外，欧盟还提出了五项战略性的行动：加强现行法规的实施；将环境纳入其他政策；加强同市场的密切联系；帮助公民改变不利于环境的行为；加强土地管理和废物的可持续管理。考虑到欧盟的扩张，在该行动纲要明确提出将环境纳入欧盟的对外关系事务中，建议就可持续发展问题扩大至成员国之间的对话，并呼吁同非政府组织和成员国企业建立密切联系，共同应对环境危机。

欧盟的每一个环境计划都由内部和外部环境政策组成，内部环境政策侧重于保护欧盟本土环境，外部环境政策则是针对世界范围的环境保护，共同目的都是促进欧盟经济社会的全面发展。欧盟的环境政策越来越强调公司和个人的环境责任；欧盟的环境政策由"自上而下"逐步转向"自下而上"。1993 年欧盟发布了执行《21 世纪议程》的第 5 个环境行动规划，在继承前 4 个行动计划的同时，提出"可持续发展理念"，并改变环境政策重点，开始着重加强市场的力量以实现环保目标。在此思想指导下，欧盟环境政策的理论依据更加科学，管理手段也非常健全，如"污染者负担"理论、征收排污费、补贴、建立排污权交易市场、押金制、执行保证金、建立资源利用节约机制等，都是基于市场机制的环境政策，体现了欧盟环境政策的改革方向是放弃命令式的刚性约束，采用更多的市场化、协商式的经济激励型措施。同时，欧盟还大力推动环保事业的发展、建立环保产业链等。如欧盟为了履行在联合国气候变化大会上的承诺，制定了减排限额标准，鼓励企业投资节能环保项目，鼓励传统能源企业向新能源业务加速拓展；通过产品"碳足迹"标识，记录和显示产品的单位能耗及排放，以支持绿色产业发展；利用价格信号鼓励消费者购买环境友好型产品；将能源、环保基础设施等交由大型专业化公司运营，以降低成本和规模化经营；在某些城市开始利用众筹建立城市地标和公共设施，让民众享有更多的机会参与环保活动，充分发挥民众的"环保主人翁"作用。

欧盟环境政策的主要内容根据其所规范的环境要素不同可分为水、空气、废弃物、噪声、化学物品、自然保护等方面。其中，和水环境关系密切的几个方面介绍如下。

1. 水法

水法是欧盟环境立法的重点。欧盟在治理水污染方面通常采取两种方式：防止危险物质的排放；依据回收水的最终用途来制定最低质量标准。欧盟水法涉及质量标准、污染物排放限值、水资源的经营管理和保护、水状态的检测方法和信息交换、国际合作和成员国法律协调一致五个方面。1976 年 6 月欧共体理事会通过了一个框架指令，旨在防止有毒产品造成的污染，因为这些产品对环境和人类都会形成特有的和长期的威胁。这个框架指令后来被工业界用作制定镉、汞、艾氏剂、狄氏剂和六氯化苯排放限量的基础。除了采取上述措施控制不同的有毒物质外，欧盟还对具体企业采取了具体的控制办法。首先是对二氧化钛生产企业进行控制，为限制二氧化钛废弃物的排放，欧盟已发布了三个有关指令。与此同时，欧盟理事会还通过了几个规定各类水的指标的指令，例如，1975 年通过了用于萃取饮用水的地表水质量的指令；1978 年通过了一个关于淡水鱼水区的指令；1979 年通过了贝类水区指令；1980 年饮用水指令要求各成员国确定适用于人类用水的 60 多种参数极限值，该指令还规定了进行监测的间隔时间和手段，并为每一参数提供了分析方法。欧盟还采取了许多治理海水污染的措施，竭尽全力治理来自国际上的污染，包括轮船倾倒的废弃物等，并签署了许多国际公约。

2. 废弃物管理法

废弃物管理法始于 1975 年颁布的第 75/439 号指令，指令明确了废弃物和废弃物处理的概念，要求各成员国建立综合的和足够的废弃物处理装置，并提出了废弃物的收集、处理、回收和加工的管理要求。20 世纪 80 年代以来，欧共体制定了比较完备的控制危险废物在欧共体范围之内和之外的转移规则，其中主要包括 1992 年关于放射性废物运输的欧洲原子能机构第 92/3 号指令和关于监督和控制废物在欧共体之内和进入欧共体的运输的第 259/93 号条例。从 1989 年共同体《有关废物经营管理的策略》和《欧共体第五个环境行动规划》的要求来看，废弃物的经营管理可以分为三个方面：预防废物，在源头消除废物；鼓励废弃物的回收、循环和再利用；不可回收废物的安全处理，在技术允许的范围内产生能源，减少废弃物焚烧所产生的污染。可持续发展观念引入环境政策领域后，欧盟提出了废弃物立法的原则：一是预防为主，二是生产者延伸责任。

3. 化学品法

1967 年欧共体制定了第一部危险化学品管理的纲要指令《危险化学品分类、包装和标签指令》，并进行了多次修订。根据该指令及其修正案，欧盟将危险化学品定义为："含有爆炸性、氧化性、易燃、可燃、剧毒、有毒、有害、腐蚀性、刺激性、对环境有危险、致癌、致畸、有诱变作用的化学品"，并要求根据以上定义对现有化学品进行分类、包装和标识，其目的是："充分保护人类和环境，避免化学品的潜在的危险发生而造成损害；统一新型化学品、危险物品的包装和临时标签；引进环境危害标识；尽可能减少对动物进行实验"。对于部分已确定对人体和环境有严重危害的危险化学品，欧盟专门制定了多项针对性的法规，对其生产、贸易和使用进行管理和限制。化学品法主要包括以下四个方面的内容：危险物质的分类和目录；危险物品及其制剂生产、销售、运输和使用的行政管理；特殊物品的管理措施；大型化学品事故防治。

4. 自然保护法

自然保护特别是生物物种保护是欧盟环境政策的重要方面，起步相对较晚，直到 1979 年，共同体才制定了有关野生鸟类保护的第 79/409 号指令。欧盟采取的自然保护措施主要涉及有关控制濒危物种的国际贸易、保护特定动植物种群及栖息地。欧盟有关自然保护的条约主要有 1979 年的《养护欧洲野生物和自然环境公约》、1982 年的《关于自然养护和风景保护的比荷卢公约》、1991 年的《保护阿尔卑斯山公约》和 1992 年的《欧共体关于保护自然和野生动植物种的指令》。其中，《养护欧洲野生物和自然环境公约》要求各成员国采取各种必要措施，使欧洲的野生物种群维持在与生态、科学与文化需要相应的水平上，或使其达到这一水平，并采取步骤促进国家的自然保护政策。《关于自然养护和风景保护的比荷卢公约》主要针对跨边界地区的自然保护问题。《保护阿尔卑斯山公约》是国际社会第一部以保护山脉生态系统为宗旨的条约。

欧盟的环境政策不但注重欧盟自身的环境问题，而且将关切扩展至全欧洲乃至全球的环境问题，如世界气候变化等。欧盟的环境政策措施不仅局限于环境政策本身，还将其他经济活动政策产生的环境影响考虑在内，既注重政策的短期执行效果，又兼顾政策的长期效应，体现了较先进的环保理念。

1.2.3　日本流域水生态环境保护与治理进展

第二次世界大战结束以后，饱受战争创伤的日本为了尽快恢复经济，开始了不惜一切代价的高速发展战略。在该战略激励下，日本迅速成为世界第二大经济体。片面追求经济忽略环境保护，巨大规模经济加上巨大的资源能源消耗给日本带来了严重的环境污染，到 20 世纪 60 年代后半期，日本已经以公害大国闻名于世（岳倩，2011；向佐群，2017）。日本的环境管制理念也经历了从消极地应对环境公害向积极的环境防治转变的过程（刘齐文，2004；石淑华，2007）。

根据环境保护方式的变迁，并结合环境问题演变的社会背景，可以对日本环境保护发展的阶段进行划分。1945 年，日本国内忙于战后重建，环境问题并不明显；20 世纪 50 年代中期以后，经济高速发展，环境问题产生并且扩大，引起国内的广泛关注；1955～1989 年，这一阶段日本的环境管理对策是采用与现行经济相对应的末端治理对策，即"自然资源—产品和用品—废物排放"组成的"开环式"经济；在可持续发展观念的影响下，90 年代以后，日本采取发展循环经济的方式，力求从根本上减轻环境污染状况，即从原来的末端治理对策向发展"自然资源—产品和用品—再生资源"的闭合回路的循环型经济与社会转变（沈惠平，2003）；2000 年被称为日本循环型社会元年，从此，日本进入建设循环型社会阶段，环境保护进入一个崭新的时期（马超等，2005）。

日本的环境政策是在长期的环境治理实践中制定、实施、发展而来。日本环境法律体系十分健全，包括环境基本法、部门法、程序法、行政法规等（表 1-1），形成了一套精细、严密、完善的环境法律体系，为日本环境政策的顺利实施提供了坚实的法律基础（唐丽梅，2017）。

表 1-1　日本环境法律体系

构成	种类	具体法律、法规
环境基本法	环境基本法	提供国家基本环境政策、方针和制度框架，规定单行环境法律具体实施内容
部门法	污染（公害）法	大气污染、水质污染、噪声和震动、恶臭、土壤污染、其他公害污染
	自然环境法	自然环境保护、自然公园保护、都市绿地法、野生鸟兽保护法、其他自然保护立法
	生活环境整治	地下水道方面、废弃物处理方面、都市公园等方面
程序法	程序法	公害防止事业费负担、污染损害救济、公害纠纷
行政法规	行政法规	包括政令、省令、府令以及其他行政机关制定的法律规范

　　日本政府的环境政策集中表现在政府制定的一系列有关环境的法律上，因而日本环境政策的内容主要反映在这些法律之中（刘思帆，2017）。日本政府于1993 年颁布了《环境基本法》，由此取代了 1967 年生效的《公害对策基本法》和1972 年生效的《自然环境保护法》的部分内容，作为环境治理领域正式的政策行动纲领。文件确认了可持续发展的基本原则，并明确提出全面有效促进地方公共团体、企业和国民等所有社会主体积极参与的理念。

　　水污染控制的法律依据是 1970 年颁布的《水质污染防治法》。该法目的是通过控制工厂或企业向公共水域排放废水和向地下水渗水，谋求防止公共水域和地下水的水质污染，以便在保护国民健康的同时保护生活环境，并对工厂或企业排放废水和废液对人体健康造成危害时，工厂或企业应负的损害赔偿责任做出规定，以保护受害人的利益。1972～1973 年颁布《促进琵琶湖综合开发的特殊措施法》和《库区特殊措施法案》共同推动了库区重建及库区与下游受益区之间的合作。1974 年，应河川局与水务机构设立干旱调解委员会的要求，日本建立了协调干旱时期各个部门间利益冲突的机制。1977 年，《综合防洪措施》提出了对流经城区河流的管理办法。1978 年，《水资源长期供求规划》以预测的 1985 年和 1990 年的供需水量为依据，出台了水资源开发的基本政策。1984 年，《湖泊水质保护特殊措施相关法规》提出了入湖污水污染物质总排放量的细则。1987 年出台了为超过设计洪水位的特大洪水而制定的《超大堤坝提案》，以协调堤防工程和市区建设规划。1988 年颁布了要求水电站泄放维持河流流量的法规，以恢复地貌和山区河流的生态系统。1991 年出台了基于以"自然友好"的方式进行河道整治的提案，以保护和恢复天然河流的生态系统。1993 年出台了《晶彩河综合治理规划》，以协调河流整治和污水治理工作的开展，从而改善城区河流的水质。2003 年颁布的《指定的城市河流淹没防治法》规定，为减少洪涝灾害，在指定的城市河流流域，建立河流管理、污水处理和城市发展部门之间的联系与协作。2005 年将自 1950 年开始实施的《国土综合开发法》修订为《国家空间规划法》，这使得日本土地利用政策从以建设为基础的发展向以管理为基础的发展转变。

1.2.4　典型流域案例

　　发达国家从 20 世纪 50 年代起就开始了水生态系统保护与修复的实践，经过多年的探索与发展积累了丰富的经验。

　　1. 莱茵河流域综合治理

　　莱茵河干流全长 1230 km，是欧洲最长的河流之一，也是欧洲的重要水道和沿岸国家的主要供水源地。莱茵河是一条国际河流，涉及奥地利、德国、法国等国家，其传统的以水资源和航运为主要目标的流域管理已有 100 余年的历史。19 世纪下半叶以来，莱茵河流域工农业快速发展，造成了严重的环境与生态问题，莱茵河一度被称为"欧洲下水道"和"欧洲公共厕所"。莱茵河流域各国直面问题，吸取教训，制定治理目标并开展有效行动，历经多年努力，使整个流域实现人与自然和谐相处。莱茵河流域管理被誉为国际流域管理的典范。

1950 年 7 月，由荷兰提议，瑞士、法国、卢森堡和德国等参与，在瑞士巴塞尔成立了"莱茵河保护国际委员会"（ICPR），旨在全面处理莱茵河流域环境保护问题并寻求解决方案。ICPR 每年召开一次流域各国部长参加的会议，委员会决定的计划由各国分工实施，所需要的费用由各国各部门承担，委员会主席由各成员国轮流担任，每届任期 3 年。委员会从莱茵河水质、生态、流域协调合作机制等多方面入手，统筹谋划，实施了流域管理行动计划。

到 20 世纪 80 年代，ICPR 在国际合作共同治理莱茵河流域环境污染和洪水问题方面签署了一系列协议，包括控制化学污染公约、控制氯化物污染公约、莱茵河 2000 年行动计划和洪水管理行动计划等。签约国共同采取行动完成协议确定的目标，对莱茵河的环境改善和流域管理起到了巨大的推动作用。

1987 年 ICPR 成员国部长级会议通过的莱茵河 2000 年行动计划，不仅确定了从 1988～2000 年莱茵河流域水生态修复计划的措施和环境效果目标，同时提出 1998～2005 年、1998～2020 年的远期阶段修复计划措施和环境效果，见表 1-2。整个计划从河流整体的生态系统出发，考虑莱茵河治理，把大马哈鱼洄游莱茵河作为环境治理和流域生态系统管理效果的标志。莱茵河 2000 年行动计划分三个阶段实施。第一阶段首先确定 45 种"优先治理的污染物质的清单"，包括汞、铅、氮、磷和其他有机物等，分析污染物的来源、排放量。具体措施包括：要求工业生产和城市污水处理厂采用新技术减少水体和悬浮物的污染，采取强有力措施减少事故污染。第二阶段是决定性阶段，即所有措施必须在 1995 年以前实施，所有污染物必须在 1995 年达到 50%的削减率。第三阶段 1995～2000 年为强化阶段，即采取必要的补充措施全面实现莱茵河流域生态系统管理目标。

此外，水质方面采取的措施主要为，针对工业发展、城市重建等带来的莱茵河水质下降问题，采取物理和生化方法对城市和工业废污水进行处理，并在莱茵河及其支流上建立河流水质监测站网络，采用先进的监测手段，对河水的水质进行监测。

水生态保护方面采取的措施主要为，从河流整体生态系统出发谋划莱茵河治理，采用放养鱼苗、增加适合鱼类生存的栖息地、为缺水地区补水、开展鱼类监测监控、拆除支流上的大坝或设置鱼道等措施，极大地缓解了莱茵河水生动物区系种类数量大、幅度减少的趋势。

表 1-2　莱茵河 2000 年行动计划主要措施及效果目标

采取措施	时间			环境效果
	1988~2000 年	1998~2005 年	1998~2020 年	
河流天然化修复/km	1280	3500	11000	重建河流生境
农业集约化/km²	800	1900	3900	减少农业面源污染
植树造林/km²	450	1200	3500	优化水陆生存空间
恢复易渗透地面/km²	90	800	2500	丰富地下水，降低初雨水面源污染
天然洪泛区恢复/km²	100	300	1000	丰富地下水，重建水陆生存空间

实施莱茵河 2000 年行动计划后，2002 年排入莱茵河的污水达到标准，莱茵河水基本变清，水质有很大的改善。莱茵河在水环境保护上经历了"先污染、后治理"的过程，水质状况在经历了 20 世纪 70~80 年代的污染高峰后已基本恢复，工业点源和船舶污染已得到有效控制。原定的所有污染物必须在 1995 年达到 50%以上削减率的目标也已于 1992 年全部实现。1990 年，大马哈鱼从北海通过荷兰的三角洲到达了莱茵河的支流（北威州齐格河）；1994 年，发现大马哈鱼在齐格河产卵繁殖；1996 年，在爱夫海姆闸下捕获 32 尾大马哈鱼的亲鱼和 63 尾鳟鱼，后放回更上游的地方产卵。

经过实施一系列修复计划，莱茵河流域生态系统得以改善，地表水水质等得到提升，莱茵河又重现了生命之河景象。

2. 田纳西河流域综合治理

田纳西河（Tennessee River）位于美国东南部，是密西西比河的二级支流，是俄亥俄河的一级支流，长 1043 km，流域面积约 10.5 万 km²。未经治理的美国田纳西河流域，森林破坏，水土流失严重，经常积雨成灾，洪水为患。该流域地区曾是美国最贫穷落后的地区之一。

1933 年美国国会通过《田纳西河流域管理局法》，成立田纳西河流域管理局，对流域内自然资源进行综合利用和开发，并促进地区经济发展。田纳西河流域采取的典型水生态水环境保护措施有：根据田纳西河流域的径流资料，确定需要保护的各河段的最小流量，水库调度运行需保证此最小流量，以满足生态多样化的要求；水利枢纽的调度运行需保证泄水的溶解氧含量和温度要求，满足下游鱼类需求；在整个流域的不同生态环境地区建立了水文、水质监测站，主要监测流域各水库的水质，防止水电站尾水排放对生物产生有害影响等，采取相应的措施进行治理，并与流域内各机构、社区共同致力于改善水质的活动；进一步实施"净水计划"，为流域内社区和水生生物提供洁净的水资源。田纳西河流域卓有成效的开发与管理对世界各国均产生了深远的影响，成为流域管理中的一个独特和成功的范例。

3. 巴黎塞纳河治理

塞纳河是法国北部大河，全长 776.6 km，包括支流在内的流域总面积为 7.87 万 km^2，自中世纪初期，它就一直是巴黎之河。巴黎就是在塞纳河上的一些主要渡口上建立起来的，河流与城市的相互依存关系是紧密而不可分的。20 世纪 60 年代初，严重的水污染导致河流生态系统崩溃，仅有两三种鱼勉强存活，污染主要来自四个方面：一是上游农业过量使用化肥农药，二是工业企业向河道大量排污，三是生活污水与垃圾随意排放，尤其是含磷洗涤剂的使用导致河水富营养化问题严重，四是下游的河床淤积。

塞纳河治理采用了工程措施和非工程措施相结合的方式进行，其中工程措施包括：

（1）截污治理。政府规定污水不得直接排入河道，要求搬迁废水直排的工厂，对难以搬迁的工厂要严格治理。1991 年起，经过 10 年新建污水处理设施，污水处理率提高了 30%。

（2）削减农业污染。河流 66% 的营养物质来源于化肥施用，主要通过地下水渗透入河。政府一方面从源头加强化肥农药等面源控制，另一方面对 50% 以上的污水处理厂实施脱氮除磷改造。

（3）完善城市下水道。巴黎下水道总长 2400 km，地下还有 6000 座蓄水池，每年从污水中回收的固体垃圾达 1.5 万 m^3。约有超过 1300 名的维护工负责巴黎下水道的清扫、管道修理及污水处理设施的监管工作，配备了清砂船、卡车及高压水枪等专业设备，并使用地理信息系统等现代技术进行管理维护。

（4）河道蓄水补水。为调节河道水量，建设了 4 座大型蓄水湖，蓄水量达 8 亿 m^3；同时修建了 19 个水闸船闸，使河道水位从不足 1m 升至 3.4～5.7m，改善了航运条件与河岸景观。同时对河岸堤防进行了整治，采用砌石护岸，避免冲刷造成泥沙流入；建设二级河堤，高层河堤抵御洪涝，低层河堤改造为景观道路。

除了工程治理措施外，通过非工程措施进一步加强管理。一是严格执法。根据水生态环境保护需要，不断修改完善法律制度，如 2001 年修订《国家卫生法》，要求工业废水纳管必须获得批准，有毒废水必须进行预处理并开展自我监测，必须缴纳水处理费，严厉查处违法违规现象。二是多渠道筹集资金。除预算拨款外，政府将部分土地划拨给流域管理机构使用，其经济效益用于河流保护。此外，政府还收取船舶停泊费、码头使用费等，作为河道管理资金。

经过综合治理，塞纳河水生态状况大幅改善，生物种类显著增加。但是上游农业污染问题依然存在，还需要全流域长时段的综合治理。

4. 伦敦泰晤士河治理

泰晤士河是英国最大的一条河流，是英国著名的母亲河，哺育了灿烂的英格兰文明。河道全长 346 km，发源于英格兰西南部的科茨沃尔德希尔斯，横贯英国首都伦敦与沿河的 10 多座城市，流域面积 13 000 km²。

随着工业化时代的进展、人口的急剧增长和人们生活方式的改变，大量未经处理的生活污水和工业废水直接排入河道，导致了泰晤士河的严重污染。两岸的人们污染了泰晤士河，也饱尝了河流污染的严重恶果。泰晤士河作为伦敦地区的主要水源地，水质直接影响着当地数百万居民的健康。由于长期饮用受污染的河水，当地霍乱频发，1832 年的霍乱中死亡 5275 人，1848 年和 1853 年的霍乱死亡人数均超过 1832 年，分别为 14 789 人和 11 661 人。1858 年夏季泰晤士河“恶臭”大暴发，更是让英国政府感受到了污染的危害，各项工作陷入停滞。泰晤士河的疯狂报复让英国政府开始考虑河流污染治理问题。1858 年 8 月英国议会通过法令，要求都市工务局“尽快采取一切有效措施，改进大都市的地下水排污系统，以求最大限度地防止都市地区的污水排入泰晤士河中。”从此，英国政府和伦敦市政当局对泰晤士河的污染治理工程正式启动。

泰晤士河治理的措施包括工程措施和非工程措施。第一阶段主要为工程措施，1855 年成立了都市工务局，负责并制定了一项全市排放规划。根据规划，在泰晤士河南北两岸建造两套庞大的隔离式排污下水道管网，汇集两岸的污水，并在入海口约 25 km 处排回泰晤士河，距离当时的伦敦主城区较远。这在一定时间内缓解了泰晤士河伦敦主城区河段的严重污染状况，但是具有一定的投机性和功利性，从本质上没有设置任何污水处理设施对污水进行净化处理，而只是隔离下水道将污水转移到河口和海洋。第二阶段开始采用工程措施和非工程措施结合应用。1955～1975 年，英国水资源经历了从地方分散管理到流域统一管理的历史演变。20 世纪 60 年代起，英国对河段实施统一管理，把泰晤士河划分成 10 个区域，合并了 200 多个管水单位，建成一个新的水务管理局——泰晤士河水务管理局。同时这次治理秉承全流域治理的概念，对伦敦原有下水设施进行了大量改造。伦敦地区的 180 个污水处理厂缩减合并为十几个较大的污水处理厂，各类下水和污水处理设施重新布局使之分布得更加合理，同时对原有设施进行了升级改造，革新污水处理技术。1975 年后泰晤士河治理进入第三阶段，主要为巩固治理阶段。泰晤士河水资源全流域管理的方法不仅解决了泰晤士河污染治理资金不足的难题，而且促进了城市经济的发展。英国政府一方面不断投资对污水处理设施进行技术改造，如采用超声波监测控制污泥密度，或如包膜电极监测溶解氧等技术，遥测技术也已开始使用；同时严格控制工业污水的排放，对沿河两岸的工矿企业严加监督，规定除了经过净化处理的水以外，工矿企业将任何东西排进泰晤士河都是非法的。近年来，随着英国产业的升级改造和大伦敦区的经济模式转换，原本对泰晤士河造成污染的煤气厂、造船厂、炼油厂等相继关闭，代之以各类文化和服务机构，这大大缓解了泰晤士河的污染压力。

经过多年的治理，泰晤士河水质逐步改善，到 20 世纪 70 年代，重新出现鱼类并逐年增加；80 年代后期，无脊椎动物达到 350 多种，鱼类达到 100 多种。目前，泰晤士河水质完全恢复到了工业化前的状态。泰晤士河的治理成功，关键是开展了大胆的体制改革和科学管理，被欧洲称为"水工业管理体制上的一次重大革命"。其优越性主要表现为：①集中统一管理，使水资源可按自然发展规律进行合理、有效地保护和开发利用；②改变了以往水管理上各环节之间相互牵制和重复劳动的局面，建成了相互协作的统一整体；③建立了完整的水工程体系，从水厂到废水处理以至养鱼、灌溉、防洪、水域生态保护等综合利用，均得到合理配合，充分调动各部门的积极性。

5. 墨累-达令流域综合治理

墨累-达令流域（Murray-Darling Basin）位于澳大利亚的东南部，水系流贯大陆东南部中央低地区，流域面积约 105.7 万 km²，是目前澳大利亚最重要的农业区域（朱玫，2011）。该流域主要面临着水资源严重短缺、水资源利用矛盾突出、水环境不断恶化、盐碱化程度日益加剧等问题。针对这些问题，墨累-达令流域管理实践主要经历了三个阶段。

第一阶段，以协调流域水资源利用为主的一元目标管理阶段。主要通过新建大型水库、修建灌溉渠道、建设调水工程来调节水资源利用。这一时期水量管理主要集中在墨累河，以州际协商为主，基本处于无序利用状态。

第二阶段，以流域水资源利用，水质、土壤乃至生态系统保护为主的多元综合管理阶段。流域管理机构采取了一系列政策措施，包括：土地关爱计划、盐碱化治理战略、墨累-达令流域行动，自然资源管理战略和行动计划，墨累-达令流域综合管理战略、水权交易政策、取水限额政策等，这一阶段的综合管理体现了 3 个特点：①建立起河流生态系统整体控制的理念，综合考虑上下游、水量、水质、土壤和自然系统的相互关系，合理开发和保护；②强调社区广泛参与，政府和社区间建立起真正伙伴关系，为全流域共同利益加强合作；③引入市场经济政策，建立起水权交易框架，强化节水意识，提高水利用效率，减缓了水质恶化和自然生态系统的退化。

第三阶段，以环境利益和国家利益优先的综合管理新阶段。建立环境流量控制机制，从环境流量角度分配各州用水量。同时，推动规划制定、机构建设、工程建设和水权购买等，回购的水权一方面优先用于河流和湿地的生态用水，保障流域环境流量；另一方面也再次出售，让水资源投入更加节水的农业上，推进流域水权管理市场化发展。这一阶段的特点突出体现在强调国家利益和流域环境利益优先，各州利益要服从于整体利益。

6. 艾瑟尔湖生态修复治理

艾瑟尔湖是荷兰中北部的一个浅淡水湖，也是荷兰第一大淡水湖，为大型浅水湖泊，承担着供水、航运、渔业等多种功能，面积为 1100 km^2，平均深度为 5～6m，是荷兰人民围海造田的产物，本来是须德海的一部分，如今已经变成了一个淡水湖（丁磊等，2014）。

20 世纪 50 年代，清澈的湖水和大量的沉水植物是艾瑟尔湖的重要特性。阳光几乎可以直达湖底，大型植物在 4～5m 深的水下也能生长，甚至覆盖着整个湖底。从 60 年代开始，由于农业化肥的大量使用，湖泊营养负荷增加，藻类大量繁殖生长，湖水变浑浊，减少了大型植物能获得的光照。而湖底植物的消失又使得湖的底质越来越松软，风和生物的活动增加了底质的再悬浮，湖水变得更浑浊。艾瑟尔湖流域在 80 年代经济发展、城镇化、工业化的过程中经历了水系污染、土壤污染、洪水泛滥等诸多问题。

为降低外部营养负荷，1985～1995 年，荷兰建设了污水脱磷设施，境内点源排放的磷减少了 65%，氮的排放也有所减少，但并没有带来预期的湖水水质恢复效果。研究发现，大多数的磷聚集在湖泊的底质中，形成了一个营养库，即磷的内部负荷。藻类的疯长和下沉藻类的分解，使得水中溶解氧迅速下降，二氧化碳净消耗的增加，导致较高的 pH，湖水-底泥界面的低溶解氧和高 pH 促进了底质中磷的释放，这样外部负荷的减少被内部负荷的增加抵消了。此外，失衡的生态系统也是湖泊难以恢复的一个重要原因，如大量浮游生物食性鱼和底栖生物食性鱼的存在以及缺乏沉水植物等。之后，人们逐渐认识到采用一些特殊的生态恢复方法，如转移或处理富营养的流入水、控制或挖掘底泥，以及生物控制（biomanipulation），恢复湖泊生态是必要的。

2000 年 12 月，欧盟颁布欧洲水环境框架指令（Water Framework Directive，WFD），并强制欧盟各个成员国执行，因此荷兰艾瑟尔湖在 WFD 指导下进行了相应的湖泊治理。此外，在水体生态潜力修复概念的理论指导下，荷兰开展湖泊生态修复。污染治理措施主要包括：①源头控污。艾瑟尔湖流域包括北荷兰、弗莱弗兰和弗里斯兰等 6 个省级行政区，流域畜牧业大体分为非集约型畜牧业和集约型畜牧业，发展高度密集，产值占流域农业总产值的一半，也是艾瑟尔湖主要的面源污染源。荷兰于 1970 年颁布《地表水污染法》，对流域农业、畜牧业面源污染进行控制，对工业点源进行减排限排。《地表水污染法》实施 10 年后，输入艾瑟尔湖及流域水体的面源污染负荷削减了约 60%。20 世纪 80 年代《莱茵河行动计划》实施以后，艾瑟尔湖的上游来水的污染输入逐渐减少，水质日趋好转，富营养化问题消失。②末端治理。根据《城镇污水处理指令》，艾瑟尔湖流域污水处理厂的进水处理需削减 75%以上的氮、磷等物质，流域于 2006 年实现了这一标准要求。新技术、新工艺的研发和快速推广使用，合理的污水分类处理制度，完善的废水收集系统，是各污水处理厂高效处理效率的保障。除了传统污染物之外，艾瑟尔湖流域已开始对部分特征污染物、大气和固体废弃物污染进行监测，并逐渐从控制常规污染物转为控制特种污染物对水体的污染。③生态修复。艾瑟尔湖流域管理者采取建设鱼道、创造生态栖息地等措施，恢复和保护鸟类和鱼类。艾瑟尔湖强调保育水体周边的土地利用格局，注重疏浚工程中相关底泥的处置，防止底泥对周边土地造成二次污染。

到 20 世纪 90 年代初随着莱茵河行动计划的实施，莱茵河流域污染得到治理，其下游的艾瑟尔湖流域水质污染和富营养化问题也有所好转。

7. 琵琶湖水生态修复治理

琵琶湖为日本第一大湖，面积 674 km²，为淀川水系重要组成部分。随着 20 世纪 60 年代日本经济高速增长，人口增加和工业化进程加快，琵琶湖的水资源遭到严重污染，水质下降，蓝藻时有发生。为改变这种状况，1972～1996 年，根据《促进琵琶湖综合开发的特别措施法》，日本当地实施了琵琶湖的综合开发保护。琵琶湖的水生态修复治理主要包括工程措施和非工程措施。

工程措施方面，修建农村生活排水处理设施。为保护水质和生活环境，从 1996 年开始，滋贺县施行《生活排水对策推进条例》。修建了大量农村生活排水处理设施——小规模下水道及污水处理站或污水处理净化槽。修建下水道必须先设置污水单独处理净化槽，新建住宅必须设置联合处理净化槽。各污水处理站采用深度处理工艺，不仅要去除有机物，还要削减氮、磷的含量。目前常采用的是添加凝聚剂活性污泥循环法与沙土过滤相结合的方法，有些还采用氮的超深度处理方法，即添加凝聚剂多级硝化脱氮与沙土过滤相结合，此外还尝试采用臭氧氧化与生物活性炭处理相结合，对付难分解的有机物，使琵琶湖湖岸地区不仅对有机物进行了深度处理，还进行了去除营养物质的深度处理。入湖河流的直接净化措施主要是采用疏浚河底污泥来削减内源污染的释放；同时，在河流入湖处利用芦苇等水生植物进行植被净化；修建河水蓄积设施，在涨水时暂时蓄积河水，使污染物沉降后再流入琵琶湖。此外，还采取多种措施对城市地区的雨水进行收集和处理，削减雨水冲刷道路带来的污染物。对湖内水的净化措施采用疏浚湖泊底层污泥，在湖中设置浅层水循环设施、深层曝气设施，向底层水供氧。

非工程措施方面，制订鼓励环保型农业政策。2003 年，滋贺县政府制定了《滋贺县环保农业推进条例》，鼓励农民减少农药的使用。将减少农药使用量 50%的农产品认证为"环保农产品"，政府对农民收益的减少给予经济补偿。实行节省化学肥料的措施，大量使用缓效性肥料。利用树脂覆盖缓效性肥料的表面，使营养成分暂时不会流出。改进施肥方式，采用侧条施肥减少肥料流失到田间外，有利于河流的水质保护。通过农业用水反复利用及农田自动供水装置，控制农田用水，以削减环境污染负荷。此外还将污泥送还农田，将污泥与含有水分的垃圾、杂草用于堆肥等。通过实施这些措施，削减了琵琶湖流域地区的农业、化肥使用量，减轻了农业对环境的污染。

通过综合治理，琵琶湖的蓝藻暴发率逐年降低，水质得到明显改善，实现了水质保护、水源涵养、恢复自然环境和景观保护等多方面的目标。通过工程措施和非工程措施相结合，在当地最终形成人水和谐的局面。

1.2.5　小结

20 世纪 60 年代以后，在历经政府、企业和各种社会主体间长期的对立与合作互动后，发达国家普遍建立了比较完整的环境保护法律和制度体系，构建起由中央政府、地方政府和各种流域、区域机构所组成的政府行政管理体制，并逐步形成由政府、企业和社会团体共同参与环境保护的治理体系。其中值得关注的是，国际环保市场专业化服务体系和民间公益组织体系已获得比较广泛的发展，各种市场主体和社会组织成为环境保护的重要支柱。多元化的环境保护手段也获得比较广泛的应用，环境产权交易、特许经营、信息公开、公众听证、公益诉讼等各种市场和社会化手段成为行政管制措施的重要补充。

尽管环境保护治理体系的具体模式和治理效果之间的定量相关性还难以判断，但我们还是可以识别出实现环境"良治"的一些基本取向，即政府、市场和社会多元主体共同参与，行政、经济和社会管理等多元手段共同应用，强制措施、自愿行动与合作协商相结合等。这些已逐步成为完善环境治理体系的共识，并在实践中取得了显著进展。

综合来看，我们同样可以把生态文明治理体系理解为政府、市场和社会在法律规范和公序良俗基础上，依照生态系统的基本规律，运用行政、经济、社会、技术等多元手段，协同保护生态环境的制度体系及其互动合作过程。既强调体制、制度建设，也强调治理能力、过程和效果；既重视普适的生态环境价值观，也重视特定的历史文化条件。与传统的以政府行政管制为主的环境管理体系相比，一个运转良好的现代生态文明治理体系应当具有四方面的基本内涵和特征。

一是治理主体上，形成政府、企业、社会共担责任、共同参与的格局。所谓治理主体，是生态文明建设的实施者和利益相关者，包括负责和参与制度构建、政策执行及监督的所有组织和公民。基于治理理念的要求，生态文明建设及环境保护要从政府主导的局面，转向"政府调控、市场推动、企业实施、公众广泛参与"的模式，治理主体通过合作互动、相互监督、相互制约，共同保护生态环境。在治理主体共同参与的情况下，需要做出 3 点制度安排：①明确各治理主体在生态文明建设中的职责，处理好政府和市场、政府和社会的关系，并考虑各自的能力，循序渐进地推进改革进程；②实现治理主体之间的制衡，遵循法治的原则，实现相互监督、相互制约；③治理主体是各利益相关方，各方之间不仅要有制衡，更要有合作、协调和形成共识共赢的意愿和行动。

二是治理手段上，以法治为基础，采用多元手段，形成一整套相互协调、相互配合的政策工具。构建生态文明治理体系需要采用多元手段，综合运用法律、经济、技术和行政等手段，推动强制性、市场化、自愿性手段相结合，有效发挥各种手段的协同效应，以最小的治理成本获取最大的治理收益。采用多元化治理措施，还要避免利益相关方相互冲突，促进相互协调、相互配合，追求合作多赢。因此，在健全治理手段的过程中，要考虑不同群体的利益，建立健全交流互动机制，促进治理主体也就是利益相关方之间的平等协商。

三是治理机制上，基于法治的协商民主，实现多方互动，从对立走向合作，从管制走向协调。治理机制，可以理解为治理主体间互动、制衡、合作和达成共识的方式。这既包括传统"统治"或者"管理"要求的自上而下的管控和服从，也包括治理所要求的自下而上和横向互动，实现平等协商。在生态文明治理体系中，需要构建各利益相关方公平且相互依赖的主体间关系，因此他们之间的互动也应更加强调采用依法协商的方式，避免仅仅依靠自上而下或简单强制的方式寻求共识。这一过程中，将促进各方从相互对立走向相互合作，从自上而下的管制走向相互之间的协调。这要保障各治理主体拥有充足、公平的参与机会和权利，形成共识，依法保护生态环境和促进形成绿色发展方式。

四是治理功能上，实现生态系统及其服务功能的整体保护，保证环境公共产品和服务的有效提供，并促进实现绿色转型和发展。理论上，生态系统的整体性、相互关联性和服务功能多样性，决定了只有从整体出发优化配置各相关要素，才能产生最优服务功能。实践上，只有在生态文明治理体系中充分考虑生态系统的完整性和关联性，以及绿色转型发展的渐进性、协同性和创新性，通过政府、市场、社会等各种政策措施的综合应用，才能保障生态系统的供给、调节、文化及支持服务功能作用的全面发挥，最大限度地提供规模化、优质化、多样化的环境公共产品和服务，满足社会日益提高的环境质量、安全健康和可持续发展的需求。

1.3　当代中国生态环境保护政策构建与市场模式

我国生态环境问题的出现有着深刻的历史背景。我国现代化进程比西方国家晚将近 200 年，是在西方国家已经完成现代化的世界历史背景下展开的，这就决定了我国现代化、工业化无论时间上还是空间上都是"压缩型"的（吴荻等，2006；梅凤乔，2016）。1949 年以来，我们用几十年就走完了西方国家几百年才走完的道路，但生态环境问题也在这几十年的有限历史时间内凸显出来（中国工程院等，2011）。

中华人民共和国成立伊始，政府主要任务是尽快建立独立的工业体系和国民经济体系，加上当时人口相对较少，生产规模有限，环境容量比较充足，整体上经济建设与环境保护之间的矛盾尚不突出，所产生的环境问题大多是局部个别的生态破坏和环境污染，尚属局部性的可控问题，未引起重视，没有形成对环境问题的理性认识，政府也没有提出环境战略和政策目标。尽管政府提出了厉行节约、反对浪费、勤俭建国的方针，倡导了"爱国卫生"和"除四害"等运动，但主要是针对当时物资匮乏、环境污染威胁到人的生存时的措施，并不是有目的地解决环境污染问题。该阶段只是在水土保持、森林和野生生物保护等一些相关法规中提出了有关环境保护的职责和内容，包含了一些基本性的环境保护要求。这一时期的国民经济建设过程中开始出现一些环境保护萌芽，但总体上是一个非理性的战略探索阶段。"一五"时期，工业建设布局将工业区和生活区分离，建设以树林为屏障的隔离带，减轻工业污染物对居民的直接危害；片面追求数量的发展模式导致"三废"放任自流，污染开始迅速蔓延。

中国改革开放的 40 年也是生态环境保护管理体制不断改革和飞跃的 40 年。早在 1972 年，开展生态环境保护工作起，围绕解决不同发展阶段突出环境问题的需要，我国每 10 年左右实现一次环境管理体制改革"大跨越"，不断改革、创新和发展了具有中国特色的生态环境保护治理体系与模式。坚持在发展中解决环境问题，以改善生态环境质量为核心，逐步构建了符合不同发展阶段特征的生态环境保护管理体系，包括完备的生态环境规划政策体系、完善的生态环境治理体系、完整的生态环境保护法律体系。在习近平新时代中国特色社会主义建设过程中，更应瞄准建设"美丽中国"的战略目标，立足中国、放眼世界，坚持绿色发展，做好顶层设计，构建生态环境管理体系新格局，共建清洁美丽世界。

改革开放 40 年，是中国波澜壮阔的 40 年，拥有 14 亿人口的中国从一个贫穷落后的国家成长为世界第二大经济体。中国的生态环境保护事业也与时俱进，正从过去单纯的"三废"治理走向生态文明建设，逐步走向全球可持续发展的参与者、贡献者、引领者。回顾我国生态环境保护的历程，我们发现生态环境保护与社会经济发展紧密相连，不同阶段我们面临着不同的突出环境问题，相应的经济发展阶段与社会需求决定了我国的生态环境管理体制和架构；与此同时，生态环境治理体系与治理模式又在改革与发展进程中不断完善，与时俱进。

1.3.1　国家生态环境保护管理体制的演进

回顾过去的 40 多年，改革开放和社会经济进步推动了国家生态环境保护管理体制的变革（周宏春，2019）；反过来，"十年一跃"的环境管理体制改革，也为社会经济与生态环境协调发展提供了体制保障（王玉庆，2018；陈健鹏，2018）。

我国的生态环境保护工作正式始于 1972 年，从最初的临时性机构——国务院环境保护领导小组及其办公室，逐步发展成今天的生态环境部。从整个生态环境保护事业发展来看，这实质是逐步适应改革开放和经济社会不断发展变化的进程；也是伴随新的生态环境问题不断涌现的局面，我国生态环境保护管理体系及治理模式不断进行改革而产生的结果（周宏春，2018；解振华，2019）。

1. 第一阶段（1972~1988 年）

这是"第一次跃升"，从国务院环境保护领导小组到独立的国家环境保护局（国务院直属局），标志着我国生态环境保护在国家宏观管理体制中占据了一席之地。

在 1972 年之前，尽管不少地方已经出现了环境污染，但我国在观念上一直认为社会主义国家不存在环境污染，工业污染是资本主义社会的产物。1972 年 6 月，我国政府派出代表团参加在瑞典举行的联合国人类环境会议，上述观念开始发生转变。1973 年 8 月，国务院召开第一次全国环境保护会议，审议通过了"全面规划、合理布局、综合利用、化害为利、依靠群众、大家动手、保护环境、造福人民"的环境保护工作 32 字方针和我国第一个环境保护文件《关于保护和改善环境的若干规定》。至此，我国生态环境保护事业开始正式起步。1974 年 10 月，国务院环境保护领导小组正式成立，主要职责是：负责制定环境保护的方针、政策和规定，审定全国环境保护规划，组织协调和督促检查各地区、各部门的环境保护工作。领导小组正、副组长分别由国务院领导余秋里、谷牧担任，领导小组由十几个单位领导参与组成。办公室最早设在国家计委，后又并到国家建委，共三个处，分别是综合处、规划处和科技处。

1978 年 12 月，党的十一届三中全会召开，做出了改革开放的伟大决定，中心议题是将党的工作重心转移到经济建设上来。此后，从农村的家庭联产承包责任制开始，我国加速推进改革开放，极大地促进了生产力解放。1980 年 8 月，我国设立了深圳特区，1984 年又设立了首批 14 个沿海开放城市，沿海地区开始全面对外开放，大量接受日本、韩国等地劳动密集型产业的转移，各级政府、不同部门、乡村集体、社会团体都以招商引资、办企业搞经营为重点，不少地方是"村村点火、户户冒烟"，成为当时经济社会发展的真实写照。与之相对应，我国的生态环境保护工作也开始走上正轨。

经济发展和产业转移也带来了日益严峻的环境问题，引起了政府的关注。1979年，《中华人民共和国环境保护法（试行）》的制定，开我国生态环境保护法律制度的先河。随即，环境保护相关专项立法开始起步，1982 年 8 月，全国人大常委会审议通过了《中华人民共和国海洋环境保护法》；紧接着，1984 年 5 月和 1987 年 9 月，分别通过了《中华人民共和国水污染防治法》和《中华人民共和国大气污染防治法》。同时，我国开始加强环境管理工作及机构建设。1982 年 5 月，第五届全国人大常委会第 23 次会议决定，将国家建委、国家城建总局、建工总局、国家测绘局、国务院环境保护领导小组办公室合并，组建城乡建设环境保护部，部内设环境保护局，环境保护局编制为 120 人，设有 17 个处室。1983 年底召开第二次全国环境保护会议，时任国务院副总理李鹏在会议上宣布保护环境是我国必须长期坚持的一项基本国策。1984 年 5 月成立国务院环境保护委员会，由时任副总理李鹏兼任委员会主任，办事机构设在城乡建设环境保护部（由环境保护局代行）。1984 年 12 月，城乡建设环境保护部环境保护局改为国家环境保护局，仍隶属于城乡建设环境保护部领导，是部属局，同时也是国务院环境保护委员会的办事机构。

1988 年城乡建设环境保护部撤销，改为建设部。国家环境保护局成为国务院直属机构（副部级），明确为国务院综合管理环境保护的职能部门，人财物全部独立运行。同年，党中央国务院在国家环保局率先开展公务员改革试点，根据环保工作需要设置职位，并从全国公开招考一大批环保干部。这次改革为国家环境保护的专业化管理奠定了基础。

2. 第二阶段（1989～1998 年）

这是"第二次跃升"，其间我国的生态环境保护压力继续加大，政府陆续开展"33211"和"一控双达标"环境治理工程，1998 年国家环境保护局升格为国家环境保护总局。

1992 年，邓小平同志发表南方谈话，推动我国经济发展和改革开放掀起新一轮热潮。全国各地挂牌建设的经济开发区、工业开发区最多时近万个，但同时也带来严重的耕地占用、生态破坏和环境污染。当时的民谣是"五十年代淘米洗菜，六十年代浇地灌溉，七十年代水质变坏，八十年代鱼虾绝代，九十年代难刷马桶盖"，淮河等流域的严重环境污染引起了全社会的关注。同时，生态破坏、水土流失、荒漠化问题也日益突出，北京等地区沙尘暴愈演愈烈，黄河断流、长江洪水等特大生态灾害频发。

为了解决这些问题，全国人大常委会加快了生态环境保护立法进程。1989 年

12 月,《环境保护法》经修改正式出台,20 世纪 90 年代又修改了《大气污染防治法》《水污染防治法》,制定出台了《固体废物污染环境防治法》《环境噪声污染防治法》等,初步形成了我国生态环境保护的法律体系。同时,国家启动了"33211"重大污染治理工程,这是我国历史上首个大规模污染治理行动。其中,"33"是三河(淮河、海河、辽河)三湖(滇池、太湖、巢湖);"2"是两控区,即二氧化硫和酸雨控制区;"11"是一市(北京市)、一海(渤海)。"33211"工程首先从治理淮河污染开始,根据国务院部署,1997 年 12 月 31 日零点之前要实现淮河流域所有重点工业企业废水基本达标排放,否则将对这些企业实施关停并转(黄文钰等,2002)。1995 年,时任国务院副总理邹家华、国务委员宋健代表国务院听取环保工作汇报,明确要求,到 2000 年,全国污染物排放总量冻结在 1995 年水平,环境功能区达标,工业污染源实现达标排放,这就是所谓"一控双达标"。这一时期,污染物排放总量控制的基本做法是严格控制新上项目新增污染,所有新上项目增加的排放量,必须由同一地区其他污染源等比例削减来消化。与此同时,全国开始实施退耕还林等六大生态建设重点工程。

这一阶段另一个重大事件是 1992 年在巴西召开联合国环境与发展大会,提出了可持续发展的理念,通过了《21 世纪议程》。中国作为发展中国家参加了大会,并于 1994 年组织编制了《中国 21 世纪议程——中国 21 世纪人口、环境与发展白皮书》,制定了自己的可持续发展目标。1998 年,国家将原副部级的国家环境保护局提升为正部级的国家环境保护总局,原国务院环境保护委员会的职能与分散在电力工业部等各工业行业主管部门的污染防治职能并入国家环境保护总局。当年,在撤销了如机械部、化工部等一大批部委的同时,环保局是唯一升格的单位。

3. 第三阶段(1999~2008 年)

这是"第三次跃升",主要特征是遏制主要污染物排放总量快速增长势头,实施总量控制,推进循环经济发展和"两型"社会建设,组建环境保护部。

2001 年 12 月,我国加入世界贸易组织(WTO),随后社会经济迅猛增长,能源钢铁化工等重化工业在经济发展中占比不断提高,产能、产量跃居世界前列,资源能源消耗快速增长,主要污染物排放总量也大幅增加,国家"十五"计划的主要目标中,二氧化硫排放总量控制目标不降反升,警醒了我国政府需要实施更大力度的节能减排和总量控制。"十一五"期间,我国把主要污染物排放总量和单位生产总值能源消耗下降比例作为约束性指标,纳入国家"十一五"规划纲要,并分解到各省(自治区、直辖市)。

"十一五"期间,全国环境基础设施、电厂脱硫设施建设规模超过了 1949 年以来到"十一五"之前的总和。这中间,两项政策发挥了核心作用:一是严格的节能减排约束性指标考核,带动了地方环境治理重大工程的建设;二是以脱硫电价为代表的环境经济政策，推动了电力行业的脱硫工程建设，迄今为止中国建成了全球最大规模的清洁煤电系统。

中国在生态环境保护立法和执法上也取得新的进展。为进一步改善生态环境，国家再次修改了《大气污染防治法》《水污染防治法》《固体废物污染环境防治法》《海洋环境保护法》，并制定《放射性污染防治法》《环境影响评价法》《清洁生产促进法》和《循环经济促进法》等。在环境管理机构上，为了解决环保执法难、地方行政干预的问题，2006 年国家环境保护总局设立了东北、华北、西北、西南、华东、华南六大督查中心，作为其派出机构。2008 年 7 月，国家环境保护总局升格为环境保护部（正部级），并成为国务院组成部门。

4. 第四阶段（2009～2018 年）

这是"第四次跃升"，生态文明建设被纳入"五位一体"总体布局，坚持以改善生态环境质量为中心，推动绿色发展，坚决向污染宣战，组建生态环境部。

党的十八大以来，以习近平同志为核心的党中央高度重视生态文明建设和生态环境保护工作，将生态文明建设纳入"五位一体"总体布局，把坚持人与自然和谐共生作为新时代坚持和发展中国特色社会主义的基本方略之一，把绿色发展作为一大新发展理念，坚决向污染宣战，出台实施了大气、水、土壤"三个十条"，出台了《生态文明体制改革总体方案》，建立了中央生态环境保护督察等一系列重大制度（钱易，2017；解振华，2018）。根据生态文明建设的新要求，对《环境保护法》《大气污染防治法》《水污染防治法》《固体废物污染环境防治法》《海洋环境保护法》等一系列法律进行了重大修改；特别是 2014 年修订的《环境保护法》，被称为"长出牙齿"的法律，大大提升了立法质量和法律威慑力；随着 2018 年全国人大通过了《土壤污染防治法》，我国基本形成了较为完整的生态环境保护法律体系。我国开始成为世界生态文明建设的引领者（李干杰，2018；周宏春等，2019）。

2017 年 10 月，党的十九大胜利召开，会议提出中国特色社会主义进入新时代，我国社会主要矛盾已经转化为人民日益增长的美好生活需要和不平衡不充分的发展之间的矛盾。随着我国进入社会主义新时代，对生态环境保护管理体制的需求也发生了显著变化。

第一，特定发展阶段下形成的体制安排需要从"增长优先"转向"保护优先"，这意味着资源和生态环境保护相关主管部门必须发挥更加重要的作用。改革开放以来，我国在国家战略上突出了"发展是第一要务"，受此影响，政府的管理体制中经济管理职能非常强大。相应地，生态环境保护的职能就相对弱小，权威性不足。特别是过度偏重生产总值增长的干部考核机制，鼓励了地方政府把生态环境保护让位于经济增长。这是经济发展阶段所决定的，但也客观上造成了我国没有摆脱"先污染后治理"的道路。因此，需要以"节约优先、保护优先、自然恢复为主"的方针来统领未来的体制和职能转变。

第二，生态环境保护职能需要从以往分散的资源环境要素管理逐步走向保护生态系统的完整性、原真性与生态环境综合管理。20 世纪 80～90 年代，我国许多资源管理和污染防治职能分散在各个行业部门，随着资源环境问题日益严重和我国向社会主义市场经济转型，相关职能不断由行业主管部门向环境保护部门集中。但是，仍有诸多资源管理、生态保护、污染防治职能一直分散在水利、住建、国土、林业等部门，这虽然有利于根据资源环境属性进行专业管理，但也与生态系统的完整性保护、综合管理及可持续发展理念有所冲突。

第三，从所有者和监管者区分不明、运动员与裁判员集于一身，向执行与监管相互分离和制衡的方向转变。改革开放后前 10 多年，在实践中，随着我们不断认清环境建设与环保监督的相互关系，环境保护部门逐步从建设部门中独立出来，但在全民所有自然资源的所有者、监管者相分离方面，我们一直都没有很好地解决。各级政府部门既代行土地、林地、海域、矿产等资产的开发经营管理的职能，又履行资源保护和生态建设的职能。后果是既没有很好地保障国有自然资源所有者和利用者的资产权益，也没有很好地实现资源与生态环境保护的公共功能，生态系统保护效果不佳。

第四，从央地事权不清、财权匹配不合理，向责权清晰、不断优化事权财权配置转变，建立相对独立的监测评估和监管体制。各级政府之间事权划分主要依据法律法规和"三定"规定，但由于法律法规等规定不清晰，中央事权、央地共同事权和地方事权并没有清楚地划分。2014 年，新《环保法》通过后，进一步明确了地方政府对当地环境质量负责，但多数地方仍然不具备与法律规定相应的财力。在地方政府的体制框架内，地方各级资源和生态环境保护部门难以形成独立监管的体制机制，"站得住的顶不住、顶得住的站不住"的情况比比皆是。因此，只有通过进一步的体制机制改革，使事权财权得到优化配置，才能有效落实法律法规的相关责任义务。

2018 年 3 月，第十三届全国人民代表大会第一次会议通过了国务院机构改革方案。根据方案，将环境保护部的职责，国家发展和改革委员会应对气候变化和减排的职责，国土资源部监督防止地下水污染的职责，水利部编制水功能区划、排污口设置管理、流域水环境保护的职责，农业部的监督指导农业面源污染治理职责，国家海洋局的海洋环境保护职责，国务院南水北调工程建设委员会办公室的南水北调工程项目区环境保护职责整合，组建生态环境部，作为国务院组成部门。

这次机构改革，按照"山水林田湖草"统筹治理的理念，改变了"不调整机构、仅整合职能和建立协调机制"的阶段性做法，针对体制弊端重组了资源和生态环境保护机构，调整了相关职能，不仅进一步理顺了生态文明领域的职能、机构设置和部门关系，也让党的十八届三中全会以来的生态文明制度建设得以在体制上固化。初步看，新一轮生态环境管理体制改革具有如下效果。

一是按照大部门制改革的思路，基本实现了污染防治、生态保护、统一监管等方面的大部门制安排，为解决制度碎片化问题奠定了良好的体制基础。这也是本次改革最大的亮点和特征。将分散在国土、水利、农业、海洋等部门的环境保护职能整合到生态环境主管部门，特别是使之前碎片化较为严重的水环境保护职能进一步集中；组建国家林业和草原局，统筹负责自然保护区、风景名胜区、自然遗产、地质公园、国家公园等各类自然保护地管理职责等。生态环境部和自然资源部的资源和生态环境保护职能都大大扩充了，有利于生态环境保护与资源管理职能的相对统一和有效发挥。

二是分离了自然资源所有者的建设及管理职责和监管者的监督及执法职责，在一定程度上实现了制度设计对执行与监管的要求。自然资源部负责履行全民所有各类自然资源资产所有者职责，负责资产确权与保值增值；负责覆盖全部国土空间的空间规划编制和用途管制等建设管理职责。同时，生态环境部负责统一实行生态环境监督执法，整合环境保护和国土、农业、水利、海洋等部门相关污染防治和生态保护执法职责、队伍，从而实现了所有者和监管者的相对分离。这种体制安排有利于实现"节约优先、保护优先"的要求，有利于加强自然资源开发的生态环境保护监管。这是我国生态环境治理体系的一次深刻变革，符合生态系统的整体性、系统性保护。

三是生态环境保护的统一性、权威性有所增强。生态环境部下设立中央生态环境部督察办公室，监督生态环境保护党政同责、一岗双责落实情况，根据授权对各地区各有关部门贯彻落实中央生态环境保护决策部署情况进行督察问责。建立健全生态环境质量监测体系，实行中央垂直管理，有利于保证数据的真实性和可靠性，有利于污染治理的绩效导向，为监督、考核和问责奠定良好的基础，为落实新《环保法》"地方各级人民政府应当对本行政区域的环境质量负责"提供体制和组织保障。

当然，充分发挥生态环境管理体制改革效能仍有一系列问题需要解决，但生态环境保护事业及生态环境管理体制改革，已经站在了新的历史方位和起点，面向全面建成小康社会、建设美丽中国的目标，大步前进（解振华，2017）。

1.3.2　生态环境保护政策构建与发展

环境问题的本质是发展问题，在发展中产生，也需要在发展中解决，既需要分步骤解决问题，也需要创新发展理念（李正强等，2008）。改革开放以来，我国不断发展和提出协调经济和环境矛盾的理念，作为开展生态环境保护工作的指引（李明华等，2008；孙宝乐等，2014；李庆瑞，2015）。中国环境治理的理念，由坚持可持续发展延伸到坚持生态文明。在生态文明理念方面，明确提出了树立尊重自然、顺应自然、保护自然的理念，树立"绿水青山就是金山银山"的理念，树立自然价值和自然资本的理念，树立空间均衡和山水林田湖草是一个生命共同体的理念（杨洪刚，2009；何劭玥，2017）。党的十九大报告中对党的十八大召开后五年的生态文明建设做出了"成效显著"的评价，并指出"大力度推进生态文明建设，全党全国贯彻绿色发展理念的自觉性和主动性显著增强，忽视生态环境保护的状况明显改变。"2017 年 10 月 24 日修改并通过的《中国共产党章程（修正案）》指出，基于我国当前的主要社会矛盾已经转变为"人民日益增长的美好生活需要和不平衡不充分的发展之间的矛盾"，我们"必须坚持以人民为中心的发展思想，坚持创新、协调、绿色、开放、共享的发展理念"，"为把我国建设成富强民主文明和谐美丽的社会主义现代化强国而奋斗"。

生态环境由人类赖以生存和发展的多个要素组成，各要素之间相互关联、相互作用，兼具生态功能与经济价值的双重属性。改革生态环境保护管理体制，必须以推进生态文明建设、建设美丽中国为根本指向，坚持新型工业化、信息化、城镇化、农业现代化同步发展，牢固树立保护生态环境就是保护生产力、改善生态环境就是发展生产力的理念，坚持保护优先方针，不断探索环境保护新路，从宏观战略层面切入，从再生产全过程着手，从形成山顶到海洋、天上到地下的一体化污染物统一监管模式着力，准确把握和自觉遵循生态环境特点和规律，维护生态环境的系统性、多样性和可持续性，增强环境监管的统一性和有效性。

1. 逐步建立形成完整的生态环境保护法律体系

1978 年修改的《宪法》做出专门规定："国家保护环境和自然资源，防治污染和其他公害"，这是我国第一次将环境保护上升到宪法地位。以 1979 年颁布《环境保护法（试行）》为标志，我国开始了环境立法的进程（吕忠梅，1995；叶俊荣，2003）。环境保护立法发展可以大致分为三个阶段：从 1978 年到 1992 年，以"预防为主、防治结合"为方针，环境法制开始起步；从 1992 年到 2014 年，环境保护法律法规框架基本形成；2014 年之后，环境立法进入新阶段，先后修订了《环境保护法》《大气污染污染防治法》《水污染防治法》《环境影响评价法》等法律，并通过了《环境保护税法》《土壤污染防治法》。2014 年 6 月，最高人民法院设立环境资源审判庭，开启了系统的环境司法专门化改革（王树义，2014）。

截至 2018 年，中国制定了 20 多部资源节约和保护方面的法律；出台了与环境和资源保护相关的行政法规 50 余件，军队环保法规和规章 10 余件，地方性法规、部门规章和政府规章 700 余项，现行有效标准 1900 多项，司法解释近 10 件；缔结或参加了《联合国气候变化框架条约》等 30 多项国际环境与资源保护条约与议定书，先后与美国、加拿大、印度、韩国、日本、蒙古国、俄罗斯等国家签订了 20 多项环境保护双边协定或谅解备忘录。这些立法或者条约基本覆盖了环境保护的主要领域，门类齐全、功能完备、内部协调统一，基本做到了有法可依、有章可循。可以说，我国的环境法律体系框架已经基本形成。党的十八届四中全会通过的《中共中央关于全面推进依法治国若干重大问题的决定》提出了三种规则体系，分别为党内法规、国家立法和规范体系以及社会自治规范体系。其中，中国共产党的执政规则和国家的法治规则的对接，即互助和联合，是建设中国特色社会主义法治体系的重大特色。在环境法治中，随着党内法规和国家立法的衔接日益顺畅，"一岗双责、党政同责"制度机制逐步建立与推广。2015 年 8 月，为了完善领导干部的环境质量负责制，中共中央办公厅、国务院办公厅联合印发了《党政领导干部生态环境损害责任追究办法（试行）》（以下简称《办法》）。该《办法》是环境法制领域中，党内法规和国家立法的重要创新（常纪文，2015）。

在方针和原则的确立方面，我国结合实践发展的需要做了相应的调整（常纪文，2009）。环境法治几十年来，我国环境法治的方针与原则在不断地变化，从环境保护辅助经济发展，到环境保护与经济发展相协调，再到经济发展与环境保护协调，进而确立环境保护优先的原则。2014 年，新修订的《环境保护法》明确提出"使经济社会发展与环境保护相协调"，确立了经济社会发展中环境保护的优先地位（王社坤等，2018）。随后在中共中央办公厅和国务院办公厅联合下发的《关于加快推进生态文明建设的意见》《生态文明体制改革总体方案》等文件中，相继确立了"节约优先、保护优先、自然恢复"的基本方针。这些原则和方针，是对以往经验、教训总结和归纳的结果，是符合与日益严峻的环境形势做斗争的需要的（杨继文，2018）。

在体制的安排方面，根据环境管理的实际经验和环境质量状况的形势，我国的环境管理体制在不断改革，环境保护"大部制"确立。在中央部门职能整合上，2018 年 3 月中共中央印发了《深化党和国家机构改革方案》，将一直以来延续的统一监管、分工负责的环境管理体制，改为横向上生态环境部统一行使生态和城乡各类污染排放监管和行政执法职责，自然资源部统一行使全民所有自然资源资产所有者职责，统一行使所有国土空间用途管制和生态保护修复职责。地方环境管理体制改革上，2016 年 9 月，中共中央办公厅、国务院办公厅联合印发《关于省以下环保机构监测监察执法垂直管理制度改革试点工作的指导意见》。以环境监测体制改革为例，《关于省以下环保机构监测监察执法垂直管理制度改革试点工作的指导意见》要求"本省（自治区、直辖市）及所辖各市县生态环境质量监测、调查评价和考核工作由省级环保部门统一负责，实行生态环境质量省级监测、考核"。环境监测历来是环境保护的基础性工作，是推进生态文明建设的重要支撑。总的来说，体制创新与中国的政治结构和我国的环境保护实际需要基本相适应。

　　在制度的构建方面，数十年来，我国不断结合环境治理实际，通过对环境法律体系的完善，构建了较为完备的环境法律制度体系。在综合性制度方面，当前，环境治理中所适用的环境法律制度主要包括环境影响评价、排污许可、总量控制、"三同时"、环境监测、目标责任、考核评价以及针对大气、水、土壤的调查、监测、评估等制度（赵廷宁等，2001；王金南等，2016）。在专门的法律制度方面，数十年来，我国已经建立了环境污染防治法律制度、生态保护法律制度和自然资源保护法律制度。尤其是近些年以来，生态保护法律制度和自然资源保护法律制度逐渐得到重视，相继建立了生态红线、生态补偿，及相应的调查、监测、评估和修复等制度；自然资源保护法律制度方面，2015 年的《生态文明体制改革总体方案》提出的八项生态文明制度中，关于自然资源保护的法律制度占多半。

　　在机制的设计方面，经过改革开放后四十多年的发展，我国针对不同的环境污染防控、生态保护、自然资源合理利用与保护这三个目标，设计了具有针对性的环境法律机制（杨继文，2015）。如在自然资源利用与保护方面，设计了自然资源开发使用成本评估、自然资源及其产品价格形成、定价成本价格调制机制；在生态保护方面，设计了多元化的补偿机制和生态保护成效与资金分配挂钩的激励约束机制；在环境污染防控方面，针对大气、水体的跨区域性，设计了区域联动机制，在部分地方进行试点，要求统一规划、统一标准、统一环评、统一监测、统一执法，并在 2017 年修订的《水污染防治法》和 2015 年修订的《大气污染防治法》中予以确定（步雪琳，2007）。

2. 生态环境保护的司法服务和保障水平不断提高

　　我国以 1989 年 12 月 26 日通过的《中华人民共和国环境保护法》为核心，通过各层级、各领域的环境立法形成了一个相对完整的环境法律体系，推动了生态环境保护，取得了一定成绩。但是经过经济的快速发展，我国积累下来的生态环境问题日益显现，进入高发频发阶段。这些突出环境问题给人民群众的生产生活、身体健康带来严重影响和损害，社会反应强烈。我国的环境保护法制体系不能完全满足新时代人民群众对美好生活的要求（李挚萍，2017）。

　　2014 年 4 月 24 日全国人大修订了被称为"史上最严"的《中华人民共和国环境保护法》。与此同时，我国加大了环境保护单行法的修改力度。例如全国人民代表大会常务委员会 2015 年 8 月 29 日修订通过了《中华人民共和国大气污染防治法》，2017 年 6 月 27 日修正通过了《中华人民共和国水污染防治法》。一系列有关生态文明的法律、行政法规、地方性法规规章、规范性文件的出台或修改，不断完善我国生态文明法治体系，开启了我国生态文明的新征程。

　　法律的生命力在于执行。再健全再完善的法律，如果不执行也只是墙上画虎，成为摆设，成为一纸空文。过去环境执法中，"九部委联手治理""八部委出台文件"往往屡见不鲜。以污水防治为例：地下水归国土部、河流湖泊水归环保部、排污口设置由水利部管、农业面源污染归农业部治理，而海里的水则由海洋局负责……为了改变职责划分不科学所带来的"政出多门"的弊端，2018 年国务院机构改革将环境执法职能统一整合进新组建的生态环境部，理顺了执法主体。

由于环境问题具有长期性、复杂性、专业性、群体性、尖锐性等特点，其司法难度较大。为此，最高人民法院出台了《关于深入学习贯彻习近平生态文明思想——为新时代生态环境保护提供司法服务和保障的意见》，要求各级人民法院切实贯彻节约资源和保护环境的基本国策，创新体制机制，完善裁判规则，通过专业化的环境资源审判落实最严格的源头保护、损害赔偿和责任追究制度，不断提升新时代生态环境保护的司法服务和保障水平。

2014 年 6 月，最高人民法院环境资源审判庭成立。各地法院按照审判专业化和司法改革的要求，科学配置审判资源，立足生态环境保护需要和案件类型、数量等实际情况，设立了跨行政区划环境案件审理法院、专门生态环境保护巡回法庭、审判庭和合议庭，提高环境资源审判专业化水平。探索将环境污染和生态破坏相关刑事案件、环境资源民事案件、以生态环境和自然资源行政主管部门为被告的部分行政案件、环境公益诉讼案件以及生态环境损害赔偿案件等由环境资源专门审判机构或者专业审判团队审理的"二合一"或者"三合一"工作模式，妥善协调当事人应承担的刑事、民事、行政法律责任，促进生态环境的一体保护和修复。

在司法实践中，先后建立了环境民事公益诉讼、行政公益诉讼和生态环境赔偿诉讼等诉讼制度，创新了环境侵权案件诉前证据保全、诉前禁令制度、生态环境损害赔偿资金账户、环境专家咨询和公众参与机制。在环境类案件执行方面，探索刑事责任从单一的"金钱罚"向"行为罚"转变，行政违法责任从"简单惩罚"向"替代恢复补偿"转变，形成刑事制裁、民事赔偿、生态补偿等责任方式之间的衔接，创设环保案件执行监督制度、生态环境修复效果评估制度、第三方治理制度等。

检察机关对非法排放、倾倒或者处置有毒有害污染物、非法排放超标污染物的犯罪，篡改伪造环境监测数据、干扰自动检测、破坏环境质量检测系统的犯罪，无证为他人处置危险废物、故意提供虚假环境影响评价意见等环境污染犯罪及时提起公诉，依法严厉惩处严重破坏生态环境案件背后的滥用职权、玩忽职守等职务犯罪，积极发挥民事行政检察和公益诉讼检察职能作用，不断加大办理涉生态环境保护案件力度。

公安机关紧盯污染大气、污染水体、污染土壤等环境犯罪问题，严密防范、依法严厉打击各类破坏生态环境违法犯罪活动。公安部与环境保护部、最高人民检察院联合印发了《环境保护行政执法与刑事司法衔接工作办法》，进一步健全环境保护行政执法与刑事司法衔接工作机制。

3. 以规划和行动为抓手，推动治污减排工作

改革开放四十多年，是中国生态环境规划伴随社会经济发展和生态环境保护事业不断壮大的历程。四十多年来，生态环境规划工作走过了从无到有、从简单到完善的过程，四十多年的生态环境规划历程表明，生态环境保护与社会经济发展密切相关，每个时期规划确定的工作重点虽有所不同，但都对指导环境保护工作发挥了纲举目张的作用，成为国民经济和社会发展规划体系中的重要组成部分，推动了生态环境保护事业的发展（过孝民，1993；吴舜泽等，2009）。

1973年8月，国务院召开了第一次全国环境保护工作会议，审议通过了《关于保护和改善环境的若干规定》，确定了我国环境保护的"32字方针"。"全面规划"是"32字方针"之首，以此确立了环境规划在各项环境管理制度中的统领地位。自第一个全国环境保护规划以来，规划名称经历了从计划到环保规划，再到生态环境保护规划的演变；印发层级从内部计划到部门印发，再升格为国务院批复和国务院印发，已经形成了一套具有中国特色的环境规划体系（王金南等，2018）。

规划（计划）关注的重心，随着突出环境问题及当时阶段对生态环境保护的认识不断调整。"七五""八五"期间，我国城镇化、工业化发展程度较低，环境污染以点源为主，环境保护的重点是开展废气、废水、废渣等工业"三废"的治理，这期间的环境保护规划主要针对工业污染治理进行部署。"九五"期间我国开始走可持续发展道路，并在"十五"环境保护规划中强化。"十一五"期间，国家将主要污染物排放总量显著减少作为经济社会发展的约束性指标，着力解决突出环境问题，体现环境保护更加重要的战略地位（吴舜泽，2009）。

党的十八大以来，国家坚决向污染宣战，全力推进大气、水、土壤污染防治，持续加大生态环境保护力度，生态环境质量有所改善。国务院于2016年11月印发《"十三五"生态环境保护规划》（以下简称《"十三五"规划》）。规划以提高环境质量为核心，统筹部署"十三五"生态环境保护总体工作。《"十三五"规划》提出到2020年实现生态环境质量总体改善的主要目标，并确定了打好大气、水、土壤污染防治三大战役等7项主要任务。提出12项约束性指标，突出环境质量改善与总量减排、生态保护、环境风险防控等工作的系统联动，将提高环境质量作为核心目标和评价标准，将治理目标和任务落实到区域、流域、城市和控制单元，实施环境质量改善的精细化、清单式管理。

《"十三五"规划》呈现新特征，标题由"环境保护"发展为"生态环境保护"，规划内容实现了环境保护与生态保护建设的全面统筹。在规划思路上，坚持以改善生态环境质量为核心，将三大计划的路线图转变为施工图，贯彻环境质量管理

的概念。在任务设计上，强化分区分类指导，将全国水环境划分为 1784 个控制单元，对其中的 346 个超标单元逐一明确目标和改善要求；对于京津冀、长三角、珠三角三大区域，分类提出大气改善的目标与任务。《"十三五"规划》把绿色发展和改革作为重要任务，改变以往规划作为保障体系的惯例，显著强化绿色发展与生态环境保护的联动，坚持从发展的源头解决生态环境问题。另外，规划提出了数十项重要的政策制度改革方案，用改革保障规划的实施，通过规划的实施促进改革的推进（王金南等，2014）。

"十三五"期间，国务院削减各领域规划数量，提高规划高质量与可操作性，除国家环保规划外，还有三项规划获得国务院印发，分别是水污染防治行动计划（简称"水十条"）、土壤污染防治行动计划（简称"土十条"）、"十三五"节能减排综合工作方案等，其中"水十条""土十条"及 2013 年印发的"大气十条"，是十八大以来党中央、国务院向污染宣战的重要文件。

4. 建立统一监管所有污染物排放的环境保护管理制度，独立进行环境监管和行政执法

保护生态环境，应以解决环境污染问题为重点，以改善环境质量为出发点和落脚点。污染降不下来，环境质量就提不上去，人民群众也就不会满意。优先解决损害人民群众健康的大气、水、土壤等突出环境污染问题，是环境保护工作的重中之重。要建立统一监管所有污染物排放的环境保护管理制度，对工业点源、农业面源、交通移动源等全部污染源排放的所有污染物，对大气、土壤、地表水、地下水和海洋等所有纳污介质，加强统一监管。坚持将环境保护要求体现在工业、农业、服务业等各领域，贯穿于生产、流通、分配、消费各环节，落实到政府机关、学校、科研院所、社区、家庭等各方面，严格环境法规政策标准，进行综合管理，实现要素综合、职能综合、手段综合，实现污染治理全防全控。协调处理好污染治理、总量减排、环境质量改善的关系，把环境质量反降级作为刚性约束条件，确保区域流域海域的环境质量不降低、生态服务功能不下降。

实行独立而统一的环境监管。健全"统一监管、分工负责"和"国家监察、地方监管、单位负责"的监管体系，有序整合不同领域、不同部门、不同层次的监管力量，有效进行环境监管和行政执法。加强对有关部门和地方政府执行国家环境法律法规和政策的监督，纠正其执行不到位的行为，特别是纠正地方政府对环境保护的不当干预行为。加强环境监察队伍建设，强化环境监督执法，推进联合执法、区域执法、交叉执法等执法机制创新，严厉打击企业违法排污行为。在污染防治、生态保护、核与辐射安全以及环境影响评价、环境执法、环境监测预警等领域和方面，制定科学规范的制度，为实行统一监管和提升执法效能提供保障。

5. 建立陆海统筹的生态系统保护修复和污染防治区域联动机制

生态系统的整体性决定了生态保护修复和污染防治必须打破区域界限，统筹陆地与海洋保护，把海洋环境保护与陆源污染防治结合起来，控制陆源污染，提高海洋污染防治综合能力，抓好森林、湿地、海洋等重要生态系统的保护修复，促进流域、沿海陆域和海洋生态环境保护良性互动。

建立陆海统筹的生态系统保护修复区域联动机制。生物多样性丰富区域、典型生态系统分布区域和生态环境脆弱区域，集中了我国大部分重要生物资源，承载了重要的生态服务功能。要在这些区域划定并严守生态红线，建立生态系统保护修复区域联动机制。强化区域间工作会商，及时就生态保护修复情况进行交流、沟通和协商。加大区域联合执法力度，对突出违法行为进行联合查处。构建生态保护信息共享平台，做到信息互换互通。

建立陆海统筹的污染防治区域联动机制。在大气污染防治方面，京津冀、长三角、珠三角等重点区域已陆续建立联防联控协作机制，其他地方也要结合地理特征、经济社会发展水平、污染程度、城市空间分布以及污染物输送规律，加快建立健全区域协作机制。建立区域监测网络和应急响应体系，联合应对重污染天气。在水污染防治方面，促进海洋环境保护与流域污染防治有效衔接，以流域为控制单元，建立流域环境综合管理模式。

1.3.3 生态环境保护治理市场模式的改革、创新和发展

1. 环境保护市场经济政策体系逐步完善

环境经济政策在我国环境政策体系中的地位总体上呈上升发展趋势。我国环境政策改革创新的历史进程就是由过去单一命令控制型环境政策向多种环境政策手段综合并用转变的一个过程。环境保护工作越来越广泛地运用环境经济政策，手段越来越多，调控范围也从生产环节扩展到整个经济过程，作用方式也从过去的惩罚性为主向惩罚和激励双向调控转变。

20 世纪 80 年代以来，我国环境投资规模总体较小，环保投融资机制不健全。2000 年之后，这种状况逐步改变。2006 年财政部正式把环境保护纳入政府预算支出科目。政府环保支出有了制度保障。"十一五"以后，环境保护的财政支出快速增长。党的十八大后，服务政府理念的推广和政府职能的转变，以及市场手段内部激励的作用，均要求政府对环境治理采取更为多元的方式，要更加注重市场手段的运用。本阶段市场手段更加多元，采取了诸如环境金融、环境保险、补贴、环境税、排污权交易等价格、财政手段。2016 年 8 月，国家发布了《关于构建绿色金融体系的指导意见》，成为全球首个国家层面的绿色金融发展政策文件。农业

部、财政部联合发布《建立以绿色生态为导向的农业补贴制度改革方案》，开始通过财政补贴来调动农民积极性治理农村面源污染。2016 年 12 月 25 日全国人大常委会表决通过了《环境保护税法》，并于 2018 年 1 月 1 日起正式实施。补贴和税收是环境成本内部化的两大手段，灵活采用补贴与税收，可以在降低行政成本的基础上，灵活应对环境治理法律制度所带来的连锁反应，缓解环境治理中的市场失灵与政府失灵。

2016 年，我国环境污染治理投资总额为 9219.8 亿元，占国内生产总值的 1.24%；2017 年达 9539 亿元，占国内生产总值的 1.15%。环保专项资金继续在生态环境质量改善中发挥重要作用。2017 年中央财政围绕水、大气、土壤污染防治以及农村环境整治、山水林田湖草生态修复等安排的环保专项资金规模达到 497 亿元，其中，大气污染防治专项资金 160 亿元，水污染防治专项资金 85 亿元，土壤污染防治专项资金 65 亿元，农村环境整治专项资金 60 亿元，有力改善了生态环境质量。此外，国家通过综合运用财政预算投入、基金、补贴、奖励、贴息、担保等多种形式，同时引导社会资金进入环保领域，多元化环保投融资渠道逐步形成。

2. 绿色金融改革不断推进

2017 年 3 月，中国证监会发布《中国证监会关于支持绿色债券发展的指导意见》，为绿色债券发展提供有力政策支持。继 G20 杭州峰会将绿色金融纳入峰会主要议题后，2017 年 7 月 4 日至 8 日，在德国汉堡召开的 G20 领导人第十二次峰会上，绿色金融又被列为峰会的议题之一，并将推动金融机构开展环境风险分析和改善环境数据可获得性的倡议写入《G20 气候和能源行动计划》，为绿色金融的国际合作奠定了良好的基础。作为绿色金融议题的重要成果《2017 年 G20 绿色金融综合报告》，系统阐述了环境风险、公共环境数据和绿色金融进展。国务院部署绿色金融改革创新试验区建设工作。2017 年 6 月，国务院决定在浙江、江西、广东、贵州、新疆 5 省（区）选择部分地方，建设各有侧重、各具特色的绿色金融改革创新试验区。2017 年 6 月，中国人民银行、发展改革委、财政部等 7 部委印发江西等地的绿色金融创新试验方案，为绿色金融创新试验区的建设提供政策支持。环保部编制了《环境污染强制责任保险管理办法》，在全国 20 多个省份开展环境污染责任保险试点，为 10000 多家企业提供风险保障金 200 多亿元。2017 年，我国在境内和境外发行绿色债券 123 只，规模达 2487 亿元，同比增长 7.55%，约占同期全球绿色债券发行规模的 25%，债券类型包括金融债、企业债、公司债、中期票据、短期融资债和资产支持证券。三峡库区（夷陵）绿色发展基金、北京环交所-中美绿色低碳基金等各类绿色基金不断发起设立。

3. 多元有效的生态环境治理格局逐渐形成

新中国成立 70 多年来，我国的环保发展史也是一个不断强化治理主体责任、保护相关环境权益、推进环境共同治理的过程，实现了从初始的政府直控型治理转向社会制衡型治理、从单维治理到多元共治的根本转变，充分发挥各个治理主体的功能，逐步形成了党委领导、政府主导、市场推动、企业实施、社会组织和公众共同参与的环境治理体系。随着环境影响评价、环境保护行政许可听证、环境信息公开等系列立法政策的实施，到 2018 年《环境影响评价公众参与办法》的出台，环境保护公众参与制度的法制化、规范化程度不断提高，从注重对公众环境实体权益的保障，向同时重视公众的环境程序权益方向发展，逐步形成了以政府治理为主导、社会各方积极参与的治理模式。政府通过多渠道、多方式公开环境信息，各级政府的网络信息平台成为公众参与的重要平台，包括专题听证、投诉电话、信访体系等多种方式，成为公众参与的重要途径。政府环境信息公开已成为社会各方参与和监督政府环境行为的一种重要手段，基本建立了企业环境信息公开制度，特别是上市公司环境信息公开制度，通过向社会各方提供便利渠道，发挥社会公众的监督功能。民间环保团体在环境教育、倡议和利益表达上所发挥的作用日益凸显。此外，全国人大常委会通过对环境法律实施执法检查，发挥了重要的监督作用。2018 年以来，全国人大常委会开展了《大气污染防治法》《海洋环境保护法》《水污染防治法》执法检查，为污染防治攻坚战贡献了"人大力量"。环境司法制度在不断加强，加强环境司法能力建设、完善司法救济功能越来越发挥重要作用，通过环境资源审判来落实最严格的源头保护、损害赔偿和责任追究制度。

1.4　中国流域生态环境保护管理体制沿革

在国家环境管理体制逐步建立的同时，流域管理机构也经历着同样的变革。国家水利部门与环保部门在流域层面逐步建立业务协作关系，其突出表现是流域水资源保护机构的组建（王资峰，2010）。该机构是水利部门与环保部门在流域层面合作的产物，成为流域水环境管理体制的核心（王艳洁，2018）。从历史实践看，各大流域水资源保护机构组建的具体时间有先后之别，然而在名称变动和隶属关系变动方面具有一致性。

1983 年 5 月，城乡建设环境保护部、水利电力部联合发布《关于对流域水源保护机构实行双重领导的决定》，决定对长江、黄河、淮河、珠江、海河 5 个流域的水资源保护局（办）实行水利电力部和建设部双重领导，以水利电力部为主的体制，并明确了流域水源保护机构的 6 项任务。随后，各流域水资源保护机构更名为水利电力部、城乡建设环境保护部某某流域水资源保护机构。

1987 年 10 月，水利电力部、国家环保局下发了《关于进一步贯彻水电部、建设部对流域水资源保护机构实行双重领导的决定的通知》，重申在国务院机构变动后，由水利电力部、国家环保局对流域水资源保护局（办）实行双重领导。

1988 年国务院机构改革把国家环保局独立出来，同时撤销水利电力部，组建水利部。因此，流域水资源保护机构转变为接受水利部和国家环保局双重领导。"水利部为加强水资源保护工作，在机构改革中将各流域水资源保护局办、处，一律改为流域水资源保护局，海河、淮河、长江、珠江、太湖由原来的处级提升为副局级，黄河、松辽仍保持正局级。"流域水资源保护机构得到加强。

1988 年 9 月，水利部、国家环保局联合发文，成立由太湖流域管理局牵头、由两省一市（浙江省、江苏省和上海市）参加的太湖流域水资源保护办公室。办公室接受水利部和国家环保局双重领导，以水利部领导为主。1990 年，在水利部和国家环保局的领导下，太湖流域水资源保护办公室更名为太湖流域水资源保护局。

1993 年，国务院批准成立由沿湖两省一市和国务院有关部委领导组成的太湖水资源保护委员会，并决定由太湖流域水资源保护局承担该委员会办公室的日常工作。1995 年 1 月，水利部、国家环保局和江苏省、浙江省、上海市政府、太湖流域管理局，以及两省一市水利厅、环保局负责人与专家齐集苏州，成立太湖流域水资源保护委员会。太湖流域水资源保护委员会由水利部、国家环保局和两省一市的领导组成，是一个"高层次、权威性的协调议事机构"。

1996 年 4 月，国务院环境保护委员会太湖流域环保执法检查现场会在无锡召开。会议决定成立太湖流域水污染防治领导小组，由国家环保局局长和水利部副部长任组长，江苏、浙江和上海有关领导任副组长，专门负责太湖流域水污染防治问题。2001 年 9 月 3～4 日，太湖流域水污染防治领导小组在苏州召开第三次会议，由时任国务院副总理温家宝主持。这是太湖流域水污染防治第一次联席会议。

2007 年 5 月，太湖蓝藻暴发引起国务院高度重视。随后，根据国务院部署，国家发展和改革委员会会同江苏、浙江、上海两省一市政府和水利部、建设部、环境保护部等中央有关部门组织编制《太湖流域水环境综合治理总体方案》。2008 年 5 月 7 日，国务院批复该方案，并批准由国家发展和改革委员会牵头，组建太湖流域水环境综合治理省部际联席会议。5 月 16 日，太湖流域水环境综合治理省部际联席会议办公室第一次会议召开；5 月 29 日，太湖流域水环境综合治理省部际联席会议第一次会议召开。这标志着太湖流域整体层面的水环境综合治理省部际联席会议正式启动。与此同时，太湖流域各级地方政府组建或调整充实地方层面的水环境综合治理机构，比如湖州市太湖流域水环境综合治理协调会议、南京市太湖水污染治理工作领导小组、杭州市太湖水环境综合治理领导小组、江苏省太湖委员会、浙江省太湖流域水环境综合治理领导小组，等等。

2015年9月，中共中央、国务院印发《生态文明体制改革总体方案》，提出"开展按流域设置环境监管和行政执法机构试点，构建各流域内相关省级涉水部门参加、多形式的流域水环境保护协作机制和风险预警防控体系"。

2018年3月，中共中央印发了《深化党和国家机构改革方案》，将水利部的编制水功能区划、排污口设置管理、流域水环境保护职责与国家海洋局的海洋环境保护职能整合并入新组建的生态环境部。2019年2月，中央编办印发《关于生态环境部流域生态环境监管机构设置有关事项的通知》（中编办发〔2019〕26号），设置生态环境部太湖流域东海海域生态环境监督管理局（以下简称"太湖东海局"）。2019年5月23日，太湖东海局正式挂牌成立。

2019年8月，生态环境部以《关于太湖流域东海海域生态环境监督管理局主要职责、内设机构和人员编制规定（试行）的通知》（人事函〔2019〕58号），明确太湖东海局是生态环境部在太湖流域、钱塘江流域和浙江省、福建省跨省界流域（韩江流域除外），东海海域及长江入海断面以下河口区域内的副厅级派出机构，代表部行使所在流域、海域内的水资源、水生态、水环境方面的环境监管职责。

太湖东海局主要职能：①在负责流域海域水环境综合规划管理方面。受部委托组织编制流域海域生态环境规划、水功能区划，参与编制生态环境保护补偿方案并监督实施。提出流域海域功能区纳污能力和限制排污总量方案建议。承担排海污染物总量控制、陆源污染物排海监督、重点海域综合治理等工作。建立有跨省影响的重大规划、标准、环评文件审批、排污许可证核发会商机制，并组织监督管理。参与流域、海域规划环评文件和重大建设项目环评文件审查，承担规划环评、重大建设项目环评事中事后监管。②在负责流域海域生态环境管理监督及监测方面。指导流域海域内入河（海）排污口设置，承办授权范围内河（海）排污口设置的审批和监督管理。指导协调流域饮用水水源地生态环境保护、水生态保护、地下水污染防治有关工作。组织开展河湖与岸线开发的生态环境监管、河湖生态流量水量监管，参与指导河湖长制实施、河湖海水生态保护与修复。组织协调大运河生态环境保护。组织开展流域海域生态环境监测、科学研究、信息化建设、信息发布等工作。监督管理围填海、海洋石油勘探开发等海洋工程建设项目和海洋倾废生态环境保护工作。③在指导协调流域海域生态环境应急管理和执法方面。按照规定和授权，组织拟订流域海域生态环境政策、法律、法规、标准、技术规范和突发生态环境事件应急预案。承担流域生态环境执法、重大水污染纠纷调处、重要生态环境案件调查、重特大突发水污染事件和海洋生态环境事件应急处置的指导协调等工作。承担海洋生态损害国家赔偿。同时，明确了流域海域机构负责职权范围内生态环境保护的指导协调监督工作，协助开展流域海域内中央生态环境保护督察工作，承担生态环境部交办的其他工作。

第 2 章　太湖流域水生态环境状况与存在问题

2.1　太湖流域概况

太湖流域地处长江三角洲的南翼，北抵长江，东临东海，南濒钱塘江，西以天目山、茅山为界。流域面积为 36 895 km²，行政区划分属江苏、浙江、上海和安徽三省一市，其中江苏省 19 399 km²，占 52.6%；浙江省 12 095 km²，占 32.8%；上海市 5176 km²，占 14.0%；安徽省 225 km²，占 0.6%。

1. 自然概况

1）地形地貌

太湖流域地形特点为周边高、中间低，西部高、东部低，呈碟状。流域西部为山丘区，约占流域面积的 20%，中间为平原河网和以太湖为中心的洼地及湖泊，北、东、南三边受长江和杭州湾泥沙堆积影响，地势高亢，形成碟边。地貌分为山地丘陵及平原，西部山丘区面积 7338 km²，约占流域面积的 20%；中东部广大平原区面积 29 556 km²，约占流域面积的 80%，分为中部平原区、沿江滨海高亢平原区和太湖湖区。

2）河流水系

太湖流域河流纵横交错，湖泊星罗棋布，是我国著名的水网地区。流域水面面积达 5551 km²，水面率为 15%；太湖流域河道总长约 12 万 km，河道密度达 3.3 km/km²。流域河道水面比降小，平均坡降约十万分之一；水流流速缓慢，汛期一般仅为 0.3~0.5 m/s；河网尾闾受潮汐顶托影响，流向表现为往复流。

流域内河道水系以太湖为中心，分上游水系和下游水系，以太湖北岸的直湖港和南岸的长兜港为分界点，分界点以西河道（含直湖港、长兜港）总体上为入湖河道，分界点以东河道总体上为出湖河道。上游主要为西部山丘区独立水系，有苕溪水系、南河水系及洮滆水系等；下游主要为平原河网水系，主要有以黄浦江为主干的东部黄浦江水系（包括吴淞江）、北部沿江水系和南部沿杭州湾水系。江南运河穿越流域腹地及下游诸水系，全长 312 km，起着水量调节和承转作用，也是流域的重要航道。

（1）上游水系

苕溪水系分为东、西两支，分别发源于天目山南麓和北麓，两支在湖州汇合，经长兜港注入太湖，东苕溪流域面积 2306 km²，西苕溪流域面积 2273 km²，东、西苕溪长分别为 150 km 和 143 km。苕溪水系是太湖上游最大水系，地处流域内的暴雨区。长兴水系西北部为丘陵，东南部濒临太湖为平原，现有 7 条河道连通太湖。

南河水系发源于茅山山区，沿途纳宜溧低山丘陵区诸溪，串联西氿、团氿和东氿 3 个小型湖泊，于宜兴经大浦港、陈东港和洪巷港入太湖，北与洮滆水系相连。

洮滆水系位于湖西区中部，是由山区河道和平原河道组成的河网，纳西部茅山诸溪后，经东西向河道漕桥河、太滆运河、殷村港、烧香港等多条主干河道入太湖；同时又以越渎河、丹金溧漕河、扁担河、武宜运河等多条南北向河道与沿江水系相通，形成东西逢源、南北交汇的网络状水系。

（2）下游水系

北部沿江水系主要由流域北部的沿长江河道组成，大多呈南北向，主要河道有九曲河、新孟河、德胜河、新沟河、新夏港、锡澄运河、白屈港、张家港、十一圩港、望虞河、常浒河、白茆塘、七浦塘、杨林塘、浏河等，为流域沿江引排通道，入江口门现均已建闸控制。

南部沿杭州湾水系是典型的河网地区，河网密度为 4 km/km²，水面率 11.4%。河道按排水方向可分 4 路：北入太湖河道、东北入太浦河河道、东排入黄浦江河道、南排入杭州湾河道。而长山河、海盐塘、盐官下河和上塘河为流域南排主要通道。

黄浦江水系是太湖流域主要水系，北起京杭运河和沪宁铁路线，与沿江水系交错，东南与沿杭州湾水系相连，西通太湖，面积约 14 000km²；非汛期沿江、沿海关闸或引水期间，汇水面积可达 23 000 km²。黄浦江水系是太湖流域最具代表性的平原河网水系，湖荡棋布、河网纵横。全水系地面高程 2.5~5.0 m，是流域内的“盆底”。河道水流流程长、比降小、流速慢，汛期流速仅 0.3~0.5m/s；水系内包罗了流域内大部分湖泊，主要有太湖、淀山湖、澄湖、元荡、独墅湖等大中型湖泊，湖泊水面总计约 2600 km²，占流域内湖泊总面积的 82%；受东海潮汐影响，黄浦江水系下段为往复流。本水系以黄浦江为主干，其上游分为北支斜塘、中支园泄泾和南支大泖港，并于黄浦江上游竖潦泾汇合，以下称黄浦江。黄浦江自竖潦泾至吴淞口长约 80 km，水深河宽，上中段水深 7~10 m；下段水深达 12 m，河宽 400~500 m。

（3）江南运河

江南运河自镇江谏壁至杭州三堡，全长 310 km，是京杭运河的南段。江南运河贯穿流域南北，穿越太湖流域腹地和下游水系，连接长江、钱塘江以及太湖地区平原河网，与太湖、长江、钱塘江、太浦河及新孟河等流域多条重要的洪水外排和引供水骨干河道相通，是流域水体转承的重要通道，对流域、区域的防洪、排涝和供水具有重要作用和影响，也是航运的“黄金水道”，兼具航运、防洪排涝、工业用水、农业灌溉、景观等综合功能。

3）湖泊

太湖流域水面面积在 0.5 km^2 以上的大小湖泊有 189 个，总水面面积 3159 km^2，蓄水量 57.7 亿 m^3，流域内湖泊均为浅水型湖泊，平均水深不足 2.0 m，个别湖泊最大水深达 4.0 m。

流域湖泊以太湖为中心，形成西部洮滆湖群、南部嘉西湖群、东部淀泖湖群和北部阳澄湖群。流域内面积大于 10 km^2 的湖泊有 9 个，分别为太湖、滆湖、阳澄湖、洮湖、淀山湖、澄湖、昆承湖、元荡、独墅湖，合计面积为 2838 km^2，占湖泊总面积的 89.8%。其中太湖水面面积 2338 km^2，多年平均蓄水量 44.28 亿 m^3。

2. 经济社会

太湖流域位于长江三角洲的核心地区，是我国经济发达、发展强劲、大中城市较密集的地区之一，地理和战略优势突出。流域内分布有特大城市上海、大中城市杭州、苏州、无锡、常州、镇江、嘉兴、湖州及迅速发展的众多小城市和建制镇，已形成等级齐全、群体结构日趋合理的城镇体系，正逐步形成世界级城市群。

2018 年，太湖流域总人口 6104 万人，占全国总人口的 4.4%，人口密度 1654 人/km^2；流域生产总值达 87 663 亿元，占全国生产总值的 9.8%，人均生产总值为 14.4 万元，为全国人均生产总值的 2.2 倍。太湖流域人均水资源量 342 m^3，为全国平均水平的 14.9%。

3. 水文气象

1）气温

太湖流域属亚热带季风气候区，四季分明、雨水丰沛、热量充裕。年平均气温 14.9～16.2℃，南高北低，年均气温等值线基本与纬线平行。北部的丹阳年均气温最低（14.9℃），南部杭州最高（16.2℃），极端最高气温 41.2℃，极端最低气温为 –17.0℃。

2）降水

流域多年平均降雨量 1177 mm，多年平均水面蒸发量为 822 mm。受季风强弱变化影响，降水的年际变化明显，年内雨量分配不均，夏季（6～8 月）降水量最多，为 340～450 mm，约占年降水量的 35%～40%；春季（3～5 月）降水量为 260～424 mm，约占年降水量的 26%～30%；秋季（9～11 月）降水量为 190～315 mm，约占年降水量的 18%～23%；冬季（12～2 月）降水量最少，为 110～210 mm，约占年降水量的 11%～14%。

太湖流域全年有 3 个明显的雨季：3～5 月为春雨，特点是雨日多，雨日数占全年雨日的 30% 左右；6～7 月为梅雨期，梅雨期降水总量大、历时长、范围广，易形成流域性洪水；8～10 月为台风雨，降水强度较大，但历时较短，易造成严重的地区性洪涝灾害。

3）径流

流域多年平均水资源总量为 176.0 亿 m^3，其中地表水资源量为 160.1 亿 m^3，折合年径流深 434 mm，多年平均年径流系数为 0.37，地下水资源量为 53.1 亿 m^3，地表水和地下水的重复计算量为 37.2 亿 m^3。

2.2　太湖流域水生态环境状况

2.2.1　饮用水安全保障

太湖流域以长江、太湖-太浦河-黄浦江、山丘区水库及钱塘江为主，多源互补互备的供水水源布局，基本实现城乡一体化供水。流域主要饮用水水源地水质改善明显，大部分饮用水水源地水质已达到Ⅲ类标准。流域主要城市自来水厂全部实现深度处理。

2.2.2　入湖河流水质

入湖河流污染控制是太湖治理的关键因素。近年来，22 个主要入太湖河道控制断面（以下简称"入湖断面"）水质总体呈好转趋势，达标比例持续提升，但距离《太湖流域水环境综合治理总体方案（2013 年修编）》（以下简称《总体方案修编》）确定的目标仍有差距。其中，2018 年总氮达标率最低，仅为 27.2%，总磷次之，为 54.5%。

1. 水质类别

2018 年，22 个入湖断面中，达到或优于Ⅲ类标准的有 12 个，占总数的 54.5%；Ⅳ类 9 个，占 40.9%；Ⅴ类 1 个，占 4.6%；已连续 4 年无劣Ⅴ类入湖断面；与 2015 年相比，达到或优于Ⅲ类标准的入湖断面比例增加了 13.6%。2018 年，江苏省 15 个入湖断面中，8 个达到或优于Ⅲ类，6 个为Ⅳ类，1 个为Ⅴ类（社渎港桥断面）；主要超标指标为溶解氧、氨氮、五日生化需氧量、总磷和化学需氧量等。浙江省 7 个入湖断面中，4 个达到或优于Ⅲ类，3 个为Ⅳ类；主要超标指标为五日生化需氧量、高锰酸盐指数、化学需氧量和石油类等。

2. 控制浓度目标

根据《总体方案修编》提出的 2015 年控制浓度目标，22 条主要入湖河流 2015

年高锰酸盐指数达标断面数为 12 个，达标率 54.5%；氨氮达标断面数为 18 个，达标率 81.8%；总磷达标断面数为 12 个，达标率 54.5%；总氮达标断面数为 6 个，达标率 27.2%。4 项主要指标全部达标断面有 6 个，全部未达到 2015 年控制浓度值的控制断面有 4 个，其余 12 个控制断面均有部分指标达标。

2.2.3　太湖湖体

1. 太湖水质

2018 年，太湖高锰酸盐指数为 3.90 mg/L（Ⅱ类），氨氮为 0.16 mg/L（Ⅱ类），总磷为 0.087 mg/L（Ⅳ类），总氮为 1.38 mg/L（Ⅴ类）。高锰酸盐指数、氨氮和总氮指标已提前达到《总体方案修编》确定的远期治理目标，总磷指标距远期目标值仍差 0.037 mg/L，表 2-1 为太湖主要水质指标。

表 2-1　太湖主要水质指标年均浓度　　　　　　单位：mg/L

年份	高锰酸盐指数	氨氮	总磷	总氮
2013	4.00（Ⅱ）	0.22（Ⅱ）	0.070（Ⅳ）	2.15（劣Ⅴ）
2014	4.80（Ⅲ）	0.16（Ⅱ）	0.060（Ⅳ）	1.96（Ⅴ）
2015	4.00（Ⅱ）	0.15（Ⅰ）	0.059（Ⅳ）	1.81（Ⅴ）
2015 年目标	Ⅲ	Ⅱ	0.06	2.2
2016	3.80（Ⅱ）	0.14（Ⅰ）	0.064（Ⅳ）	1.74（Ⅴ）
2017	3.90（Ⅱ）	0.14（Ⅰ）	0.081（Ⅳ）	1.65（Ⅴ）
2018	3.90（Ⅱ）	0.16（Ⅱ）	0.087（Ⅳ）	1.38（Ⅴ）
2020 年目标	Ⅱ	Ⅱ	0.05	2.00

2. 太湖营养状况

2013～2018 年，太湖营养状态指数总体呈波动降低趋势，其中 2018 年太湖营养状态指数为 60.3，为近年来最低值（图 2-1）。

2018 年，太湖呈中度富营养状态。五里湖、贡湖、东太湖和东部沿岸区为轻度富营养，占湖区面积的 26.1%；梅梁湖、竺山湖、湖心区、西部沿岸区和南部沿岸区为中度富营养，占 73.9%。

3. 太湖蓝藻情况

2018 年，太湖平均蓝藻数量、叶绿素 a 浓度分别为 8624 万个/L、31.3 mg/m³。2013 年以来，全湖蓝藻数量和叶绿素 a 总体均呈上升趋势，至 2017 年达到顶峰，并在 2018 年有一定幅度下降。

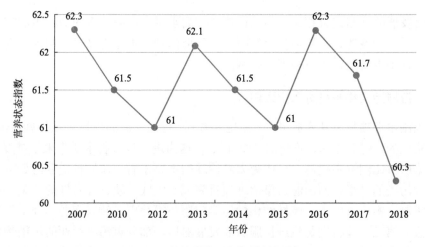

图 2-1　太湖营养状态指数变化情况

2.2.4　淀山湖湖体

　　近年来，淀山湖主要水质指标浓度持续下降，营养状态指数大幅降低，除总磷、总氮外，其余指标均已实现 2020 年目标。2018 年，淀山湖水质类别为劣 V 类，主要水质指标平均浓度高锰酸盐指数为 4.13 mg/L（Ⅲ类），氨氮 0.43 mg/L（Ⅱ类），总磷 0.116 mg/L（Ⅴ类），总氮 2.40 mg/L（劣 V 类），除总磷、总氮外，高锰酸盐和氨氮均达到了《总体方案修编》确定的 2020 年浓度控制目标，总磷和总氮距离目标尚有一定差距。2007 年以来，淀山湖营养状态指数呈明显下降趋势，2017 年由中度富营养改善为轻度富营养，2018 年又进一步降低。

2.2.5　太湖流域河网水功能区

　　2018 年，国务院批复的太湖流域 380 个水功能区，达标率为 82.5%。其中江苏省、浙江省水功能区达标率分别为 82.4%、89.4%，已达到《总体方案修编》确定的 2020 年目标；上海市水功能区达标率为 75.0%，尚有一定差距。

　　2013 年以来，流域水功能区达标率明显上升。2018 年流域水功能区达标率较 2015 年提高了 35.7%。

2.3　河湖生态主要问题

　　"十三五"期间，太湖流域各省市深入践行新发展理念，持续加快生态文明建设步伐，绿水青山由愿景逐步变成现实，河湖面貌发生了翻天覆地的变化。但同时，我们也清醒地认识到河湖治理工作仍然长期、艰巨、复杂，与新时代流域经济社会发展的战略定位相比，与人民群众更高水平、更高层次的美好生活需要相比，在污染物减排、水源地安全保障、水环境治理、水生态修复、基础研究等方面还存在不少短板，亟待补齐、补强。

2.3.1　流域污染物减排进入瓶颈期

太湖治理项目总体实施顺利，但也要看到，已经完成的项目大多是见效快的、容易实施的，剩下的都是难啃的"硬骨头"。这为进一步改善水质带来了难度。面源污染所占比例逐步提高，已成为太湖治理的主要矛盾，流域种植业污染贡献约占面源污染的一半，而面源污染治理项目完成率较低，缺乏针对性的政策支持和考核机制，实施难度大。流域结构性污染问题还很突出，新兴产业尚处于初级发展阶段，第三产业特别是生产性服务业发展滞后，部分重污染行业的污染物排放量仍然偏高。污水处理设施运营和管理水平有待提高，污水收集管网建设滞后，一些污水处理厂运行负荷低，尚未充分发挥效益。

2.3.2　流域水环境治理成效还不稳固

太湖治理工作成效与老百姓的直观感受还有一定差距。有些河道依然浑浊不堪，夏天太湖西北部湖区岸边的蓝藻水华依然严重，部分水源地的水质风险依然存在。近年来，22 条主要入太湖河道控制断面水质总体呈好转趋势，但大部分入湖河流的氮磷浓度仍处于较高水平，武进港、漕桥河、殷村港与大浦港尚未达到《总体方案修编》2020 年目标，超标指标均为总磷。环太湖部分河道水体较长时间处于滞留或倒流状态，蓝藻大量生长季节，太湖蓝藻还可能倒灌入河。入湖河道部分国控断面水质达标不稳定状况比较突出，月际间水质波动较大，尤其在雨季存在局部性、间歇性水质反复，治理成效比较脆弱。2019 年，太滆运河、杨家浦港、西苕溪等河道入湖断面出现不同程度的水质恶化，长兴港入湖断面年均值虽达标，但存在数次单月超标现象。受入湖河道水质影响，太湖西北部及湖湾区部分断面水质达标严重滞后。

2.3.3　湖库富营养化趋势没有得到有效控制

2007 年以来，太湖流域水环境质量得到明显改善，"十三五"期间均实现了"两个确保"，但太湖富营养化状况没有根本扭转。2016 年起，太湖总磷浓度连续攀升，2019 年为 0.081mg/L，较 2015 年上升 37.3%。太湖适宜蓝藻生长的大环境已经形成，太湖蓝藻水华强度总体呈上升趋势，2017 年太湖蓝藻数量和蓝藻水华发生最大面积均达到近年来最高值。而东海近岸赤潮、绿潮、褐藻和水母暴发等生态灾害趋向多发、并发，沿海核电建设的环境风险源增多，出现了塑料污染等新型环境问题。太湖水源地受蓝藻暴发影响风险高，太浦河金泽水库水源地受上游来水影响较大，近几年虽然通过加强省际水源地风险防控预警联动等措施，减少了应急事件发生频次，但水源地生态环境风险隐患始终存在。

2.3.4　生态环境协同治理较弱

以流域海域监管机构、省级生态环境部门为框架的流域—区域生态环境监督管理体系尚未完善，需要建立完善饮用水源保护、环境风险防控、船舶污染防控、海洋污染防控等区域合作治理模式。环境监测数据相对分散，尚未实现跨区域共享互联。数据融合难度较大，存在数据不匹配、一数多源、跨部门、跨领域、跨层级的综合利用不充分等现象，环境信息管理在参与宏观经济政策、提高环境形势预测预警能力和综合决策能力等方面发挥作用有限。流域内地市现有环保标准规范更多关注行政区划内主要问题和矛盾，基于区域的一体化规范标准较少，在标准限值、标准内容、分析方法、指标选择上也不同，不同地区排放标准限值也互有宽严。环境违法行为和裁定标准互不统一，导致不同地区在一定程度存在"同案不同罚"的情况。同时，海洋执法监管体制、机制也未完全理顺，新的海洋环境监测评价和监管体系需要加快构建。

2.3.5　太湖治理关键问题需要开展深入研究

太湖水环境治理进入新阶段，出现的问题越来越多样、越来越复杂，迫切需要研究论证、统一认识、妥善解决。一是太湖总磷控制方面，2016 年起太湖总磷浓度持续升高，已成为太湖水质改善的突出短板。由于长江水总磷本底值比太湖高，大规模调引长江水在保障流域水资源供给、改善湖体流动性的同时，又给太湖总磷负荷增加带来影响。二是太湖淤泥处置方面，太湖现有淤泥 3000 万 m^3，需清理的达 1800 万 m^3，而且每年新产生近 200 万 m^3，清淤是减少湖体总磷存量的重要措施。至 2019 年，江苏已累计清淤 4100 万 m^3，淤泥占用了沿湖大量洼地、鱼塘，可利用的排泥场已基本用完，解决淤泥出路问题已成当务之急。三是太湖生态水位控制方面，在水草萌芽期，既要保持一定水位、保障供水安全，又要适当降低水位、促进水草生长；在汛期，既要控制水位、确保防洪安全，又要保持一定蓄水量、抑制蓝藻生长，太湖水位调控在这两个时段面临"两难"选择。四是太湖换水调控方面，新孟河、新沟河、望虞河后续工程即将建成，水量"大进大出"的水文格局导致太湖换水周期缩短，水体停留时间减少，怎样科学调控水量、维持水体自净能力需要研究。

第3章　太湖流域河湖生态环境治理任务

3.1　形势背景

党的十八大将生态文明建设纳入"五位一体"总体布局，党的十九大将生态文明定位为"中华民族永续发展的千年大计"，党的二十大报告指出"中国式现代化是人与自然和谐共生的现代化"，这都彰显了生态文明建设的重大战略和现实意义。习近平总书记"绿水青山就是金山银山""像对待生命一样对待生态环境""山水林田湖草是一个生命共同体"等重要论述，不仅成为开展生态环境保护工作最根本的遵循，也成为全社会最广泛的共识。在全国生态环境保护大会上，习近平总书记做出了加强生态环境保护、打好污染防治攻坚战的全面部署。

太湖流域是鱼米之乡、富庶之地，山川依水秀美，发展依水得势，城乡依水而兴，文化依水扬名，水资源在支撑和保障流域经济社会可持续发展中发挥了极其重要的作用。20世纪80年代以来，太湖流域经济社会快速发展，流域的防洪安全保障能力与流域经济社会的发展水平和要求明显不相称、不协调，洪涝灾害依然是流域经济社会发展的重要制约因素之一；同时，粗放型经济增长方式带来的水污染问题也十分突出，存在水功能区达标率低、部分城镇河道污染黑臭、太湖富营养化等问题。在这样的背景下，梳理流域水生态环境保护政策措施与市场模式，明确太湖流域水生态治理思路，对解决目前太湖流域水问题，实现经济社会与生态环境和谐发展，保障民生、提高人民福祉，促进城市可持续健康发展具有重要意义。

3.1.1　长江经济带建设战略对流域水生态的要求

长江经济带覆盖上海、江苏、浙江、安徽、江西、湖北、湖南、重庆、四川、云南、贵州等11个省级行政区，面积约205万 km^2，占全国国土面积的21%，发展潜力巨大、生态地位重要。2016年初，习近平总书记在重庆召开推动长江经济带发展座谈会，全面深刻阐述了长江经济带发展战略的重大意义、推进思路和重点任务。此后，习近平总书记又多次发表重要讲话，强调推动长江经济带发展必须走生态优先、绿色发展之路，涉及长江的一切经济活动都要以不破坏生态环境为前提，共抓大保护、不搞大开发，共同努力把长江经济带建成生态更优美、交通更顺畅、经济更协调、市场更统一、机制更科学的黄金经济带。2018年4月，在武汉召开的深入推动长江经济带发展座谈会上，习近平总书记指出，推动长江经济带发展是党中央做出的重大决策，是关系国家发展全局的重大战略。新形势下推动长江经济带发展，关键是要正确把握整体推进和重点突破、生态环境保护和经济发展、总体谋划和久久为功、破除旧动能和培育新动能、自我发展和协同发展的关系，坚持新发展理念，坚持稳中求进工作总基调，坚持共抓大保护、不搞大开发，加强改革创新、战略统筹、规划引导，以长江经济带发展推动经济高质量发展。

太湖流域人口、城市、财富高度集中，以不到全国 0.4%的国土面积、4.4%的人口，创造了全国 9.8%的国内生产总值，经济密度超过 2 亿元/km²。一旦发生洪涝灾害，经济损失巨大。虽然经过多年建设，流域防洪减灾能力得到较大提高，但仍然不能与流域经济社会发展相适应。流域洪水调蓄及排泄能力不足，江南运河防洪排涝问题突出，多地防汛特征水位与实际防洪能力不相匹配，流域区域防洪排涝矛盾大，流域、部分城市及区域防洪减灾能力偏低，防洪安全管理薄弱，流域防洪形势不容乐观。针对上述问题，迫切需要完善洪水防控思路，指导加快流域防洪工程体系建设，优化流域水利工程调度和管理，保障河湖防洪安全。

自 20 世纪 80 年代以来，太湖流域经济社会快速发展，粗放型经济增长方式带来的水生态环境问题十分突出，存在生物多样性降低、群落结构退化、水生态承载能力不足等问题。近 50 年来，太湖、滆湖、长荡湖、独墅湖、阳澄湖、澄湖、元荡以及淀山湖 8 个重点湖泊，萎缩面积达 306 km²，其中太湖萎缩 160 km²，流域湖泊累计蓄水量减少约 4.83 亿 m³。太湖浮游植物种群数量较 20 世纪 50～60 年代大量减少，种类组成单一，种类小型化，浮游动物耐污种增多；太湖由草型湖泊逐渐转化为藻型湖泊，自净能力降低。流域水生态系统退化带来的水环境承载能力不足等问题凸显，恢复健康湖泊生态系统任务艰巨。

3.1.2　生态文明建设对流域水生态的要求

习近平总书记指出，生态文明建设是党的十八大明确提出的"五位一体"建设的重要一项，不仅秉承了天人合一、顺应自然的中华优秀传统文化理念，也是国家现代化建设的需要。习近平总书记每赴各地考察调研，几乎都有对生态文明建设的深邃思考和明确要求。2017 年 8 月，习近平总书记对河北塞罕坝林场建设者感人事迹做出重要指示，强调全党全社会要坚持绿色发展理念，弘扬塞罕坝精神，持之以恒推进生态文明建设，一代接着一代干，驰而不息，久久为功，努力形成人与自然和谐发展新格局。

太湖流域是习近平总书记提出"两山论"的地方，党中央、国务院对流域内各省份全面绿色发展，加快经济转型升级，示范引领生态文明建设寄予了深切期望。2013 年全国两会上，习近平总书记与江苏代表团座谈时提出："希望江苏在'率先''带头''先行'内涵中将生态文明作为一个标杆。"2014 年 5 月，全国生态文明建设现场会在浙江湖州召开。2014 年 7 月，经国务院同意，浙江湖州成为全国首个获批建设生态文明先行示范区的地级市，担负起生态文明建设先行先试的重任。2014 年 12 月，习近平总书记在江苏视察期间，作出努力建设"经济强、百姓富、环境美、社会文明程度高"新江苏的重要指示，殷切希望江苏走出一条经济发展与生态文明建设相辅相成、相得益彰的路子。2017 年 3 月，习近平总书记参加十二届全国人大五次会议上海代表团审议时，详细询问了崇明世界级生态岛建设，对该项工作表示了充分肯定。2019 年 4 月，习近平总书记在参加十三届全国人大二次会议内蒙古代表团审议时再次强调，要保持加强生态文明建设的战略定力，探索以生态优先、绿色发展为导向的高质量发展新路子，加大生态系统保护力度，打好污染防治攻坚战。

在生态环境治理方面，太湖流域要深刻把握"两山论"的精神实质、思想精髓和核心要义，引导产业布局、倒逼结构转型，把住资源消耗上限、兜住环境质量底线、守住生态保护红线，处理平衡好改革、发展、稳定和保护的关系，推动形成绿色发展方式和生活方式，把山水林田湖草作为整体呵护好、保护好，把"绿水青山就是金山银山"变为生动实践，为子孙后代留下水清地绿的美好环境。

3.1.3　全面建成小康社会对流域水生态的要求

习近平总书记指出，与全面建成小康社会奋斗目标相比，与人民群众对美好生态环境的期盼相比，生态欠债依然很大，环境问题依然严峻。太湖流域经济发展迅速，随着生活水平提高，人们已经逐步从基本的物质需求向高质量的生活需求过渡，公众环境权益观空前高涨，环境维权意识日益增强，对环境质量的需求日益增加。然而，由于过去流域的经济建设成果在很大程度上是建立在高耗能、高污染、粗放型的生产模式之上的，这就不可避免地造成了严重的环境问题和生态问题。这不仅成为制约流域经济持续发展的瓶颈，还成为流域人民群众获取幸福生活的健康隐患（张卫东等，2007）。

环境库兹涅茨曲线（enviromental Kuznets curve, EKC）理论认为，随着经济的增长，资源使用增加，污染物排放也相应增加，环境恶化（规模效应）；当经济发展达到一定水平后，受结构效应和技术效应影响，出现临界点或"拐点"，资源耗用、污染物排放随着经济的进一步增长反而减少，环境质量逐渐得到改善（彭水军等，2006）。但临界点或"拐点"并不会自然出现，需要借助外部力量，特别是政府的规制，调整结构，革新技术。党的十九大将"坚持人与自然和谐共生"作为新时代坚持和发展中国特色社会主义的基本方略之一，提出"到 2035 年，生态环境根本好转，美丽中国目标基本实现"，做出了"加快生态文明体制改革，建设美丽中国"的重大部署，即推进绿色发展、着力解决突出环境问题、加大生态系统保护力度、改革生态环境监管体制。当前，新一轮太湖治理成效明显，流域内形成了空前重视治水兴水的良好氛围,但是与生态文明建设要求相比,与广大人民群众的内心期盼相比,任务还很艰巨。流域内传统经济的体量仍然庞大,治水的体制机制掣肘亟待破题,综合治理的"边际效应"已有所显现,调整并形成与水资源水环境承载能力相适应的经济社会发展方式任重道远。

3.2 总 体 要 求

3.2.1 指导思想

全面贯彻党的十九大精神,以习近平新时代中国特色社会主义思想为指导,坚持人水和谐相处,树立和践行绿水青山就是金山银山的理念,以进一步提升生态环境质量、增强人民群众获得感为导向,以改善城乡人居环境为主线,以太湖流域水环境综合治理为重点,加强流域水生态系统保护和修复,统筹解决流域水生态环境问题,为人民群众提供更高水平的水安全保障、更加优质的水资源供给、更加优美的水生态环境,推动流域经济社会发展与水资源水环境承载力相协调,形成流域生态、经济、社会协调发展新模式,为流域高水平全面建成小康社会提供有力支撑和基础保障。

3.2.2 基本原则

1. 坚持生态优先、绿色发展的战略定位

牢固树立尊重自然、顺应自然、保护自然的理念,围绕深化供给侧结构性改革,全面落实水资源承载能力刚性约束,处理好河湖管理保护与开发利用的关系,规范各类涉水生产建设活动,"因水制宜"、量水而行,确立资源利用上线、生态保护红线、环境质量底线,制定产业准入负面清单,确保流域生态环境质量只能更好、不能变坏。实现"在保护中发展,在发展中保护",形成人与自然和谐共生的现代化建设新格局。

2. 坚持改善民生、人水和谐的基本目标

顺应人民群众对美好生活的向往,把增进人民福祉、保障改善民生作为基本出发点,把保障人民健康和改善环境质量作为更具约束性的硬指标,着力解决人民群众最关心最直接最现实的防洪和水生态改善等问题。针对流域突出的防洪和生态环境问题,进一步深化流域水环境综合治理,加强水生态系统保护和修复,遏制生态环境恶化的势头,筑牢绿色发展的底线,让良好生态环境成为提升人民群众获得感、幸福感的增长点。

3. 坚持系统治理、统筹兼顾的思维方法

把山水林田湖草作为一个生命共同体，按照生态系统的整体性、系统性及其内在规律，系统修复、综合治理、整体保护，构建流域一体化的生态环境保护格局，系统推进大保护。坚持问题导向、因地制宜，统筹好人与自然、城市与农村、流域与区域之间的关系；统筹好防洪、供水、水环境、水生态之间的关系；统筹好上下游、左右岸之间的关系，发挥水的资源、环境和生态等多种功能，实现水资源的优化配置和高效利用；统筹各部门、各行业治水力量，兼顾保护与发展的内在需要，协调解决水资源、水生态、水环境、水灾害问题，提升水安全保障能力。

4. 坚持重点突破、整体推进的工作方式

针对水资源约束趋紧、环境污染严重、水资源和水环境承载能力低、生态系统退化等问题，突出重点，扎实开展水源地规范化建设、黑臭水体整治、水污染防治规划编制、重点水利工程建设、《太湖流域管理条例》宣贯、河湖生态修复、水资源监测等工作，不断改善水生态环境，实现流域水环境综合治理的目标。以深化改革和创新驱动为基本动力、远近结合、分期实施，统筹推进水资源全面节约、合理开发、高效利用、综合治理、优化配置、有效保护和科学管理，推动经济社会发展与流域水资源水环境承载力相协调。

3.2.3　总体目标建议

以改善生态环境质量为核心，通过深化水环境综合治理，落实最严格水资源管理制度，实施河湖休养生息，依法管水治水，实现流域"河湖安澜、节水清源、生态宜居、景美文昌"的愿景，塑造"健康活力太湖"。

至 2025 年，流域主要污染物排放总量大幅减少，突出环境问题得到有效治理，河湖水环境质量稳定向好，跨界河流断面水质达标率达到 80%，饮用水安全保障水平进一步提升。主要湖泊富营养化程度得到稳定控制，河湖生物多样性进一步恢复，生态系统稳定性明显增强，优质生态产品供给能力不断提升。环境污染联防联治机制有效运行，环境风险得到有效控制。推动太湖-太浦河生态补偿机制建立并良性运转，形成可复制、可推广经验。生态环境协同监管体系基本建立，流域海域生态环境治理体系和治理能力现代化取得显著进展，再现江河湖海的自然环境之美、景观风貌之美。

至 2035 年，流域能达到防御不同降雨典型百年一遇洪水标准；流域水功能区水质全面达标，河湖生态空间得到有效恢复；水生生物多样性逐步稳定，水生态环境根本好转，水生态安全得到全面保障；太湖基本恢复健康状态，重现碧波美

景；河湖休养生息制度体系全面建立，生态保护红线制度有效实施，河湖资源实现可持续利用；水生态文明理念深入人心，人民群众获得感和幸福感显著提升，人水和谐的生产生活方式全面建立。

3.3　主　要　任　务

3.3.1　推动工业绿色发展

紧紧围绕改善太湖流域生态环境质量要求，落实地方政府责任，加强工业布局优化和结构调整，以企业为主体，执行最严格的环保、水耗、能耗、安全、质量等标准，强化技术创新和政策支持，加快传统制造业绿色化改造升级，不断提高资源能源利用效率和清洁生产水平，引领长江经济带工业绿色发展。

1. 优化工业布局

1）完善工业布局规划

落实主体功能区规划，严格按照太湖流域资源环境承载能力，加强分类指导，确定工业发展方向和开发强度，构建特色突出、错位发展、互补互进的工业发展新格局。实施长江经济带产业发展市场准入负面清单，明确禁止和限制发展的行业、生产工艺、产品目录。严格控制沿长江石油加工、化学原料和化学制品制造、医药制造、化学纤维制造、有色金属、印染、造纸等产生环境风险，进一步明确地区新建重化工项目到长江岸线的安全防护距离，合理布局生产装置及危险化学品仓储等设施。

2）改造工业园区

严格工业园区项目环境准入，完善园区水处理基础设施建设，强化环境监管体系和环境风险管控，加强安全生产基础能力和防灾减灾能力建设。开展现有化工园区的清理整顿，加大对造纸、电镀、食品、印染等涉水类园区循环化改造力度，对不符合规范要求的园区实施改造提升或依法退出，实现园区绿色循环低碳发展。加快推进园区内企业废水分类收集，生产和工艺废水输送管道明管化，安装水质水量在线监测仪。开展园区雨污分流改造，建设雨水沟、初期雨水收集池等设施，收集初期雨水并进园区污水处理厂集中处理。完成各级工业园区废水自动在线监控装置安装，全面完成工业园区污水处理厂提标改造。全面推进新建工业企业向园区集中，强化园区规划管理，依法同步开展规划环评工作，适时开展跟踪评价。严控重化工企业环境风险，重点开展化工园区和涉及危险化学品重大风险功能区区域定量风险评估，科学确定区域风险等级和风险容量，对化工企业聚集区及周边土壤和地下水进行定期监测和评估。推动制革、电镀、印染等企业集中入园管理，建设专业化、清洁化绿色园区。实施园区循环化改造，持续推进国家或省级生态工业园区创建。

3）规范工业集约集聚发展

推动城市建成区内现有钢铁、有色金属、造纸、印染、电镀、化学原料药制造、化工等污染较重的企业有序搬迁改造或依法关闭。推动位于城镇人口密集区内，安全、卫生防护距离不能满足相关要求和不符合规划的危险化学品生产企业实施搬迁改造或依法关闭。新建项目应符合国家法规和相关规范条件要求，企业投资管理、土地供应、节能评估、环境影响评价等要依法履行相关手续。实施最严格的资源能源消耗、环境保护等方面的标准，对重点行业加强规范管理。

4）引导跨区域产业转移

鼓励地方创新工作方法，强化生态环境约束，建立跨区域的产业转移协调机制。充分发挥国家自主创新示范区、国家高新区的辐射带动作用，创新区域产业合作模式，提升区域创新发展能力。加强产业跨区域转移监督、指导和协调，着力推进统一市场建设，实现上下游区域良性互动。发挥国家产业转移信息服务平台作用，不断完善产业转移信息沟通渠道。依托国家级、省级开发区，大力培育电子信息产业、高端装备产业、汽车产业、家电产业和纺织服装产业等产业集群，形成空间布局合理、区域分工协作、优势互补的产业发展新格局。对造纸、焦化、氮肥、有色金属、印染、化学原料药制造、制革、农药、电镀等产业的跨区域转移进行严格监督，对承接项目的备案或核准，实施最严格的环保、能耗、水耗、安全、用地等标准。

2. 调整产业结构

1）依法依规淘汰落后和化解过剩产能

结合长江经济带生态环境保护要求及产业发展情况，依据法律法规和环保、质量、安全、能效等综合性标准，淘汰落后产能，化解过剩产能。严禁钢铁、水泥、电解铝、船舶等产能严重过剩行业扩能，不得以任何名义、任何方式核准、备案新增产能项目，做好减量置换，为新兴产业腾出发展空间。加大国家重大工业节能监察力度，重点围绕钢铁、水泥等高耗能行业能耗限额标准落实情况、阶梯电价执行情况开展年度专项监察，对达不到标准的实施限期整改，加快推动无效产能和低效产能尽早退出。

开展太湖流域重点地区工业企业资源集约利用综合评价，根据评价结果因地制宜对相关重点行业和重点污染企业制定实施正向激励和反向倒逼的差别化政策措施，分类、分级管理。结合工业企业资源集约利用综合评价结果，制定出台差别化环保政策，排序靠前企业推行环保领跑者制度，鼓励污染物排放浓度和总量的超低排放，排序靠后企业制定改造或退出方案和清单，合理、优质、高效配置要素资源，加大政策支持力度，引导淘汰低端低效产能，整治"散乱污"企业。武进、宜兴率先实施严于国家和省的产业政策及环保标准，加快建立产业引进类别"白名单"制度。

2）加快重化工企业技术改造

全面落实国家石化、钢铁、有色金属工业相关产业规划，发挥技术改造对传统产业转型升级的促进作用，加快现有重化工企业生产工艺、设施（装备）改造，改造的标准应高于行业全国平均水平，争取达到全国领先水平。推广节能、节水、清洁生产新技术、新工艺、新装备、新材料，推进石化、钢铁、有色、稀土、装备、危险化学品等重点行业智能工厂、数字车间、数字矿山和智慧园区改造，提升产业绿色化、智能化水平，使重化工企业技术装备和管理水平走在全国前列，引领行业发展。

3. 推进传统制造业绿色化改造

1）大力推进清洁生产

引导和支持工业企业依法开展清洁生产审核，鼓励探索重点行业企业快速审核和工业园区、集聚区整体审核等新模式，全面提升重点行业和园区清洁生产水平。在有色、磷肥、氮肥、农药、印染、造纸、制革和食品发酵等重点耗水行业，加大清洁生产技术推行方案实施力度，从源头减少水污染。实施中小企业清洁生产水平提升计划，构建"互联网+"清洁生产服务平台，鼓励各级政府购买清洁生产培训、咨询等相关服务，探索免费培训、义务诊断等服务模式，引导中小企业优先实施无费、低费方案，鼓励和支持实施技术改造方案。

2）加强资源综合利用

大力推进工业固体废物综合利用，加大化工园区废酸废盐等减量化、安全处置和综合利用力度，选择固体废物产生量大、综合利用有一定基础的地区，建设一批工业资源综合利用基地。鼓励地方政府在有条件的城市推动水泥窑协同处置生活垃圾。推进再生资源高效利用和产业发展，严格废旧金属、废塑料、废轮胎等再生资源综合利用企业规范管理，搭建逆向物流体系信息平台。

3）开展绿色制造体系建设

对于工业依赖程度高的城市，结合主导产业，围绕传统制造业绿色化改造、绿色制造体系建设等内容，综合提升城市绿色制造水平，打造一批具有示范带动作用的绿色产品、绿色工厂、绿色园区和绿色供应链。推动重点行业领军企业牵头组成联合体，围绕绿色设计平台建设、绿色关键工艺突破、绿色供应链构建，推进系统化绿色改造，在机械、电子、食品、纺织、化工、家电等领域实施一批绿色制造示范项目，引领和带动流域工业绿色发展。

4）加强重点污染物防治

深入实施水污染防治行动计划，从源头减少工业水污染物排放。按行业推进固定污染源排污许可证制度实施，依法落实企业治污主体责任，持证排污，按证排污。重点推进沿长江干支流、太湖流域周边"十小"企业取缔、"十大"重点行业专项整治、工业集聚区污水管网收集体系和集中处理设施建设并安装自动在线监控装置，规范沿长江涉磷企业渣场和尾矿库建设。按照《太湖地区城镇污水处理厂及重点工业行业主要水污染物排放限值（DB 32/1072—2018）》要求，全面完成重点行业提标改造。结合排污许可证核发和工业污染源达标排放行动，各设区市、县（市、区）编制本地区排放总磷污染物的水固定污染源清单和排放总氮污染物的水固定污染源清单。太湖流域排放总磷、总氮污染物的重点工业企业和污水处理厂全部安装总磷、总氮在线监控设施，并与生态环境部门联网，城镇污水处理厂在线监控设施与住建部门联网；工业企业污水未经许可接入排水管网的，要限期补办手续或依法清退，经评估分析可继续纳管排放的，应依法申请核发污水排入排水管网许可；获得许可将污水排入市政管网的工业企业应当将接入口位置、排水方式、主要排放污染物等信息向社会公示，接受公众和相关部门监督。排放含磷、含氮等污染物的现有企业在不增加产能的前提下实施提升环保标准的技术改造项目，实施磷、氮等重点水污染物年排放总量减量替代。

3.3.2　提升城乡生活污染治理水平

1. 深入开展城镇污水处理提质增效

颁布太湖流域城镇污水处理厂提标技术指引，并启动新一轮提标示范工程，研究制定分年度提标计划，并在2020年完成太湖流域城镇污水处理厂提标改造。

完善污水管网建设，太湖流域各设区市及县级以上城市建成区基本实现城镇污水全收集、全处理、全达标，主要入湖河流一、二级保护区范围涉及的所有城镇全面开展污水主干管网和支管网建设。太湖流域全面开展市政管网及附属设施普查和结构性、功能性检测，排查直排河道的市政污水管和合流管，查找市政雨污混接点、管网漏损点。根据管网普查、检测成果，实施雨污混接点、管网漏损点改造，控制河水、雨水渗入，提高污水处理厂进水浓度，实现污水处理设施提质增效。

2. 提升巩固排水达标区建设

太湖上游重点地区在前期排水达标区建设基础上，进一步提升巩固排水达标区建设成果。加快城镇生活小区、城中村、建制镇、撤并乡镇等排水达标区建设，将包括小餐饮、洗浴、洗车、洗衣和农贸市场等其他可能产生污水的行业全部纳入排水达标区管理范畴。太湖流域城镇新建区域必须全部规划、建设雨污分流管

网,同步推进初期雨水的收集、处理和资源化利用。上游重点地区基本实现各类
生活生产污水全收集、全处理,各设区市及县级以上城市建成区基本完成雨污分
流改造。

3.3.3　推进农业面源污染治理

1. 优化发展空间布局,加大重点地区治理力度

1) 优化农业农村发展布局

加快划定和建设粮食生产功能区、重要农产品生产保护区,积极推进特色农
产品优势区建设,实现重要农产品和特色农产品向资源环境较好、生态系统稳定
的优势区集中。依据土地消纳粪污能力合理确定养殖规模,适度调减水网密集区
的畜禽养殖。严格落实禁养区管理。在确定水域滩涂承载力和环境容量的基础上,
出台养殖水域滩涂规划,依法开展规划环境影响评价,依法划定养殖区,布局限
养区,明确禁养区。加强村庄规划管理,稳步推进村庄整治,在尊重农民意愿前
提下,引导农民向规划保留的城镇周边地区、中心村和新型农村社区适度集中居
住,有序搬迁撤并空心村和过于分散、条件恶劣、生态脆弱的村庄(杜江等,2013)。

2) 强化重点区域污染治理要求

以县(市、区)为单位集中连片开展农业农村面源污染全覆盖、“拉网式”治
理。强化重点区域治理要求,主要农作物测土配方施肥覆盖率超过 93%,大面积
使用高效低毒低残留农药。严格控制畜禽养殖污染,强化规模养殖场粪污处理设
施装备建设,基本实现畜禽粪污资源化利用;全面依法清理非法网箱网围养殖;
加强农村生活污水排放监管,位于饮用水源保护区的村庄,要全面采用水冲式厕
所,建立管网集中收集处置系统,减少污水直排口,按相关环境质量管理目标实
现达标排放。实现农村生活垃圾收运和处置体系全覆盖,完成农村厕所无害化改造,
基本实现厕所粪污的有效处理或资源化利用,显著提高农村生活污水治理水平。

3) 严格管控河道堤防内农业污染

严格执行《中华人民共和国防洪法》《中华人民共和国河道管理条例》等法律
法规,全面清理整顿在河道堤防内违法违规种植养殖行为。严禁在河道堤防和护
堤范围内进行垦地种植、放牧和畜禽养殖,严禁畜禽粪污等直接排入水体。严禁
在河道管理范围内造田,已经围垦的要限时退田。严禁未经批准挖筑鱼塘。严禁
倾倒垃圾和排放未经处理的农村生产生活污水。

2. 综合防控农田面源污染,推动农业绿色发展

1) 推进生态循环农业建设

推进有机肥替代化肥、病虫害绿色防控替代化学防治,全面推进测土配方施

肥。推广机械施肥、种肥同播、水肥一体化等高效施肥技术，推广缓控释肥料、水溶性肥、生物肥等新型高效肥料，提高利用效率。鼓励秸秆还田、种植绿肥、积造农家肥、开发商品有机肥。以果菜茶大县和畜牧大县等为重点，推动有机肥替代化肥。鼓励种植和养殖结合，在农业园区、规模种植基地和丘陵山区大力推广农牧结合、种养循环等生态农业模式。提高重大病虫疫情监测预警的时效性和准确性。加快推广应用生物农药、高效低毒低残留农药，依法禁限用高毒农药。普及科学用药知识，推行精准施药。集成推广农作物病虫害绿色防控技术，大规模开展专业化统防统治，发展专业化防治服务组织。尽快实现流域内化肥使用量负增长，农药使用量零增长，主要农作物测土配方施肥技术推广覆盖率达 90%以上。

2）加强地膜等废弃物处理利用

合理应用地膜覆盖技术，降低地膜覆盖依赖度，严禁生产和使用未达到新国家标准的地膜，从源头上保障地膜减量和可回收利用。推进地膜捡拾机械化，推动废旧地膜回收加工和再利用。开展全生物可降解地膜研发和试验示范。加强农用化学包装废弃物回收处理。

3）控制和净化地表径流

大力发展节水农业，提高灌溉水利用率。加强灌溉水质监测与管理，严禁用未经处理的工业和城市污水灌溉农田。充分利用现有沟、塘、窖等，建设生态缓冲带、生态沟渠、地表径流积蓄与再利用设施，有效拦截和消纳农田退水和农村生活污水中各类有机污染物，净化农田退水及地表径流。

3. 严格控制畜禽养殖污染，推进粪污资源化利用

1）促进畜牧业转型升级

大力发展畜禽标准化规模养殖，支持符合条件的规模养殖场改造圈舍和更新设备，建设粪污贮存处理利用设施，提高集约化、自动化、生态化养殖水平。推广节水、节料等清洁养殖工艺和干清粪、微生物发酵等实用技术，实现源头减量。推广精准配方饲料和智能化饲喂，规范兽药、饲料添加剂使用。落实畜禽疫病综合防控措施，强化病死畜禽无害化处理体系建设。

2）推进畜禽粪污资源化利用

因地制宜采取就近就地还田、生产有机肥、发展沼气和生物天然气等方式，加大畜禽粪污资源化利用力度。规模养殖场要严格履行环境保护主体责任，根据土地消纳能力，自行或委托第三方进行粪污处理和资源化利用；周边土地消纳量不足的，要对固液分离后的污水进行深度处理，实现达标排放或消毒回用。支持散养密集区实行畜禽粪污分户收集、集中处理。培育壮大畜禽粪污染治理专业化、社会化组织，形成收集、存储、运输、处理和综合利用全产业链。

3）加强养殖污染监管

将规模以上畜禽养殖场纳入重点污染源管理,依法执行环评和排污许可制度。巩固禁养区内的畜禽养殖场(小区)关闭、搬迁成果,全面依法取缔超标排放的畜禽养殖场。建立畜禽规模养殖场直联直报信息系统,构建统一管理、分级使用、共享直联的监管平台。畜禽养殖大县要将畜禽粪污综合利用率、规模养殖场粪污处理设施装备配套率等目标要求逐一分解落实到规模养殖场,明确防治措施和完成时限。执行《畜禽粪污土地承载力测算技术指南》,养殖规模超过土地承载能力的县(市、区)要合理调减养殖总量。将畜禽废弃物治理与资源化利用量纳入污染物减排总量核算。同时,要严格落实《中华人民共和国畜牧法》《畜禽规模养殖污染防治条例》等法律法规对禁养区划定的要求,依法科学划定禁养区。除饮用水水源保护区、风景名胜区、自然保护区的核心区和缓冲区、城镇居民、文化教育科学研究区等人口集中区域及法律法规规定的其他禁止养殖区域之外,不得划定禁养区。国家法律法规和地方性法规之外的其他规章和规范性文件不得作为禁养区划定依据。

4. 推进水产健康养殖,改善水域生态环境

1)保护和合理利用河湖水生生物资源

贯彻落实《中国水生生物资源养护行动纲要》,控制渔业养殖强度,实施休渔、禁渔期制度,加大太湖等重点水域珍稀物种和重要经济鱼类的放流力度。因地制宜实施排污口下游、主要入河(湖)口等区域人工湿地水质净化工程。强化以中华鲟、长江鲟、长江江豚为代表的珍稀濒危物种拯救工作,加大长江水生生物重要栖息地保护力度,实施水生生物产卵场、索饵场、越冬场和洄游通道等关键生境保护修复工程,开展重点湖库水生生物保护区监督检查。

2)强化渔业水域生态环境保护

开展养殖水域滩涂环境治理,全面清理非法养殖。加强养殖规划管理,规范河流、湖泊、水库等天然水域的水产养殖行为,禁止在饮用水水源一级保护区内从事网箱养殖,已批准养殖的区域按照养殖容量等相关要求调减投饵网箱网围养殖,发展不投饵滤食类、草食类网箱网围养殖。尽快撤出和转移禁养区内的水产养殖,合理确定限养区养殖规模和养殖品种。推进水产养殖节水减排,鼓励开展尾水处理等环保设施升级改造,加强养殖副产物及废弃物集中收置和资源化利用。推广以渔控草、以渔抑藻等净水模式,修复水域生态环境。

3)转变水产养殖方式

推行标准化生态健康养殖,发展大水面生态增养殖、工厂化循环水养殖、多品种立体混养及稻田综合种养等养殖模式,推进水产养殖装备现代化、生产管理智能化。加快培育绿色生态特色品种,加强全价人工配合饲料的研发和推广。强

化水生动物疫病防控和监测预警，加强渔业官方兽医队伍建设，推动开展水产苗种产地检疫和监督执法，推进无规定疫病水产苗种场建设。

5. 加快农村人居环境整治，实现村庄干净整洁

1）全面治理农村生活垃圾

统筹考虑农村生活和生产废弃物，合理选择垃圾收运处理方式，有条件的地区推广村收集、镇转运、县处理模式，对适合在农村消纳的有机垃圾，开展就地就近资源化利用。建立村庄保洁制度。开展非正规垃圾堆放点排查整治，重点整治垃圾山、垃圾围村、垃圾围坝、工业污染。扩大垃圾分类制度覆盖范围，推行垃圾源头减量。

2）大力开展厕所革命

加快普及不同类型的卫生厕所，优先对江河湖泊水库周边村庄、一般村庄中的简易露天圈厕进行无害化改造。在中小学校、乡镇卫生院、集贸市场等公共场所和人口集中区域，加快建设卫生公厕。加强农村改厕与生活污水治理的有效衔接，鼓励同步进行、一步到位。有条件的地方要将厕所粪污、畜禽养殖废弃物一并处理和资源化利用。

3）加强农村生活污水治理

因地制宜采取集中处理、分散处理等农村生活污水治理模式，加强已建设施长效运营管理。根据村庄区位、人口规模和密度、地形条件等因素，因地制宜采用集中与分散相结合、工程措施与生态措施相结合、污染治理与资源利用相结合的治理模式。积极推动城镇污水管网向周边村庄延伸覆盖。加强生活污水源头减量和尾水回收利用。以房前屋后河塘沟渠为重点实施清淤疏浚，采取综合措施恢复水生态，逐步消除农村黑臭水体。

4）完善建设和管护机制

统筹城乡垃圾污水处理规划布局，整体推进农村垃圾污水处理设施建设和管理。探索实行农村环保设施市场化建设和运营管理，鼓励有条件的地区建立财政补贴、村集体自筹和农户付费合理分担机制。在已实行垃圾处理制度的农村地区，建立农村垃圾处理收费制度。在已建成污水集中处理设施的农村地区，探索建立农户付费制度。建立长效管护机制，明确管理主体，加强资金保障，稳定管护队伍，健全规章制度，确保垃圾污水处理设施"建成一个、运行一个、见效一个"。

3.3.4　提升生态环境监管服务水平

1. 激发市场主体活力

1）完善市场准入机制

进一步梳理生态环境领域市场准入清单,清单之外不得另设门槛和隐性限制。全面实施市场准入负面清单,加快推进"三线一单"(生态保护红线、环境质量底线、资源利用上线和生态环境准入清单)编制和落地,引导产业布局优化和重污染企业搬迁。修改、废止生态环境领域不利于公平竞争的市场准入政策措施。进一步规范生态环境领域政府和社会资本合作(PPP)项目的储备和建设,以中央环保投资项目储备库入库项目为重点,强化对污染防治攻坚战任务的支撑,打破地域壁垒,清理招投标等环节设置的不合理限制,对各类企业主体公平对待、统一要求,防止不合理低价中标。

2）精简规范许可审批事项

整合中央层面设定的生态环境领域行政许可事项清单,明确行政许可范围、条件和环节,整治各类变相审批。加快推进生态环境行政许可标准化,进一步精简审批环节,提高审批效率,及时公开行政许可事项依据、受理、批复等情况。持续推进"减证便民"行动,进一步减少行政申请材料。规范实施江河、湖泊新建、改建或者扩大排污口审核行政许可,新化学物质环境管理登记,危险废物经营许可证管理,废弃物海洋倾倒许可,临时性海洋倾倒区审批许可等事项。

3）深化环评审批改革

优化环境影响评价分类,持续推进环评登记表备案制。加强规划环评与项目环评联动,对符合规划环评结论和审查意见的建设项目,依法简化项目环评内容。落实并联审批要求,规范环境影响报告书(表)技术评估评审,优化环评审批流程。建立国家重大项目、地方重大项目、外资利用重大项目清单,加强与部门和地方联动,主动服务、提前介入重大基础设施、民生工程和重大产业布局项目,加快环评审批速度,进一步压缩项目环评审批时间,切实做好稳投资、稳外资工作。推进将环评中与污染物排放相关的主要内容载入排污许可证。积极推进相关法律修改,完成建设项目竣工环境保护验收审批、海洋工程建设项目环境保护设施竣工验收等行政许可事项取消。

2. 营造公平市场环境

1）强化事中事后监管

推动出台关于全面实施环保信用评价的指导意见,完善环评、排污许可、危险废物经营、生态环境监测、环保设施建设运维等领域环保信用监管机制,推动环保信用报告结果异地互认。严格环评中介市场监管，出台建设项目环境影响报告书（表）编制监督管理办法及其配套文件，加强环评文件质量管理。推动在评估评审环节中实施政府购买服务，各级生态环境部门或其他有关审批部门不得向企业转嫁评估评审费用。督促企业及时在全国建设项目竣工环境保护验收信息系统上备案自验收报告。不断提升排污许可证核发质量，督促和指导企业全面落实排污许可事项和管理要求，督促企业高质量如期提交排污许可证执行报告。全面落实企业主体责任，强化排污许可证后监管和执法，严肃查处无证排污、不按证排污行为，健全信息强制性披露、严惩重罚等制度。

2）推行"双随机、一公开"①

发布生态环境保护综合行政执法事项指导目录，进一步规范行政检查、行政处罚、行政强制行为。根据环境影响程度，合理设置"双随机"抽查比例，及时公开抽查情况和抽查结果。各级生态环境部门实现"双随机、一公开"监管常态化，全面推进行政执法公示制度、执法全过程记录制度、重大执法决定法制审核制度。加快推进生态环境系统"互联网+监管"系统建设，推动建立政府部门间、跨区域间协查、联查和信息共享机制。依托在线监控、卫星遥感、无人机、移动执法等科技手段，优化非现场检查方式，建立完善风险预警模型，推行热点网格预警机制，提高监督执法的精准性。

3）健全宽严相济执法机制

出台关于做好引导企业环境守法工作的意见，让守法企业获得市场竞争优势，让违法企业付出高昂代价。定期评定并发布生态环境守法"标杆企业"名单，对守法记录良好的企业大幅减少监管频次，做到对守法者无事不扰。对群众投诉反映强烈、违法违规频次高的企业加密执法监管频次；对案情重大、影响恶劣的案件，联合公安机关挂牌督办；推进生态环境行政执法与刑事司法衔接，依法严厉打击环境犯罪。将环保信用信息纳入全国信用信息共享平台，针对环境失信企业和自然人，实施联合惩戒。

3. 增强企业绿色发展能力

1）提升环境政务服务水平

推进"互联网+政务服务"信息系统建设，构建实体政务大厅、网上办事、移动客户端等多种形式的公共服务平台，优化政务服务流程。在全部行政审批事项"一网通办"基础上，持续推进政务服务标准化。生态环境领域省级及以上政

---

① "双随机、一公开"就是在监管过程中随机抽取检查对象，随机选派执法检查人员，抽查情况及查处结果及时向社会公开。"双随机、一公开"是国务院办公厅发布的《国务院办公厅关于推广随机抽查规范事中事后监管的通知》（2015年8月）中要求在全国全面推行的监管模式。

务服务事项网上可办率不低于 90%，市县可办率不低于 70%。各地市、县（市、区）级生态环境部门每月至少确定 1 天作为"服务企业接待日"，面对面解决企业的合理诉求和困难。建立政务服务"好差评"制度。建立政府失信责任追溯和承担机制。

2）助力制定环境治理解决方案

创新环境治理模式，加快推进环境污染第三方治理企业发展，进一步规范管理机制，细化运营要求，明确相关方责任边界、处罚对象、处罚措施。依托国家生态环境科技成果转化综合服务平台，加强供需对接和交流合作，支撑地方各级政府部门生态环境管理、企业生态环境治理和环境服务产业发展。按年度发布国家先进污染防治技术目录，举办系列生态环境科技成果推介活动。对进出口企业、外贸新业态发展，要积极主动提供环境服务，促进稳外贸工作。组织技术专家、行业协会等建立企业环境治理专家服务团队，帮助企业制定具体可行的环境治理方案。

3）加强经济政策激励引导

积极推动落实环境保护税、环境保护专用设备企业所得税、第三方治理企业所得税、污水垃圾与污泥处理及再生水产品增值税返还等优惠政策。促进首台（套）重大技术装备示范应用。推动完善污水处理费、固体废物处理收费、节约用水水价、节能环保电价等绿色发展价格机制，落实钢铁等行业差别化电价政策。发展基于排污权、碳排放权等各类环境权益的融资工具，拓宽企业绿色融资渠道。加强经营服务性收费监督检查，进一步规范生态环境涉企收费事项。全面推行项目环境绩效评价，将按效付费作为生态环境治理项目主要付费机制。

4. 提升生态环境管理水平

1）分类实施"散乱污"企业整治

牢牢把握治"污"这个核心，突出重点，聚焦问题，科学制定、严格执行"散乱污"企业及集群认定和整治标准，建立清单式管理台账，实施分类处置。对升级改造类企业，树立行业标杆，实施清洁生产技术改造，全面提升污染治理水平；已完成整治任务但手续不全的企业，依法支持按照相关要求办理手续。对整合搬迁类企业，按照产业发展规模化、现代化原则，积极推动进区入园、升级改造。对违法违规、污染严重、无法实现升级改造的企业，应当依法关停取缔。建立"散乱污"企业动态管理机制，坚决杜绝"散乱污"企业项目建设和已取缔"散乱污"企业异地转移、死灰复燃。

2）统筹规范生态环境督察执法

严禁为应付督察，不分青红皂白地采取紧急停工、停业、停产等简单粗暴措施，以及"一律关停""先停再说"等敷衍应对做法。对相关生态环境问题的整改，坚持依法依规，注重统筹推进，建立长效机制。按照问题轻重缓急和解决的难易程度，能马上解决的不拖拉；一时解决不了的，明确整改目标、措施、时限和责任单位，督促责任主体抓好落实。落实统筹规范强化监督工作实施方案，不增加地方负担，不干扰地方日常监督检查。完善问题审核标准和执法工作手册，进一步规范适用环境行政处罚自由裁量权，防止因某一企业违法行为或某一类生态环境问题，对全区域或全行业不加区分一律实施停产关闭。

3.3.5　深化流域水环境综合治理

1. 加强排污总量控制

通过建立以排污许可证为载体的总量控制制度（刘炳江，2014），可将管理范围逐步统一到固定污染源，并落实企业主体责任；将总量控制污染物逐步扩大到影响环境质量的重点污染物，从而使减排更具针对性；建立差别化的减排核算体系，使减排量切合实际；依法加强"证后监管"，引导企业自觉环保守法，从而使总量控制制度更好地服务于改善环境质量。

1）落实企业主体责任

实施企业总量控制制度，将总量控制指标由区域落实到点源。通过与排污许可制相结合，改变单纯以行政区域为单元分解污染物排放总量指标的方式和总量减排核算考核办法，建立以排污许可证为载体的企业总量控制制度，落实企业为污染治理的责任主体。以企业为单元，将污染物减排的任务最终落实到每个企业的排污许可证中，扩大控制指标覆盖范围，做到污染物排放量可监测、减排量可核查，将减排要求转化成企业生产控制的需要。实行企业污染物排放总量控制是实现污染物总量减排的重要途径。

2）总量指标与环境质量改善挂钩

将总量控制要求与许可排放量挂钩。根据现行的污染物排放标准，按照改革后的排污许可证技术体系，科学合理地确定污染物许可排放量，实现对每个企业的污染物总量控制。通过控制区域、流域或行业内所有企业许可排放量的总和，实现对区域、流域或行业的总量控制，进而实现行业内部、行业之间和地区之间污染物总量控制要求的统一性和公平性。严格落实区域限批，对未完成重点水污染物排放总量削减和控制计划，行政区域边界断面、主要入太湖河道控制断面未达到阶段水质目标的地区，太湖流域内应当暂停办理可能产生污染的建设项目的审批、核准以及环境影响评价、取水许可和排污口设置审查等手续；其他地方应采取取水许可和入河排污口审批权限上收一级，限制审批新增取水和入河排污口等措施。

3）建立差异化的减排核算体系

分别制定固定污染源和非固定污染源的减排核算方法。随着排污许可制度改革的推进，可通过排污许可证将减排目标最终落实到每个企业，全面覆盖固定污染源。在达标排放的前提下，利用污染物许可排放量明确固定污染源总量控制的最低要求，减排量则按照核定的实际排放量与许可排放量的差值进行核算，从而改变目前固定污染源减排核算方法复杂且脱离实际的现状。对于非固定污染源，则要逐步建立排放清单动态更新体系，由各省（直辖市、自治区）予以落实排放清单动态管理，国家原则上可在省级层面宏观测算、平衡分析。

4）加强企业排污的日常监管

利用排污许可信息管理平台加强对企业的监管。排污许可制度改革后，环境主管部门可随时通过管理平台查阅企业的环保设施运行和污染物排放情况，并开展污染源在线监测、监督性监测、突发环境事件处置处理、各类环境违法案件执法等，环境主管部门应对可能存在超标排污、超量排污及数据造假的企业，有针对性地进行现场检查，发现确有违法违规排污行为的，则按照《中华人民共和国环境保护法》等相关法律法规的规定，对涉事企业处以按日处罚、累计叠加处罚、停业整顿等多种方式的处罚。还能联合金融监管部门实施限制信贷、融资等处罚，从而对企业形成足够的监管震慑力，引导企业自觉做到环保守法。

5）优化总量控制制度

严格河湖总氮控制，特别是沿海地级及以上城市和汇入太湖、阳澄湖、淀山湖等地的河流，制定总氮总量控制方案，并将总氮纳入区域总量控制指标。逐步扩大总量控制范围，将总磷等水污染物指标逐步纳入总量控制。优化污染物排放总量分配机制，考虑区域之间的差异，建立指标的调节机制。随着污染源重点的转换，在工业源污染初步得到控制后，应更多关注生活源、农业源的污染控制问题。逐步强化对生活源、农业面源污染的监管。加大城镇污泥、重金属、有机化合物等污染物防治力度。

2. 加强入河排污口监督管理

入河排污口监督管理是《国务院关于实行最严格水资源管理制度的意见》《中共中央 国务院关于加快推进生态文明建设的意见》《中共中央办公厅 国务院办公厅印发〈关于全面推行河长制的意见〉的通知》明确的重要任务，是控制入河湖污染物总量、改善河湖水质、保障水安全的关键环节。建立起权责明确、制度健全、规划齐备、监控到位的入河排污口监管体系和流域管理与区域管理相结合的入河排污口管理协作机制，做到入河排污口设置有审批、整治依规划，排污状况有监控、排污总量不超标，对于实现改善河湖水质、推进绿色发展十分必要和迫切。

1）严格审批，优化布局

入河排污口设置同意要充分考虑或遵守以下重要内容要求：一是流域或水系的宏观布局及规划要求。流域机构应组织省区编制流域入河排污口设置布局规划或指导意见，划定禁设排污区、严格限设排污区和一般限设排污区，加强宏观指导。加快落实《长江经济带沿江取水口、排污口和应急水源布局规划》，按规划严格设置审批。二是经批准的主体功能区和水功能区划要求。饮用水水源保护区禁止设置入河排污口，保护区、保留区、省界缓冲区和开发利用区中的饮用水源区严格限制设置排污口。三是国家产业政策要求。特别是《水污染防治行动计划》和相关规划要求。四是防洪安全和水工程安全要求，禁止新设暗管排污。

县（市、区）级以上地方人民政府主管部门要组织编制和实施辖区内入河排污口优化布局和整治方案，统筹取水口、入河排污口，明确禁止和限制设置入河排污口的范围，报地方人民政府审批后实施。要把入河排污口的整治和规范化建设作为中小河流治理、水系综合整治以及黑臭水体治理等工程建设的重要内容，系统设计，一并实施和验收。

2）登记建档，强化监控

加强入河排污口复核，查明入河排污口所在河流及位置、排污规模和主要污染物、是否经过同意设置或登记、设置主体等信息，建立台账并定期更新。制定并出台辖区内入河排污口重点监管名录，结合实际提出重点监管的要求。加强对入河排污口的日常监测和监督性监测。鼓励利用先进科技手段监控和排查入河排污口，鼓励通过购买服务等方式加强入河排污口的监测和巡查，尽快提高入河排污口监测的频次和覆盖程度。

3）协同联动，严格监管

加强入河排污口与取水许可管理、水资源论证、河道内建设项目管理及防洪等工作的联动和信息共享，确保入河排污口的设置不影响供水安全、防洪安全和工程安全。入河排污口设置审查意见应作为水资源论证结论和取水许可审批的重要依据，实行一票否决。加强流域与省区入河排污口监管信息共享。

严格实施对入河排污口的监管，对未按审批要求排污的或者未经批准私自设置的入河排污口，要做好记录和取证，依法处罚和采取强制措施，并及时通报地方政府和有关部门。要结合入河排污口复核和监督管理工作，对辖区内因历史原因存在的或不合理设置的入河排污口登记造册，逐一评估并提出分类处置措施，对现状水质达标、入河排污口设置基本符合监管要求的，可予补办手续；对不符合监管要求的，要结合相关考核工作，向有关地方人民政府和相关部门提出整治的意见，并督促整改落实。

3. 整治城市黑臭水体

1）控源截污

加快城市生活污水收集处理系统"提质增效"。推动城市建成区污水管网全覆盖、全收集、全处理以及老旧污水管网改造和破损修复。全面推进城中村、老旧城区和城乡接合部的生活污水收集处理,科学实施沿河沿湖截污管道建设。所截生活污水尽可能纳入城市生活污水收集处理系统,统一处理达标排放;现有城市生活污水集中处理设施能力不足的,要加快新、改、扩建设施,对近期难以覆盖的地区可因地制宜建设分散处理设施。城市建成区内未接入污水管网的新建建筑小区或公共建筑,不得交付使用。新建城区生活污水收集处理设施要与城市发展同步规划、同步建设。

削减合流制溢流污染。全面推进建筑小区、企事业单位内部和市政雨污水管道混错接改造。除干旱地区外,城市新区建设均实行雨污分流,有条件的地区要积极推进雨污分流改造;暂不具备条件的地区可通过溢流口改造、截流井改造、管道截流、调蓄等措施降低溢流频次,采取快速净化措施对合流制溢流污染进行处理后排放,逐步降低雨季污染物入河湖量。

2)内源治理

科学实施清淤疏浚。在综合调查评估城市黑臭水体水质和底泥状况的基础上,合理制定并实施清淤疏浚方案,既要保证清除底泥中沉积的污染物,又要为沉水植物、水生动物等提供生存空间。要在清淤底泥污染调查评估的基础上,妥善对其进行处理处置,严禁沿岸随意堆放或作为水体治理工程回填材料,其中属于危险废物的,须交由有资质的单位进行安全处置。

加强水体及其岸线的垃圾治理。全面划定城市蓝线及河湖管理范围,整治范围内的非正规垃圾堆放点,并对清理出的垃圾进行无害化处理处置,降低雨季污染物冲刷入河量。规范垃圾转运站管理,防止垃圾渗滤液直排入河。及时对水体内垃圾和漂浮物进行清捞并妥善处理处置,严禁将其作为水体治理工程回填材料。建立健全垃圾收集(打捞)转运体系,将符合规定的河(湖、库)岸垃圾清理和水面垃圾打捞经费纳入地方财政预算,建立相关工作台账。

3)生态修复

加强水体生态修复。强化沿河湖园林绿化建设,营造岸绿景美的生态景观。在满足城市排洪和排涝功能的前提下,因地制宜对河湖岸线进行生态化改造,减少对城市自然河道的渠化硬化,营造生物生存环境,恢复和增强河湖水系的自净功能,为城市内涝防治提供蓄水空间。

落实海绵城市建设理念。对城市建成区雨水排放口收水范围内的建筑小区、道路、广场等运用海绵城市理念,综合采取"渗、滞、蓄、净、用、排"方式进行改造建设,从源头解决雨污管道混接问题,减少径流污染。

4)活水保质

恢复生态流量。合理调配水资源,加强流域生态流量的统筹管理,逐步恢复水体生态基流。严控以恢复水动力为理由的各类调水冲污行为,防止河湖水通过雨水排放口倒灌进入城市排水系统。推进再生水、雨水用于生态补水。鼓励将城市污水处理厂再生水、分散污水处理设施尾水以及经收集和处理后的雨水用于河道生态补水。推进初期雨水收集处理设施建设。

4. 强化重点考核断面和主要入湖河流污染控制

1）深入实施重点断面达标整治

全面排查太湖上游重点地区重点考核断面所在河流的入河排污口，建设入河排污口信息管理系统，全面清理非法排污口以及雨水口排污等非法现象。针对不能稳定达标的重点断面制定新一轮达标整治升级方案，全面推进沿河截污纳管、河道清淤、点源治理、面源控制、排污口整治和生态调水与修复六大工程，对水质未达到年度目标的断面以及劣 V 类水所在控制单元，实施强制性减排措施。

2）强化主要入湖河流及其支浜整治

深入推进主要入湖河流综合整治，全面排查支浜水质状况及沿河排污情况，完善一、二级支浜水质控制断面，并制定分类分期水质目标。加强水系沟通，全面清理乱占乱建、打击乱垦乱种、严惩乱排乱倒。在"一河一策"基础上，实施"一浜一策"。大幅减少断头浜，消除黑臭现象，主要入太湖河流一级支浜消除劣 V 类，主要入太湖河流水质达到国家考核目标。

3）完善河湖长效管护机制

坚持流域一盘棋思想，在不影响防洪、通航前提下，开展区域畅流活水工程建设，科学合理调度水利工程，促进河网水系流通，增加水体自净能力。全面贯彻执行"河长制""湖长制"管理要求，完善各级河长职责，建立健全河长制、湖长制、断面长制，有条件的地方建立浜长制，在上游重点地区推广企业河长、民间河长，鼓励公众参与、全民参与。

3.3.6　推进河湖休养生息

实施河湖休养生息，构建流域生态廊道，改善生态环境，保护和合理利用河湖水生生物资源，恢复生物多样性，提升水生态系统质量和稳定性，提高自然生态和资源承载力，促进经济社会可持续发展。

1. 构建流域生态廊道

流域上游湖西区和浙西区以水源涵养及水生态保育为重点，太湖及湖区以生态水位保障及水生态修复为重点，下游武澄锡虞区、阳澄淀泖区、杭嘉湖区和浦西浦东区以污染消纳及河网湿地修复为重点，构建流域物质输送及能量流动系统，形成流域上游产流—中游汇流—下游出流为主线的河流—湖泊生态廊道。

重点实施环太湖等湖滨带湿地保护和生态修复，着力改善重点湖泊水生态环境。根据堤防的现状和治污的要求，对湖泊岸线进行改造，通过堤防改造、植物配置, 提高水陆交换能力; 建设河道防护林、湖滨防护林、农田防护林、水源涵养林等生态隔离带; 根据水生态状况, 有选择地投放草食性动物群, 种植浮水、挺水、沉水植物, 改善太湖生态系统。全面提升河湖、湿地等自然生态系统稳定性和生态服务功能。

2. 完善生态环境空间管控体系

(1) 编制实施长江经济带国土空间规划, 划定管制范围, 严格管控空间开发利用。根据流域生态环境功能需要, 明确生态环境保护要求, 加快确定生态保护红线、环境质量底线、资源利用上限, 制定生态环境准入清单。以县级行政区为基本单元建立生态保护红线台账系统, 制定实施生态系统保护与修复方案。原则上在长江干流、主要支流及重点湖库周边一定范围划定生态缓冲带, 依法严厉打击侵占河湖水域岸线、围垦湖泊、填湖造地等行为, 各地可根据河湖周边实际情况对范围进行合理调整。开展生态缓冲带综合整治, 严格控制与长江生态保护无关的开发活动, 积极腾退受侵占的高价值生态区域, 大力保护修复沿河环湖湿地生态系统, 提高水环境承载能力。

(2) 实施流域控制单元精细化管理。坚持 "山水林田湖草" 系统治理, 按流域整体推进水生态环境保护, 强化水功能区水质目标管理, 细化控制单元, 明确考核断面, 将流域生态环境保护责任层层分解到各级行政区域, 结合实施 "河长制" "湖长制", 构建以改善生态环境质量为核心的流域控制单元管理体系。严格控制水面率, 探索研究规划确定的水面率控制指标的落实措施并加快推进实施, 推动建立水域面积监测及考核制度。按照 "多规合一" 的要求, 推进城市规划蓝线管理, 城市规划区范围内应保留一定比例的水域面积。严格水域岸线用途管制, 土地开发利用应按照有关法律法规和技术标准要求, 留足河道、湖泊和滨海地带的管理和保护范围, 属于非法挤占的土地开发利用应限期退出。积极推进退田还湖、退养还滩、退耕还湿, 归还被挤占的河湖生态空间, 逐步减少 "人水争地" 的现象, 构建健康的河湖生态系统。

(3) 按照水陆统筹、以水定岸的原则, 有效管控各类入河排污口。对于已查明的问题, 加快推进整改工作, 及时总结整改提升经验, 为进一步深入排查奠定基础。选择有代表性的地区深入开展各类排污口排查整治试点, 综合利用卫星遥感、无人机航拍、无人船和智能机器人探测等先进技术, 全面查清各类排污口情况和存在的问题, 实施分类管理, 落实整治措施。通过试点工作, 探索出排污口排查和整治经验, 建立健全一整套排污口排查整治标准规范体系。

大力推进生态文明示范区建设, 着力构建系统完整、空间均衡的生态格局, 逐步改善水生态环境。协调督促地方政府和各级水行政主管部门依法划定河湖管理和保护范围, 加快开展河湖水域岸线登记、确权划界和设置界标工作, 严格空间用途管制。加强岸线资源监测和监管，对涉河湖项目建设区域和热点敏感区域进行定期监测和预警。

3. 科学实施江河湖库水系连通

在保护生态的前提下，以自然河湖水系、调蓄工程和引排工程为依托，促进区域"水系完整性、水体流动性、水质良好性、生物多样性、文化传承性"，科学规划和实施江河湖库水系连通工程。

加强平原河网地区城镇和农村小微河道"毛细血管"的治理。按照网格化管理的要求，分片推进河湖水系连通，拆除清理坝头、坝埂、沉船等阻水障碍，打通"断头河"，拓宽"卡脖河"，促进微循环，增加区域水面积，提高水面率。加强太湖与周边地区河网、河网与长江及杭州湾的水力联系。

因地制宜实施河湖水系自然连通恢复工程，通过清淤疏浚、打通阻隔、连通水网，重塑健康自然的弯曲河岸线，营造自然深潭浅滩和泛洪漫滩，保护恢复河湖生态系统及功能。太湖继续实施生态清淤，其余河湖应根据河湖特点，探索并建立相应的轮疏机制，重点强化平原河网地区城镇和农村中小小微河道疏浚，各地应根据回淤速度制定轮疏方案和计划。加强淤泥处置方式的研究，防止污染物转移。

4. 开展清洁小流域建设

开展生态清洁小流域建设，统筹规划、分区布局，因地制宜、因害设防，实施生态修复、水土流失综合治理、面源污染防治、人居环境改善、河道及湖库周边整治。在流域上游源水区，以涵养水源、水源保护为重点，建设水源保护型生态清洁小流域；在浙西北山地丘陵区和宜溧低山丘陵区等特色林果、有机作物种植地区，以完善农业生产设施条件、大力发展绿色产业为重点，建设绿色产业型生态清洁小流域；在城郊及具有山水、民俗旅游资源优势的地区，以保护原生态、水环境与建设美丽乡村为重点，建设生态休闲型生态清洁小流域；在宜溧低山丘陵区等山洪冲蚀地区，以减轻灾害损失、改善人居环境为重点，建设生态安全型生态清洁小流域。在流域上游山丘区，生态清洁小流域面积一般不小于 5 km^2；流域平原区以村、镇为单元，开展生态清洁区域（块）建设。

3.3.7 落实国家节水行动

节约资源是破解资源瓶颈约束、保护生态环境的首要之策。实施国家节水行动，推进水资源全面节约和循环利用，深入推进全社会节能减排降低能耗、物耗，实现生产系统和生活系统循环链接，实现水资源节约高效利用，推动经济社会绿色发展。

1. 实施取水许可全覆盖全过程节水管理

严格建设项目水资源论证报告书审查，科学分析用水水平，按照行业用水定额标准评估节水潜力，提出合理可行的节水措施、节水设施方案；严格取水设施核验，落实节水"三同时"制度，重点核查节水措施、节水设施、取水计量及在线监测实施等落实情况；严格取用水户计划用水管理，在用水计划下达、调整和核定中突出用水定额管理，倒逼取用水户开展水平衡测试、改进用水工艺并提高用水效率；严格取退水监督检查和监督性监测，通过购买社会服务、公众参与、"双随机"等方式创新取水许可事中、事后监管，依法查处违法取退水行为。

加强农业取水许可管理，实现农业取水许可全覆盖，大型灌区和重点中型灌区主要取水口要全面计量监控，提高信息化管理水平，取水许可制度在农业用水中得到有效落实，农业用水实现有效管控。

2. 加强制度建设，完善节水降耗机制

（1）强化水资源承载能力刚性约束。建立流域水资源承载能力监测预警长效机制，强化水资源承载能力在区域发展、城镇建设、产业布局等方面的刚性约束。对水资源超载地区，暂停审批建设项目新增取水许可，制定并严格实施用水总量削减方案，对主要用水行业领域实施更严格的节水标准，退减不合理用水；对临界超载地区，暂停审批高耗水项目，严格管控用水总量，加大节水和非常规水源利用，优化调整产业结构。

（2）建立健全规划和建设项目水资源论证制度。推进重大产业布局、各类开发区等重大规划水资源论证，建立严格的项目水资源论证和取水许可管理制度，从严从紧核定取水许可水量。

（3）强化用水定额管理制度。严格用水定额管理，强化行业和产品用水强度控制。做好用水定额评估，结合省级用水定额修订周期，定期开展用水定额评估工作，分析用水定额的覆盖性、合理性、实用性和先进性，推动各省级行政单位及时组织修订；推动用水定额实施，建设项目水资源论证要根据项目生产规模、产品种类等选择先进的用水定额，换发取水许可证、下达年度用水计划等工作，应按照最新实施的用水定额重新核定许可取水量、计划量。

3. 激活市场活力，激发节水内生动力

（1）推进合同节水管理。大力推进合同节水试点工作，做到"两手发力"，将基于市场机制合同节水管理与政府节水管理密切配合，在实践中不断完善合同节水产业政策、财务政策和相关管理要求，促进节水服务产业发展。

（2）实施水效领跑行动。定期公布同类可比范围内用水效率最高的用水产品、

重点用水企业和灌区名录。带领全行业、全社会向"领跑者"学习。

（3）完善水资源有偿使用制度。全面推行农业水价综合改革，健全农业水价形成机制，建立农业用水精准补贴和节水奖励机制。合理调整城镇居民生活用水价格，全面推行居民阶梯水价和非居民用水超定额超计划取水累进加价制度。加强水资源费征收管理，确保应收尽收，积极推进水资源税费改革。

（4）探索建立水权水市场制度。建立健全水权初始分配制度，加快明晰区域用水初始水权，推进确权，加强用途管制，建立健全水权交易规则，积极推进水权交易。

4. 做好重点领域节水，强化监督考核

加强节水宣传教育，普及节水知识，提高公众节水技能，倡导节水文化建设，形成节水合力。推进节水型载体建设，强化高耗水工业节水减排技术改造，推广管道及喷滴灌等高效节水农业技术，创建节水型机关（单位）、学校、社区、企业和灌区。强化非常规水源利用，推广中水回用、海水淡化、雨水利用等。县域节水型社会建设全面达标。

进一步融合河长制考核评估、最严格水资源管理制度监督考核、县域节水型社会达标建设验收评估等工作，在最严格的监督考核基础上，进一步优化并完善考核指标体系和创新核查，突出节水考核要求，促进各地区节水水平的提升。

3.3.8　加强依法管水治水

坚持问题导向，加快构建充满活力、富有效率、创新引领、法治保障的水生态文明制度体系，引导、规范和约束各类开发、利用、保护水资源的行为，用制度保护水生态环境。

1. 深入贯彻《太湖流域管理条例》（以下简称《条例》）

加快《条例》配套制度建设，逐步建成一套适合环太湖地区的结构合理、相对完备的水法规体系。根据《条例》规定，严把审批审查关，依法开展水工程规划同意、建设项目水资源论证、取水许可、河道管理范围内建设项目审查等行政许可工作。加强流域与区域、区域与区域、生态环境部门与其他部门的多层次执法合作，建立和完善在违法案件查处、督办、信息通报、案件移送等方面更广泛的合作机制。加强行政执法与司法相衔接，建立执法信息通报共享制度，形成合力打击违法行为，提升流域行政执法的整体效能。及时推动开展《条例》贯彻落实情况的监督检查，以及《条例》的修订工作。

2. 建成科学规范的河长制体系

结合流域和区域河湖特点，分级设置河长，明确河长主要职责，规范设立河长办公室，加快建立健全体现各地特色的河长会议、信息共享、工作督查、考核问责与激励、工作方案验收等河长制工作制度，规范河长制运行。对水资源保护、水域岸线管理、水污染防治、水环境治理、水生态修复、执法监督等河长制主要任务进行细化，落实各项保障措施，夯实河长制实施的工程基础。推广流域先行探索形成的"作战图""时间表""河长巡查制""河长工作手册""河长工作联系单"等有效做法，加强部门联动和区域协作，强化河长制经验做法的跟踪调研和总结交流。

3. 完善流域水资源保护协作机制

运用太湖流域水环境综合治理省部际联席会议、水利工作协调小组等平台，协调流域水环境综合治理的相关工作，积极推动部门、地方之间的沟通与协作。定期召开太湖流域水环境综合治理省部际联席会议，统筹推进太湖治理重大事项，协调解决突出问题。进一步完善环太湖城市水利工作联席会议制度，探索省级边界重要水体水资源保护、水污染防治的合作机制。不断完善太浦河省界水资源保护协作机制、完善上海金泽、浙江嘉善、江苏吴江相关监测数据共享，推动落实《太浦河水资源保护省际协作机制——水质预警联动方案（试行）》，积极开展跨部门、跨区域的水资源保护和水污染防治联合执法。

按照上下游一体化保护的原则，在邻近省份之间建立区域协商机制。各省级人民政府成立省际生态保护和绿色发展协商合作领导小组，负责上下游省份的协商合作；省级人民政府有关部门也可以在协议框架内直接与相关省份的机构对口协商，各机构日常工作应全面围绕协商的问题以及实施过程中的缺口，形成报告向各地区有关部门发送共享。协商的主要内容可以包括区域水环境保护规划、区域监管责任分配、区域协商和监管模式、污染物排放总量指标分配、区域总量控制和排放核查、污染物排放交易与污染责任保险等市场手段、区域水环境质量统一评价、区域产业结构调整、区域产业布局规划、市场准入条件设置、水环境监测联动、信息公开与共享、社会参与和监督机制、环保宣传教育、区域环境污染和生态补偿、区域纠纷处理机制、区域上访联合调查处理、区域水污染联动预警和应急管理、区域水污染事故责任追究等。

4. 建立水资源环境承载能力监测预警长效机制

建立手段完备、数据共享、实时高效、管控有力、多方协同的资源环境承载能力监测预警长效机制，有效规范空间开发秩序，合理控制空间开发强度，将各类开发活动限制在资源环境承载能力之内。针对不同区域资源环境承载能力状况，定期开展全域和特定区域评估，实时监测重点区域动态。

建立健全河湖生态健康调查与评价标准体系，开展水生态空间基础信息调查评价和重要水生态空间承载能力评价，科学评估河湖和地下水资源承载能力，适时公布相关信息。建立水生态状况预警与管控机制，对流域河湖生态变化趋势、保护现状及存在问题进行评估，根据综合评估情况采取管控措施，降低风险。

立足于环境污染特别是危险化学品的环境风险，开展园区的环境风险集中统一管控和应急管理。按照清单保护优良水体和饮用水源地的质量，对生态环境既进行一般的生态和污染治理，也开展针对总磷等特征污染物的重点管控。区域各地区建立产业准入负面清单，严守水资源消耗上限、环境质量底线和生态保护红线，实行总量和强度"双控"，将各类开发活动限制在环境资源承载能力之内，坚守绿色优先的政治和法律规矩。整治区域内企业"散乱污"的现象，下决心把长江沿岸有污染的企业都搬出去，做到人清、设备清、垃圾清、土地清。把园区的环境风险控制和化工产业的转型升级相结合并予以重点推进。企业能够入园区的入园区，通过园区环境保护基础设施的建设和企业的环境污染治理，加强流域环境风险的集中控制，尽可能地消除污染隐患。

结合资源环境承载能力监测预警需求，强化相关基础设施建设，着力完善配套政策和创新体制机制，增强监测预警能力。抓紧开展太湖流域水资源监控与保护预警系统建设项目建设，以现有太湖流域监测站网为基础，做好太湖蓝藻调查及水源地、省界、重点水功能区的水质监测和主要河湖入河排污口监测，开展蓝藻水华短期预测预报工作。

5. 建立完善水生态补偿和损害赔偿制度

建立健全流域上下游、重要水源地、重要水生态修复治理区生态保护补偿机制，探索建立基于跨界断面水环境质量的生态补偿机制和湿地生态效益补偿制度。实行河湖生态损害赔偿制度，对违反法律法规的，依法处罚；对造成生态环境损害的，根据损害程度等因素依法确定赔偿额度；对造成严重后果的，依法追究刑事责任。强化水利工程环境影响评价，对生态有较大影响和有不确定性风险的工程须组织深入论证、科学规划。

3.3.9　挖掘发展弘扬优秀水文化

充分发挥人民群众的积极性、主动性、创造性，凝聚民心、集中民智、汇集民力，挖掘水文化中的人文价值，大力传承历史水文化，持续创新现代水文化，不断弘扬优秀水文化，丰富河湖文化内涵，形成人人、事事、时时崇尚生态文明的社会氛围。

1. 打造大运河文化带

严格按照世界文化遗产标准，保护好大运河。加强大运河江苏段、浙江段及周边河湖整治力度，实施大运河堤防加高加固工程、河湖水系清淤工程，全面提升生态与文化景观建设标准，引导运河沿线水生态文明城市建设。挖掘整理大运河历史文化内涵，实施大运河文脉整理工程，全面保护展示运河沿线核心遗产及相关遗迹，打造一批运河博物馆群。把大运河文化带建设纳入水利发展规划，处理好大运河保护与水利建设的关系，新建水利工程与运河文化带有机融合，把大运河太湖流域段建设成为高颜值的生态长廊、高品位的文化长廊、高效益的经济长廊，使之成为大运河文化带上的样板区和示范段。

2. 建设水文化载体

实施太湖流域水利典籍整理与研究工程，研究河湖水系变迁规律，汲取先进治水智慧经验，传承河湖管理保护技术，实现传统水文化创造性转化和创新性发展。完成物质与非物质水文化遗产普查，发布太湖流域水文化遗产保护名录，开展水文化遗产解读工程。加强水利风景区建设，形成布局合理、类型齐全、管理科学的水利风景区网络，合理适度建设水利遗址公园、水利博物馆等，用壁面、展板和信息化互动设施等形式和手段，向社会展示当地治水历程，使受众接受水文化的熏陶。加强生态亲水景观建设，划定河道缓冲区，建设生态型河流廊道，挖掘河流廊道的景观和文化功能，打造水生态景观区，还原修复路、桥、井、驳岸和临河建筑的历史和天然风貌，形成以与自然融合的古河道、古街巷为核心的生态文化旅游城镇，重现水乡古镇风貌。

3. 推进水文化教育

采取人民群众喜闻乐见、容易接受的形式，开展多样化的水生态文明践行活动，传播水文化，加强节水、爱水、护水、亲水等方面的水文化教育。建设一批水生态文明示范教育基地，创作一批水生态文化作品，加强水文化成果的宣传，增强公众对水文化的关注和重视，培养公民节约用水、减少废污水排放的自觉习惯。把公众的环境问题意识转化为节约资源、保护环境的意愿和行动，倡导人水和谐、科学发展的水生态伦理价值观，积极引导全社会建立人水和谐的生产生活方式。将水生态文明理念根植于人民心中，提高水生态文化认知率。

第4章 太湖流域水生态环境保护与治理政策浅析

只有实行最严格的制度、最严密的法治，才能为生态文明建设提供可靠保证。党的十八大以来，随着生态文明制度建设的全面推进，绿水青山就是金山银山理念作为核心理念和基本原则全面贯彻到生态文明建设的各项制度之中（王金南等，2017）。2015年4月，中共中央、国务院发布《关于加快推进生态文明建设的意见》，明确提出"坚持绿水青山就是金山银山，深入持久地推进生态文明建设"。2015年9月，中共中央、国务院制定出台《生态文明体制改革总体方案》，要求"树立绿水青山就是金山银山的理念"，加快建立系统完整的生态文明制度体系。在绿水青山就是金山银山理念的指导下，为从根本上解决最突出最紧迫的环境问题，国务院相继出台了《大气污染防治行动计划》《水污染防治行动计划》《土壤污染防治行动计划》等系列制度，先后实施了《党政领导干部生态环境损害责任追究办法（试行）》《生态文明建设目标评价考核办法》等管理办法。

党的十九大报告明确提出了加快生态文明体制改革，建设美丽中国。深刻指出建设生态文明是中华民族永续发展的千年大计，"必须树立和践行绿水青山就是金山银山的理念"，为人民创造良好的生产生活环境，为全球生态安全做出贡献，推动形成人与自然和谐发展的现代化建设新局面。2017年10月，"增强绿水青山就是金山银山的意识"被写进《中国共产党章程》，彰显了中国共产党以人民为中心的价值追求和使命宗旨。2018年3月，十三届全国人大一次会议表决通过《中华人民共和国宪法修正案》，把发展生态文明、建设美丽中国写入宪法。2018年5月19日，在全国生态环境保护大会上，习近平总书记进一步指出"生态文明建设是关系中华民族永续发展的根本大计""生态环境是关系党的使命宗旨的重大政治问题，也是关系民生的重大社会问题"，再次强调坚持"绿水青山就是金山银山"基本原则，加快构建生态文明体系，确保到2035年，美丽中国目标基本实现，到21世纪中叶，建成美丽中国。"绿水青山就是金山银山的理念"承载了引领美丽中国建设的重大历史使命，必将在中华民族伟大复兴的进程中焕发出无限的生机和活力。

本章梳理了涉及流域水生态保护与治理的重要法律法规、司法解释、政策文件、管理制度、区划与红线、规划纲要、规划方案、行动计划以及协作机制等，以呈现一套流域水生态治理与保护的政策框架。

4.1　法　律　法　规

4.1.1　《中华人民共和国长江保护法》

2020 年 12 月 26 日,中华人民共和国第十三届全国人民代表大会常务委员会第二十四次会议通过《中华人民共和国长江保护法》(以下简称《长江保护法》),自 2021 年 3 月 1 日起施行。

《长江保护法》是我国第一部流域法,包括总则、规划与管控、资源保护、水污染防治、生态环境修复、绿色发展、保障与监督、法律责任和附则 9 章,共 96 条。长江保护法从规划与管控、资源保护、水污染防治、生态环境修复、绿色发展、保障与监督、法律责任等方面做出了系统规定,不仅为长江流域保护奠定了坚实的法治基础,也为我国其他流域的依法治理提供了良好的经验借鉴,是一部具有针对性、特殊性和系统性的法律。

《长江保护法》的特点体现在四个方面。

一是做好统筹协调、系统保护的顶层设计。法律规定国家建立长江流域协调机制,统一指导、统筹协调、整体推进长江保护工作;按照中央统筹、省负总责、市县抓落实的要求,建立长江保护工作机制,明确各级政府及其有关部门、各级河湖长的职责分工;建立区域协调协作机制,明确长江流域相关地方根据需要在地方性法规和政府规章制定、规划编制、监督执法等方面开展协调与协作,切实增强长江保护和发展的系统性、整体性、协同性。

二是坚持把保护和修复长江流域生态环境放在压倒性位置。法律通过规定更高的保护标准、更严格的保护措施,加强山水林田湖草整体保护、系统修复。如强化水资源保护,加强饮用水水源保护和防洪减灾体系建设,完善水量分配和用水调度制度,保证河湖生态用水需求;落实党中央关于长江禁渔的决策部署,加强禁捕管理和执法工作等。

三是突出共抓大保护、不搞大开发。法律准确把握生态环境保护和经济发展的辩证统一关系,共抓大保护、不搞大开发。设立"规划与管控"一章,充分发挥长江流域发展规划、国土空间规划、生态环境保护规划等规划的引领和约束作用,通过加强规划管控和负面清单管理,优化产业布局,调整产业结构,划定生态保护红线,倒逼产业转型升级,破除旧动能、培育新动能,实现长江流域科学、有序、绿色、高质量发展。

四是坚持责任导向,加大处罚力度。法律强化考核评价与监督,实行长江流域生态环境保护责任制和考核评价制度,建立长江保护约谈制度,规定国务院定期向全国人大常委会报告长江保护工作;坚持问题导向,针对长江禁渔、岸线保护、非法采砂等重点问题，在现有相关法律的基础上补充和细化有关规定，并大幅提高罚款额度，增加处罚方式，补齐现有法律的短板和不足，切实增强法律制度的权威性和可执行性。

推动长江经济带发展是党中央做出的重大决策，是关系国家发展全局的重大战略。党的十八大以来，习近平总书记就推动长江经济带发展发表了一系列重要讲话，强调"当前和今后相当长一个时期，要把修复长江生态环境摆在压倒性位置，共抓大保护，不搞大开发"。《长江保护法》是习近平总书记亲自确定的重大立法任务，是把习近平总书记关于长江保护的重要指示要求和党中央重大决策部署转化为国家意志和全社会行为的准则。当前，太湖流域水环境状况不容乐观，水质型缺水、饮用水源安全隐患、水环境质量和水生态破坏等问题尚未从根本上解决。贯彻《长江保护法》，准确把握生态环境保护和经济发展的协同关系，强调共抓大保护、不搞大开发，通过推动结构调整、促进转型升级、鼓励技术创新等绿色发展途径，充分发挥流域发展规划、国土空间规划、生态环境保护规划等规划的引领和约束作用，是落实习近平法治思想，在法治轨道推进长江保护工作，推进流域治理制度化、程序化、法治化的需要；是践行习近平生态文明思想，推动生态优先、绿色发展，保障流域经济社会高质量发展的需要；是坚决维护人民权益，依法解决人民群众最关切的水资源水环境水生态问题，提升长江流域水安全保障能力，用法治保障人水和谐的需要。

4.1.2　《太湖流域管理条例》

太湖流域地处长江三角洲地区腹地，人口密集、经济发达。20 世纪 90 年代，由于经济的快速发展和人口的急剧增长，太湖在为经济社会发展做出巨大贡献的同时，也承受着巨大的生态环境压力：流域本地水资源不足和水质型缺水并存，不同行政区域间的水资源配置和保护缺乏统筹考虑；流域人口密度大，城镇化率高，水污染严重、水环境恶化、饮用水不安全问题日益突出；太湖洪水出路不足，流域防洪调度难度大；环太湖开发项目日益增多，流域水域、岸线缺乏统一规划，圈圩、围湖造地未得到有效治理。这些问题具有系统性、综合性和鲜明的太湖特色，迫切需要出台条例，将国家有关法律制度与太湖特点和实际紧密结合起来，并使之具体化，将太湖流域水环境综合治理工作中经实践证明行之有效的各项措施规范化，实行比其他流域更为严格的管理和保护制度，以水资源的可持续利用保障流域经济社会的可持续发展。

《太湖流域管理条例》（以下简称《太湖条例》）于 2011 年 8 月 24 日由国务院常务会议通过，自 2011 年 11 月 1 日起施行。这是我国第一部流域综合性行政法规，制订工作历经 10 年。太湖流域在自然条件、经济社会发展阶段上有一定的特殊性，条例在不与上位法抵触的前提下，对太湖流域特殊情况规定了一些更有针对性措施，以加快治理的进度和提高治理的成效。《太湖条例》共 9 章 70 条，对于流域内饮用水安全，水资源保护，水污染防治，水域、岸线保护，保障措施，监测与监督和法律责任等方面做出了具体明确的规定。

《太湖条例》的出台，对加强流域水资源开发、利用、节约和保护，推动流域经济发展方式转变，具有重要的现实意义和深远的历史影响。《太湖条例》强化了饮用水水源保护责任，完善了供水安全应急保障制度，规范了供水安全事故应对工作。《太湖条例》规范了流域水资源配置和保护，明确了水资源调度的原则，实行重点河湖取水总量控制制度，明确规定对取水总量已经达到或者超过取水总量控制指标的，不得批准建设项目新增取水，落实了水功能区保护措施，健全了节水、清淤、地下水保护制度。《太湖条例》强化了水污染防治措施，建立了流域排污总量控制制度，加快淘汰落后产能，规定了禁止在太湖流域设置不符合国家产业政策和水环境综合治理要求的生产项目，规定了重点区域的水污染防治措施，推进了农业面源污染治理和船舶污染防治，规范了城乡污水处理和垃圾收集。《太湖条例》加强了水域岸线保护，禁止擅自占用水域岸线兴建建设项目，明确规定兴建建设项目应当符合流域综合规划和岸线利用管理规划，不得缩小水域面积，不得降低行洪和调蓄能力，不得擅自改变水域、滩地使用性质，规范了圈圩和围湖造地行为。《太湖条例》完善了保障措施、监测与监督和法律责任，对减少排污的企业和农民实施扶持。这些制度和措施的贯彻落实，将有力地加快流域经济发展方式的转变，促进经济社会发展与水资源和水环境的承载能力相适应。

4.1.3　地方性水生态环境治理法规

1. 《江苏省水污染防治条例》

《江苏省水污染防治条例》由江苏省第十三届人民代表大会常务委员会第十九次会议于 2020 年 11 月 27 日通过，自 2021 年 5 月 1 日起施行。条例从水生态环境保护规划、水污染防治监督管理、水污染防治措施、饮用水水源与地下水保护、区域水污染防治协作、水环境风险监测预警与水污染事故应急处置等方面做了具体规定。

2. 《浙江省生态环境保护条例》

为保护和改善生态环境，保障公众健康和维护生态安全，高水平建设美丽浙江及促进经济社会可持续发展，2022 年 5 月 27 日浙江省十三届人大常委会第三十六次会议审议通过《浙江省生态环境保护条例》，并于 2022 年 8 月 1 日起施行。该条例为浙江省生态环境保护领域的综合性法规，涵盖了建立和实施全省统一的排污权有偿使用和交易制度、逐步将碳达峰碳中和相关工作纳入生态环境保护考核体系等内容。

3. 《上海市环境保护条例》

1994 年 12 月 8 日上海市第十届人民代表大会常务委员会第十四次会议通过《上海市环境保护条例》。《上海市环境保护条例》是上海市生态环境保护地方立法体系中的基础性法规。至 2022 年，该法规已做了多次修改完善，对改善上海市生态环境质量、提升环境保护水平、保障生态环境安全、促进经济社会可持续发展发挥了重要作用。

4.2　司　法　解　释

4.2.1　最高人民法院、最高人民检察院《关于办理环境污染刑事案件适用法律若干问题的解释》

2016 年，最高人民法院会同最高人民检察院，在公安部、环保部等有关部门大力支持下，经深入调查研究、广泛征求意见，制定了新的《关于办理环境污染刑事案件适用法律若干问题的解释》（以下简称《解释》），自 2017 年 1 月 1 日起施行。

1. 制定背景

2013 年 6 月，最高人民法院与最高人民检察院联合发布了《关于办理环境污染刑事案件适用法律若干问题的解释》（法释〔2013〕15 号，以下简称《2013 年解释》），明确了污染环境罪的定罪量刑标准等问题（孙佑海，2013）。《2013 年解释》施行以来，各级公检法机关和环保部门依法查处环境污染犯罪，加大惩治力度，取得了良好效果。2013 年 7 月至 2016 年 10 月，全国法院新收污染环境、非法处置进口的固体废物、环境监管失职刑事案件 4636 件，审结 4250 件，生效判决人数 6439 人；年均收案 1400 余件，生效判决人数 1900 余人。这对于强化环境司法保护，推进生态文明建设，发挥了十分重要的作用。

与此同时，近年来环境污染犯罪又出现了一些新的情况和问题，如危险废物犯罪呈现出产业化迹象，大气污染犯罪取证困难，篡改、伪造自动监测数据和破坏环境质量监测系统的刑事规制存在争议等。鉴此，为有效解决实践问题，进一步加大对生态环境的司法保护力度，最高人民法院会同最高人民检察院，在公安部、环保部等有关部门大力支持下，经深入调查研究、广泛征求意见，制定了新的《解释》，对《2013 年解释》做了全面修改和完善。这是 1997 年刑法施行以来最高司法机关就环境污染犯罪第三次出台专门司法解释，且距《2013 年解释》的公布仅三年半左右，充分体现了最高司法机关对环境保护的高度重视。新的《解释》的发布，对于进一步提升依法惩治环境污染犯罪的成效，进一步加大环境司法保护力度，有效保护生态环境，推进美丽中国建设，必将发挥重要作用。

2. 主要内容

新的《解释》结合当前环境污染犯罪的特点和司法实践反映的问题，依照刑法、刑事诉讼法相关规定，用 18 个条文对相关犯罪定罪量刑标准的具体把握等问题做了全面、系统的规定。主要内容包括：污染环境罪定罪量刑、非法处置进口的固体废物罪、擅自进口固体废物罪、环境监管失职罪和单位实施环境污染相关犯罪定罪量刑的具体标准；宽严相济刑事政策的具体适用；环境污染共同犯罪和环境污染犯罪竞合的处理原则；环境影响评价造假的刑事责任追究问题、破坏环境质量监测系统的定性及有关问题、"有毒物质"的范围和认定问题；明确了监测数据的证据资格。

4.2.2　最高人民法院《关于审理生态环境损害赔偿案件的若干规定（试行）》

2019 年 6 月 5 日，最高人民法院公布《关于审理生态环境损害赔偿案件的若干规定（试行）》（以下简称《规定》），探索完善生态环境损害赔偿制度。该司法解释明确提出，省级、市地级人民政府及其指定的相关部门、机构或者受国务院委托行使全民所有自然资源资产所有权的部门可以作为原告提起生态环境损害赔偿诉讼。

《规定》明确了可提起生态环境损害赔偿诉讼的三种情形，包括：发生较大、重大、特别重大突发环境事件的，在国家和省级主体功能区规划中划定的重点生态功能区、禁止开发区发生环境污染、生态破坏事件的，发生其他严重影响生态环境后果的。

根据《规定》，因污染环境、破坏生态造成人身损害、个人和集体财产损失要求赔偿的，适用侵权责任法等法律规定。因海洋生态环境损害要求赔偿的，适用海洋环境保护法等法律及相关规定。

《规定》还对生态环境损害赔偿责任体系做出创新，首次将"修复生态环境"作为生态环境损害赔偿责任方式，并根据生态环境是否能够修复对损害赔偿责任范围予以分类规定。《规定》明确生态环境能够修复时应当承担修复责任并赔偿生态环境服务功能损失，生态环境不能修复时应当赔偿生态环境功能永久性损害造成的损失，并明确将"修复效果后评估费用"纳入修复费用范围。

根据《规定》，被告违反法律法规污染环境、破坏生态的，人民法院应当根据原告的诉讼请求以及具体案情，合理判决被告承担修复生态环境、赔偿损失、停止侵害、排除妨碍、消除危险、赔礼道歉等民事责任。受损生态环境能够修复的，人民法院应当依法判决被告承担修复责任，并同时确定被告不履行修复义务时应承担的生态环境修复费用。此外，原告还可以请求被告赔偿生态环境受到损害至修复完成期间的服务功能损失。受损生态环境无法修复或者无法完全修复，原告请求被告赔偿生态环境功能永久性损害造成的损失的，人民法院根据具体案情予以判决。

对于环境损害赔偿诉讼案件的审理规则，《规定》明确，第一审生态环境损害赔偿诉讼案件由生态环境损害行为实施地、损害结果发生地或者被告住所地的中级以上人民法院管辖。生态环境损害赔偿诉讼案件由人民法院环境资源审判庭或者指定的专门法庭审理。人民法院审理第一审生态环境损害赔偿诉讼案件，应当由法官和人民陪审员组成合议庭进行。

4.3　政　策　文　件

4.3.1　中共中央、国务院《关于加快推进生态文明建设的意见》

生态文明建设是中国特色社会主义事业的重要内容，事关"两个一百年"奋斗目标和中华民族伟大复兴中国梦的实现。2015 年，中共中央、国务院印发了《关于加快推进生态文明建设的意见》（中发〔2015〕12 号，以下简称《意见》）。《意见》深入贯彻习近平总书记系列重要讲话精神，立足中国特色社会主义事业全局，提出加快推进生态文明建设的指导思想、基本原则和实现路径，对大气、重点流域治理、土壤环境质量、国土开发强度等提出明确要求，对碳排放强度、森林覆盖率等提出定量指标，核心是加快形成人与自然和谐发展的现代化建设新格局。

第一，《意见》明确了协同推进新型工业化、城镇化、信息化、农业现代化和绿色化的路径蓝图。《意见》的一个亮点是提出"绿色化"，并将其与新型工业化、城镇化、信息化、农业现代化并列，进一步丰富和深化了对生态文明建设的认识，为生态文明建设融入经济建设、政治建设、文化建设、社会建设各方面和全过程，实现绿色繁荣明确了实践路径。第二，更加突出经济社会发展与生态文明建设相协调相适应的内在要求。我国经济发展进入新常态，准确把握绿水青山就是金山银山的辩证关系更加重要。在经济新常态大背景下，关键是处理和平衡好经济发展与环境保护的关系。没有发展的保护不行，没有保护的发展也不行，既要守住生态保护红线、行业排放总量、环境准入标准，又要利用环境保护来推进经济转型，实现更高质量和效益的发展。第三，凝聚了新时期党同人民群众的生态共识。良好生态环境是最公平的公共产品，是最普惠的民生福祉。我国目前资源约束趋紧，历史欠账多，环境承载能力已达到或接近上限，生态环境是全面建成小康社会过程中的短板和瓶颈制约，改善生态环境质量必然是长期艰苦的过程。解决好生态环境问题，既要着眼长远，打好持久战，也要只争朝夕，打好攻坚战，这是对我们党执政能力的检验。《意见》强调要加快治理突出生态环境问题、多还旧账，让人民群众呼吸新鲜的空气，喝上干净的水，在良好的环境中生产生活。以硬措施应对硬挑战，每年都抓出一批人民群众看得见、摸得着、能受益的环境治理成果，让人民群众切实感受到污染可以治理、环境可以变好，不断满足人民群众对良好生态环境的新期待。

一方面在确立和完善涉及重大的环境治理法律制度，《意见》重视和强调环境损害赔偿和责任追究制度。《意见》明确要求，在加快推进生态文明建设过程中，强调重大法律制度的基本确立和完善，"基本形成源头预防、过程控制、损害赔偿、责任追究的生态文明制度体系"。另一方面是明确自然资源资产产权制度的建设要求，使自然资源的财产属性与主体属性更加明确，有利于对自然资源的保护和对环境问题的综合治理。

在"健全生态文明制度体系"中，《意见》明确提出要健全相关环境法律法规。主要内容涉及对现行环境法律法规的全面清理、衔接相关法律法规之间的关系、制定环境新领域的法律法规，并及时全面地修订《土地管理法》等现行法规。在"加强生态文明建设统计监测和执法监督"中，强化环境执法、环境司法和相应的监督。明确要求加强法律监督、行政监察，对各类环境违法违规行为实行"零容忍"。同时，注重环境监管机构的独立性，强调完善行政执法与刑事司法的衔接机制，使刑事司法功能和作用能够充分发挥。

4.3.2　中共中央、国务院《关于深入打好污染防治攻坚战的意见》

2021 年，中共中央、国务院近日印发《关于深入打好污染防治攻坚战的意见》。意见指出，要深入贯彻习近平生态文明思想，以实现减污降碳协同增效为总抓手，以改善生态环境质量为核心，以精准治污、科学治污、依法治污为工作方针，统筹污染治理、生态保护、应对气候变化，保持力度、延伸深度、拓宽广度，以更高标准打好蓝天、碧水、净土保卫战，以高水平保护推动高质量发展、创造高品质生活，努力建设人与自然和谐共生的美丽中国。

意见提出的主要目标是，到 2025 年，生态环境持续改善，主要污染物排放总量持续下降，单位国内生产总值二氧化碳排放比 2020 年下降 18%，地级及以上城市细颗粒物（$PM_{2.5}$）浓度下降 10%，空气质量优良天数比率达到 87.5%，地表水Ⅰ～Ⅲ类水体比例达到 85%，近岸海域水质优良（一、二类）比例达到 79%左右，重污染天气、城市黑臭水体基本消除，土壤污染风险得到有效管控，固体废物和新污染物治理能力明显增强，生态系统质量和稳定性持续提升，生态环境治理体系更加完善，生态文明建设实现新进步。到 2035 年，广泛形成绿色生产生活方式，碳排放达峰后稳中有降，生态环境根本好转，美丽中国建设目标基本实现。

针对深入打好碧水保卫战，意见要求持续打好城市黑臭水体治理攻坚战，持续打好长江保护修复攻坚战，着力打好黄河生态保护治理攻坚战，巩固提升饮用水安全保障水平，着力打好重点海域综合治理攻坚战，强化陆域海域污染协同治理。

4.3.3　中共中央办公厅、国务院办公厅印发《关于深化生态保护补偿制度改革的意见》

实施生态保护补偿是调动各方积极性、保护好生态环境的重要手段，是生态文明制度建设的重要内容。早在 20 世纪 90 年代，我国颁布的《森林法》《草原法》《渔业法》《土地管理法》等法律中就贯彻了生态补偿的理念，或者有明确的生态环境补偿规定，确立了土地、林地、草原、水面、滩涂的使用权及在各自领域的补偿问题，并不断完善。国土、财政、水利、海洋等各部委也颁布了有关生态补偿的政策文件。总体上看，我国生态保护补偿机制框架已见端倪，各领域生态保护补偿制度不断完善，并取得了有益经验，为建立健全生态保护补偿机制奠定了较好的工作基础。但是，由于生态保护补偿涉及的利益关系复杂，实施难度较大，还存在不少矛盾和问题需要解决，主要体现在 6 个方面：一是由于生态保护补偿的复杂性，关于生态保护补偿内涵和界定尚未达成一致意见，亟须系统化、规范化的生态保护补偿制度顶层设计；二是现有的各类生态保护补偿政策存在交叉或重复的现象，没有甄别出重要区域，导致一些区域重复补偿，而一些生态功能重要区域还未得到补偿，没有实现生态功能重要区域的全覆盖；三是现有部分生态保护补偿项目只针对特定地区的生态环境问题提出，对区域内生产方式与生态属性相匹配的引导性不足，缺乏长效性和稳定性；四是补偿双方还没有形成整体的合力意识，一些上下游省份只考虑局部的片面的自身利益，加大了工作协调的难度；五是生态保护补偿方式仍然较单一，多元化的补偿方式还没有建立；六是生态保护补偿的立法滞后，标准体系不完善，我国还没有生态保护补偿的专门立法，现有涉及生态保护补偿的规定分散在多部法律中，缺乏系统性和可操作性。

2021 年，中共中央办公厅、国务院办公厅印发了《关于深化生态保护补偿制度改革的意见》（以下简称《意见》）。《意见》指出，生态保护补偿制度作为生态文明制度的重要组成部分，是落实生态保护权责、调动各方参与生态保护积极性、推进生态文明建设的重要手段。要加快健全有效市场和有为政府更好结合、分类补偿与综合补偿统筹兼顾、纵向补偿与横向补偿协调推进、强化激励与硬化约束协同发力的生态保护补偿制度。

《意见》提出的改革目标是：到 2025 年，与经济社会发展状况相适应的生态保护补偿制度基本完备。以生态保护成本为主要依据的分类补偿制度日益健全，以提升公共服务保障能力为基本取向的综合补偿制度不断完善，以受益者付费原则为基础的市场化、多元化补偿格局初步形成，全社会参与生态保护的积极性显著增强，生态保护者和受益者良性互动的局面基本形成。到 2035 年，适应新时代生态文明建设要求的生态保护补偿制度基本定型。

《意见》指出，要聚焦重要生态环境要素，完善分类补偿制度。包括建立健全分类补偿制度，逐步探索统筹保护模式。要围绕国家生态安全重点，健全综合补偿制度。包括加大纵向补偿力度，突出纵向补偿重点，改进纵向补偿办法，健全横向补偿机制。要发挥市场机制作用，加快推进多元化补偿。包括完善市场交易机制，拓展市场化融资渠道，探索多样化补偿方式。要完善相关领域配套措施，增强改革协同。包括加快推进法治建设，完善生态环境监测体系，发挥财税政策调节功能，完善相关配套政策措施。要树牢生态保护责任意识，强化激励约束。包括落实主体责任，健全考评机制，强化监督问责。

4.3.4　国家发展改革委、生态环境部、水利部《关于推动建立太湖流域生态保护补偿机制的指导意见》

为加快改善太湖流域水环境，构建太湖流域生态治理一体化格局，推动建立太湖流域生态保护补偿机制，2022 年 1 月，国家发展改革委、生态环境部、水利部印发《关于推动建立太湖流域生态保护补偿机制的指导意见》（以下简称《意见》）。根据《意见》，到 2023 年，建立健全太浦河生态保护补偿机制，使太湖流域治理协同性、系统性、整体性显著提升，太湖流域水质得到持续改善，区域高质量发展的生态基础进一步夯实。到 2030 年，太湖全流域生态保护补偿机制基本建成，太湖全流域水质稳定向好，山清水美的自然风貌生动再现，为全国流域水环境综合协同治理打造示范样板。

4.3.5　国家发展改革委印发《关于加强长江经济带重要湖泊保护和治理的指导意见》

2021 年 11 月，国家发展改革委印发《关于加强长江经济带重要湖泊保护和治理的指导意见》（以下简称《意见》）。《意见》提出，要以鄱阳湖、洞庭湖、太湖、巢湖、洱海、滇池等重要湖泊为重点，以湖泊生态环境保护为突破口，江湖同治、水岸同治、流域同治，推进重要湖泊从过度干预、过度利用向自然修复、休养生息转变，构建完整、稳定、健康的湖泊生态系统，助力长江经济带的高质量发展。到 2025 年，太湖、巢湖不发生大面积蓝藻水华导致水体黑臭现象，确保供水水源安全。洞庭湖、鄱阳湖、洱海、滇池生态环境质量得到巩固提升，生态环境突出问题得到有效治理，水质稳中向好。洞庭湖、鄱阳湖等湖泊调蓄能力持续提升，全面构建健康、稳定、完整的湖泊及周边生态系统。到 2035 年，长江经济带重要湖泊保护治理成效与人民群众对优美湖泊生态环境的需要相适应，基本达成与美丽中国目标相适应的湖泊保护治理水平，有效保障长江经济带高质量发展。

4.3.6　中国人民银行等七部委《关于构建绿色金融体系的指导意见》

绿色金融是指为支持环境改善、应对气候变化和资源节约高效利用的经济活动，即对环保、节能、清洁能源、绿色交通、绿色建筑等领域的项目投融资、项目运营、风险管理等所提供的金融服务。绿色金融体系是指通过绿色信贷、绿色债券、绿色股票指数和相关产品、绿色发展基金、绿色保险、碳金融等金融工具和相关政策，支持经济向绿色化转型的制度安排。

我国正处于经济结构调整和发展方式转变的关键时期，对支持绿色产业和经济、社会可持续发展的绿色金融的需求不断扩大。为全面贯彻《中共中央 国务院关于加快推进生态文明建设的意见》和《生态文明体制改革总体方案》精神，坚持创新、协调、绿色、开放、共享的新发展理念，从经济可持续发展全局出发，建立健全绿色金融体系，发挥资本市场优化资源配置、服务实体经济的功能，支持和促进生态文明建设，经国务院同意，2016 年，中国人民银行、财政部、国家发展改革委、环境保护部、银监会、证监会、保监会联合印发了《关于构建绿色金融体系的指导意见》（以下简称《指导意见》）。

《指导意见》强调，构建绿色金融体系的主要目的是动员和激励更多社会资本投入绿色产业，同时更有效地抑制污染性投资。构建绿色金融体系，不仅有助于加快我国经济向绿色化转型，也有利于促进环保、新能源、节能等领域的技术进步，加快培育新的经济增长点，提升经济增长潜力。《指导意见》提出了支持和鼓励绿色投融资的一系列激励措施，包括通过再贷款、专业化担保机制、绿色信贷支持项目财政贴息、设立国家绿色发展基金等措施支持绿色金融发展。《指导意见》明确了证券市场支持绿色投资的重要作用，要求统一绿色债券界定标准，积极支持符合条件的绿色企业上市融资和再融资，支持开发绿色债券指数、绿色股票指数以及相关产品，逐步建立和完善上市公司和发债企业强制性环境信息披露制度。此外，《指导意见》还提出发展绿色保险和环境权益交易市场，按程序推动制定和修订环境污染强制责任保险相关法律或行政法规，支持发展各类碳金融产品，推动建立环境权益交易市场，发展各类环境权益的融资工具。

4.3.7　财政部等四部委《支持长江全流域建立横向生态保护补偿机制的实施方案》

为深入贯彻习近平总书记在全面推动长江经济带发展座谈会上的重要讲话精神，加快推动长江流域形成共抓大保护工作格局，2021 年，财政部、生态环境部、水利部、国家林业和草原局研究制定了《支持长江全流域建立横向生态保护补偿机制的实施方案》（以下简称《实施方案》）。

《实施方案》提出的工作目标为：一是流域横向生态保护补偿机制逐步健全。2022 年长江干流初步建立流域横向生态保护补偿机制，2024 年主要一级支流初步建立流域横向生态保护补偿机制，2025 年长江全流域建立起流域横向生态保护补偿机制体系。同时，补偿的内容更加丰富，方式更加多样，标准更加完善，机制更加成熟。二是生态环境质量稳步改善。地表水达到或好于Ⅲ类水体比例不断提高，水资源得到有效保护和节约集约利用，河湖、湿地生态功能逐步恢复，生态系统功能持续改善，珍稀鱼类种群和数量得到有效恢复，生物多样性稳步提高，生态系统质量和稳定性不断提升。方案实施范围为涉及长江流域的 19 个省份。具体为：干流流经的青海、西藏、四川、云南、重庆、湖北、湖南、江西、安徽、江苏、上海等 11 个省区市；支流流经的（除上述 11 个省份外）贵州、广西、广东、甘肃、陕西、河南、福建、浙江等 8 个省份。

《实施方案》明确，中央财政支持引导长江 19 个省份进一步建立流域横向生态保护补偿机制，鼓励地方统筹考虑水环境、水生态、水资源、水安全、水文化和岸线等多要素，推进长江上中下游、江河湖库、左右岸、干支流协同治理。

在中央财政安排引导和奖励资金方面。一是每年从水污染防治资金中安排一部分资金作为引导和奖励资金，支持长江 19 个省份进一步健全完善流域横向生态保护补偿机制，加大生态系统环境保护和治理修复力度。资金对环境质量改善突出、生态系统功能提升明显、资金使用绩效好，以及机制建设进展快、成效好、积极探索创新的省份给予倾斜。引导资金采用因素法分配，先预拨后根据机制建设成效进行清算，根据方案实施情况，可适时对因素和权重进行优化，以更好引导机制建设；奖励资金采取定额奖补的方式，奖励在干流和重要支流建立起跨省流域横向生态保护补偿机制的省。二是奖励资金重点支持干流跨省流域横向生态保护补偿机制建设，兼顾对重要支流跨省流域横向生态保护补偿机制建设的支持。对在干流建立跨省流域横向生态保护补偿机制的省份，按照"早建多补"的原则，结合协议签订的地方补偿资金规模和生态功能重要程度等情况安排奖励资金；对在重要支流建立跨省流域横向生态保护补偿机制的省份，根据流域外溢性、生态功能重要程度以及协议签订的资金规模等情况安排奖励资金。

在建立横向生态保护补偿机制方面。根据《生态文明体制改革总体方案》，跨省流域横向生态保护补偿机制以地方补偿为主，各省与邻近省份沟通协调，就各方权责、考核目标、补偿措施、保障机制等达成一致意见并签署补偿协议。补偿协议由邻近省份自愿协商签订，协商过程中可由下游省份负责提出协议方案，涉及左、右岸共同作为上下游的，可由右岸省份负责提出协议方案。机制建立后，要及时开展资金清算和效果评估，研究签订长期协议，并根据指标改善情况和实际需求完善补偿目标。

4.4　管　理　制　度

4.4.1　中央生态环境保护督察制度

中央生态环境保护督察是习近平总书记亲自倡导、亲自推动的一项重大改革举措，是加强生态环境保护、推进生态文明建设的一项重大制度安排。中央生态环境保护督察包括例行督察、专项督察和"回头看"等。原则上在每届党的中央委员会任期内，应当对各省、自治区、直辖市党委和政府，国务院有关部门以及有关中央企业开展例行督察，并根据需要对督察整改情况实施"回头看"；针对突出生态环境问题，视情组织开展专项督察。

国家成立中央生态环境保护督察工作领导小组，负责组织协调推动中央生态环境保护督察工作。领导小组组长、副组长由党中央、国务院研究确定，组成部门包括中央办公厅、中央组织部、中央宣传部、国务院办公厅、司法部、生态环境部、审计署和最高人民检察院等。中央生态环境保护督察工作领导小组的职责是：学习贯彻落实习近平生态文明思想，研究在实施中央生态环境保护督察工作中的具体贯彻落实措施；贯彻落实党中央、国务院关于生态环境保护督察的决策部署；向党中央、国务院报告中央生态环境保护督察工作有关情况；审议中央生态环境保护督察制度规范、督察报告；听取中央生态环境保护督察办公室有关工作情况的汇报；审议中央生态环境保护督察其他重要事项。

中央生态环境保护督察办公室设在生态环境部，负责中央生态环境保护督察工作领导小组的日常工作，承担中央生态环境保护督察的具体组织实施工作。中央生态环境保护督察办公室的职责是：向中央生态环境保护督察工作领导小组报告工作情况，组织落实领导小组确定的工作任务；负责拟订中央生态环境保护督察法规制度、规划计划、实施方案，并组织实施；承担中央生态环境保护督察组的组织协调工作；承担督察报告审核、汇总、上报，以及督察反馈、移交移送的组织协调和督察整改的调度督促等工作；指导省、自治区、直辖市开展省级生态环境保护督察工作；承担领导小组交办的其他事项。

2015年12月31日至2016年2月4日，中央生态环境保护督察试点在河北展开。大约两年时间，督察实现对全国31个省区市的全覆盖（第一轮督察）。2018年起，又对其中20个省份进行了督察"回头看"。中央环境保护督察和2018年8月后更名的中央生态环境保护督察同属生态环保的政治巡视和法治巡视。从成效来看，第一轮督察问责了1.8万多人，解决了8万多个人民群众身边的生态环境问题；第一批督察"回头看"追责6219人，推动解决了3万多个群众身边的生态环境问题，各地生态环境质量得到显著提升。从2019年开始开展第二轮中央生态环境保护督察，前三年是例行督察，第四年是"回头看"。2019 年 7 月，第二轮第一批中央生态环境保护督察正式启动，8 个督察组陆续进驻上海、福建、海南、重庆、甘肃、青海 6 个省份和中国五矿集团有限公司、中国化工集团有限公司等两家中央企业，开展新一轮的例行督察。

面对建设新时代生态文明的目标和任务，中央生态环境保护督察制度的实施呈现出以下一些特点：

从督察功能来看，中央生态环境保护督察从注重生态环境保护向促进经济、社会发展与环境保护相协调转变，推进了各地的高质量发展。经过三年多的督察工作，我国生态环境质量得到明显改善，经济质量也得到一定提升。例如，在对"散乱污"企业的整治中，环境友好型企业得到更多发展空间，经济效益不断提高。可以说，中央生态环境保护督察解决了环保法律施行过软的问题，促使环境保护真正进入"五位一体"大格局。此外，中央生态环境保护督察要求各地把握生态环境保护的工作节奏，严禁"一律关停""先停再说"等"一刀切"的做法。这些措施也有利于经济社会发展和环境保护的长远协调共进。

从督察事项来看，中央生态环境保护督察从侧重环境污染防治向生态保护和环境污染防治并重转变。2016～2017 年，中央环境保护督察组通报的事项主要是环境污染，如水环境质量和空气质量、污水处理设施配套管网建设、工业园区环境污染、区域性行业性环境污染、规模化畜禽养殖场污染、城镇垃圾处理、饮用水水源地保护等问题。2018 年 8 月后，生态保护的内容在督察反馈意见中的比例增大，生态破坏问题得到更多关注。

从督察模式来看，中央生态环境保护督察从全面的督察向全面督察与重点督察相结合转变。2016～2017 年开展的第一轮中央环境保护督察，目的之一是通过社会举报、现场检查、空中遥感、地面监测等手段，发现、暴露历史积累和现实存在的环境污染和生态破坏问题，督察组反馈的内容是全方位和多层次的。到了中央生态环境保护督察"回头看"阶段，督察的针对性有所加强，针对已发现问题的"点穴"式和"紧盯"式督察更多。紧盯关键问题，能够促进地方补齐基础设施建设的短板，推进产业结构的调整。2019～2022 年上半年开展的第二轮中央生态环境保护督察工作，围绕中央和各省市制定的污染防治攻坚战行动计划和方案，采取针对性的督察，同时对重点国有企业开展生态环境保护督察，以点带面，提升所有企业在新时代的生态环保守法水平。

从督察方式来看，中央生态环境保护督察从监督式追责向监督式追责和辅导性辅助并举转变。中央环境保护督察自启动以来，发现了一大批生态环境问题，追责了一批领导干部，推动地方提高了生态环境保护的意识和责任感。但一些地方在督察后提出：一些生态环境问题的产生原因是地方能力建设滞后，科技和管理能力不足，地方发现不了问题，即使发现也难以解决。针对这一现象，从 2017

年 10 月起，环境保护部派出队伍下沉到京津冀大气污染传输通道的"2+26"城市，帮助当地制定大气污染控制的"一市一策"，受到地方的欢迎。

从督察重点来看，中央生态环境保护督察从着重纠正环保违法向纠正违法和提升守法能力相结合转变。地方出现的一些生态环境问题，表面看是企业的违法问题，但从深层次看则是地方政府的环境保护基础设施建设滞后的问题。2016 年开始实施的中央环境保护督察，既指出各地的环保违法违规现象，也对各地污水处理设施建设的情况展开通报。区域污水处理设施的建设属于提升守法能力的治本事项，可见，反馈意见不仅关注治标，还考虑治本。在第一轮督察后，各地的污水处理设施建设进展普遍提速。到了生态环境保护督察"回头看"阶段，督察意见涉及的空间开发格局优化、产业结构调整、淘汰落后产能、产业区域布局、垃圾收运和处理、淘汰"散乱污"企业等治本事项的比重有所增加，体现了治标与治本并重。

从追责对象来看，中央生态环境保护督察从主要追责基层官员向问责包括地方党政主要领导在内的各层级官员转变。地方出现的一些生态环境问题，表面看是基层的执法问题，实质是地方党委和政府的重视程度问题。2016 年 1 月在河北试水的中央环境保护督察，问责的对象还主要是处级以下官员，随着中央对多位省部级党委原负责人的处理，被问责的干部级别整体提高。实践证明，问责地方党政主要领导和部门主要领导，对于倒逼地方各级党委和政府层层传导环保压力，调整产业结构，淘汰落后的工艺和设备，解决"散乱污"问题，促进绿色发展，作用巨大。

从督察规范化来看，中央生态环境保护督察从专门的生态环境保护工作督察向全面的生态环境保护法治督察转变。首先，与督察工作相关的法治建设得到加强。中央环境保护督察起步时主要的依据是《环境保护督察方案（试行）》和《党政领导干部生态环境损害责任追究办法（试行）》。随后，中央结合实际中遇到的问题修改了《中国共产党巡视工作条例》，使发现和处理生态环境违纪违规问题的党内法规依据更加配套。在督察中，为了精准问责，防止追责扩大化，相当多的地方党委和政府联合出台了生态环境保护的"党政同责""一岗双责"权力清单文件。可见，以前由政府主要承担生态环境保护责任，以及政府部门中主要由环境保护部门承担生态环境保护责任的局面得到明显转变。

从督察体制来看，中央生态环境保护督察正在得到其他机构的巡视和督察工作的协同支持，督察的权威性得到进一步增强。2018 年，全国人大常委会开展了大气污染防治法执法检查；2018 年 6 月，自然资源部对几起侵占农地、破坏林地、填海造地、侵占湿地等案件做出自然资源督察通报；2018 年 8 月，自然资源部设立国家自然资源督察办公室……这些督察和巡视对于配合中央生态环境保护督察的实施起到重要的促进和保障作用。

中央生态环境保护督察制度作为社会主义生态环境法治制度的重要内容，其有效实施有利于 2020 年污染防治攻坚战目标的实现，并为 2035 年基本实现美丽中国的目标奠定坚实的基础。

4.4.2 最严格水资源管理制度

2011 年中央 1 号文件和中央水利工作会议明确要求实行的水资源制度，确立水资源开发利用控制、用水效率控制和水功能区限制纳污"三条红线"，对于今后解决我国复杂的水资源水环境问题，实现社会经济的可持续发展具有深远意义和重要影响。2012 年 1 月国务院发布《关于实行最严格水资源管理制度的意见》（以下简称《意见》）。《意见》共分 5 章 20 条，明确提出了实行最严格水资源管理制度的指导思想、基本原则、目标任务、管理措施和保障措施。主要内容就是确定"三条红线"，实施"四项制度"。

"三条红线"：一是确立水资源开发利用控制红线，到 2030 年全国用水总量控制在 7000 亿 m^3 以内。二是确立用水效率控制红线，到 2030 年用水效率达到或接近世界先进水平，万元工业增加值用水量降低到 40 m^3 以下，农田灌溉水有效利用系数提高到 0.6 以上。三是确立水功能区限制纳污红线，到 2030 年主要污染物入河湖总量控制在水功能区纳污能力范围之内，水功能区水质达标率提高到 95% 以上。为实现上述红线目标，进一步明确了 2015 年和 2020 年水资源管理的阶段性目标。

"四项制度"：一是用水总量控制。加强水资源开发利用控制红线管理，严格实行用水总量控制，包括严格规划管理和水资源论证，严格控制流域和区域取用水总量，严格实施取水许可，严格水资源有偿使用，严格地下水管理和保护，强化水资源统一调度。二是用水效率控制制度。加强用水效率控制红线管理，全面推进节水型社会建设，包括全面加强节约用水管理，把节约用水贯穿于经济社会发展和群众生活生产全过程，强化用水定额管理，加快推进节水技术改造。三是水功能区限制纳污制度。加强水功能区限制纳污红线管理，严格控制入河湖排污总量，包括严格水功能区监督管理，加强饮用水水源地保护，推进水生态系统保护与修复。四是水资源管理责任和考核制度。将水资源开发利用、节约和保护的主要指标纳入地方经济社会发展综合评价体系，县级以上人民政府主要负责人对本行政区域水资源管理和保护工作负总责。

4.4.3 资源环境审计制度

资源环境审计，是审计机关对政府和企事业单位有关自然资源开发利用管理和生态环境保护情况（包括但不限于财政、财务收支活动）实施的审计监督。开展资源环境审计，有利于促进政府及相关主管部门和企事业单位牢固树立绿色发展理念，切实履行资源环境监管职责，有利于促进资源环境政策法规制度的建立、健全、完善和有效执行，有利于促进资源环境相关资金征收、管理、分配、使用以及相关项目建设运行的规范有效（郭鹏飞，2018）。

1. 资源环境审计对象与内容

资源环境审计的对象主要是各级政府中承担自然资源管理和生态环境保护的自然资源（含林草）、生态环境、水利、住房和城乡建设、海洋、农业农村等行政主管部门和财政、发展改革等部门，以及使用资源环境相关财政资金，从事资源勘查、开发、利用、保护或会对生态环境产生直接影响的企事业单位。

资源环境专项审计的主要内容是：①生态文明领域重大决策部署、资源开发利用和生态环境保护重大事项审批以及规划（计划）的落实情况；②土地、水、森林、草原、矿产、海洋等自然资源资产的管理开发利用情况；③大气、水、土壤等环境保护和环境改善情况；④森林、草原、荒漠、河流、湖泊、湿地、海洋等生态系统的保护和修复情况；⑤各地区、相关部门遵守自然资源资产管理和生态环境保护法律法规情况、完成自然资源资产管理和生态环境保护目标情况、履行自然资源资产管理和生态环境保护监督责任情况；⑥自然资源资产和生态环境保护相关资金征管用和项目建设运行情况；⑦其他与自然资源资产管理和生态环境保护相关的事项。

2. 资源环境审计的主要方法

一般将传统审计方法归纳为七大类：检查、监盘、观察、查询、函证、计算和分析性复核。随着审计技术的发展，一些新方法得到使用，新审计准则对审计方法进行了新的归纳，列举了八大类方法：检查记录或文件、检查有形资产、观察、询问、函证、重新执行、重新计算、分析程序。

（1）检查记录或文件。这是最传统的审计方法，不管是对资源开发利用、环境治理保护资金的筹集、管理、使用，特别是资金的流向审计，以及资源环境保护法规、制度的建立、健全性审计，还是有关资源环境开发、保护的决策情况审计，必须采用这种方法对有关账册、法规、文件、记录进行查阅。

（2）检查有形资产。不仅要检查实物资产的数量，更要检查其存在状态。资源环境审计中，检查有形资产主要是检查用于开发、保护资源环境的各种设施、设备数量是否满足要求、运转是否良好。

（3）观察。现场观察资源环境状况是否良好，采取的有关措施、手段是否产生了效果，以及被审计单位从事资源环境工作的人员的业务活动或执行的程序是否符合相关规定。

（4）询问、函证。主要采取调查问卷和座谈询问的方式。比如对环境保护情况的调查，向长期生活在该区域内的有关人员进行问卷或座谈了解，结果可能更真实、真切。

（5）重新执行、重新计算。将有关资源环境保护的方法、措施，由审计人员（专业人员）再执行，对结果进行再检验。比如在对水环境质量进行审计时，不能只依赖环保部门提供的数据，应由审计人员现场取样后，由第三方重新执行检测程序，以查证水体质量。

（6）分析程序。信息技术已在资源环境领域普遍使用，有关部门的业务数据库都能提供资金结算、能源消费、环保统计、在线监测等数据，审计人员可以研究各种数据之间，特别是财务数据与非财务数据之间的内在关系，进而对资源环境开发和保护情况做出评价。这一方法还包括调查识别出的，与其他相关信息不一致或与预期数据严重偏离的波动和关系。

4.4.4　排污许可证制度

排污许可证制度，是指有关排污许可证发放范围、许可内容、排污量核定、发证后的监督管理等规定的总称。制度的核心是将排污者应当遵守的有关国家环境保护法律、法规、政策、标准、总量控制目标和环境保护技术规范等方面的要求具体化，有针对性地、具体地、集中地规定在每个排污者的许可证上，约束排污者的行为，要求其必须持证排污、按证排污。

以 20 世纪 80 年代国家环境保护局发布的《关于以总量控制为核心的〈水污染物排放许可证管理暂行办法〉和开展排放许可证试点工作的通知》为起点，我国排污许可制度实施至今已有几十年的时间。一直以来，排污许可作为我国环境管理法律制度的重要部分，在总量控制制度下发挥其作用。但在具体实施中，排污许可证存在发证率低、覆盖面窄等问题，且普遍成为"一锤子买卖"，不能发挥其应有的作用。党的十八大后，完善排污许可制度提上日程，党中央先后在《中共中央关于全面深化改革若干重大问题的决定》《生态文明体制改革总体方案》中对排污许可制度环境管理制度核心地位的回归和改革方案提出具体要求及目标。2016 年 11 月 10 日，国务院办公厅印发了《控制污染物排放许可制实施方案》，这是在总结各地排污许可实施的经验与问题的基础上，为了进一步推动环境治理基础制度改革、改善环境质量而提出的改革方案。2016 年 12 月，环保部发布了《排污许可证管理暂行规定》。由于《排污许可证管理暂行规定》的法律效力较弱，2018 年 1 月 10 日，环保部公布部门规章《排污许可管理办法（试行）》。《排污许可管理办法（试行）》是对《排污许可证管理暂行规定》的延续、深化和完善，明确了排污者的责任，强调守法激励、违法惩戒，针对排污者规定了企业承诺、自行监测、台账记录、执行报告、信息公开五项制度。《排污许可管理办法（试行）》的出台与实施，将排污许可制度确立为一项将环境质量改善、总量控制、环境影响评价、污染物排放标准、污染源监测、环境风险防范等环境管理要求落实到具体点源的综合管理制度。

4.4.5 河长制与湖长制

1. 河长制

江河湖泊具有重要的资源功能、生态功能和经济功能。近年来，各地积极采取措施，加强河湖治理、管理和保护，在防洪、供水、发电、航运、养殖等方面取得了显著的综合效益。但是随着经济社会快速发展，我国河湖管理保护出现了一些新问题，例如，一些地区入河湖污染物排放量居高不下，一些地方侵占河道、围垦湖泊、非法采砂现象时有发生。党中央、国务院高度重视水安全和河湖管理保护工作。习近平总书记强调，保护江河湖泊，事关人民群众福祉，事关中华民族长远发展。党的十八大以来，中央提出了一系列生态文明建设特别是制度建设的新理念、新思路、新举措。一些地区先行先试，在推行"河长制"方面进行了有益探索，形成了许多可复制、可推广的成功经验。2016 年 12 月 11 日，经中央全面深化改革领导小组第 28 次会议审议通过，中共中央办公厅、国务院办公厅印发了《关于全面推行河长制的意见》（以下简称《意见》）。

《意见》包括总体要求、主要任务和保障措施 3 个部分，共 14 条。主要内容包括：

（1）组织形式。《意见》提出全面建立省、市、县、乡四级河长体系。各省（自治区、直辖市）设立总河长，由党委或政府主要负责同志担任；各省（自治区、直辖市）行政区域内主要河湖设立河长，由省级负责同志担任；各河湖所在市、县、乡均分级分段设立河长，由同级负责同志担任。县级及以上河长设置相应的河长制办公室。

（2）工作职责。各级河长负责组织领导相应河湖的管理和保护工作，包括水资源保护、水域岸线管理、水污染防治、水环境治理等，牵头组织对侵占河道、围垦湖泊、超标排污、非法采砂等突出问题进行清理整治，协调解决重大问题，对相关部门和下一级河长履职情况进行督导，对目标任务完成情况进行考核。各有关部门和单位按职责分工，协同推进各项工作。

（3）主要任务，包括 6 个方面：一是加强水资源保护，全面落实最严格水资源管理制度，严守"三条红线"；二是加强河湖水域岸线管理保护，严格水域岸线等水生态空间管控，严禁以各种名义侵占河道、围垦湖泊等；三是加强水污染防治，统筹水上、岸上污染治理，排查入河湖污染源，优化入河排污口布局；四是加强水环境治理，切实保障饮用水水源安全，加大黑臭水体治理力度，实现河湖环境整洁优美、水清岸绿；五是加强水生态修复，推进河湖生态修复和保护，强化山水林田湖系统治理；六是加强执法监管，严厉打击涉河湖违法行为。

（4）强化考核问责。《意见》提出，县级及以上河长负责组织对相应河湖下一级河长进行考核，考核结果作为地方党政领导干部综合考核评价的重要依据。实行生态环境损害责任终身追究制，对造成生态环境损害的，严格按照有关规定追究责任。

"河长制"是一种非常重要的决策创新、机制创新。通过"河长制"的推动，把党委政府的主体责任落到实处，而且把党委政府领导成员的责任也具体地落到实处了。通过这种责任的落实，领导成员都有各自的分工，各地会自觉地把环境保护、治水任务和各自分工有机结合起来，形成一个大的工作格局，把我国政治制度的优势在治水方面充分体现出来，就有利于攻坚克难。

"河长制"将推动水利和环保工作更好合作。"河长制"的实施没有改变原来部门之间的职责分工，原来是水利部门管的还是水利部门管，环保部门管的还是环保部门管，关键是搭建一个合作与协作的平台，在党委政府的统筹和统一领导下搭建这样一个平台。水利和环保部门不断推动水量、水质的信息共享，每年水利部门的水文站监测的水质数据，都向同级环保部门提供，能够做到信息共享，作为水污染防治的一个重要依据。

2. 湖长制

湖泊是江河水系的重要组成部分，是蓄洪储水的重要空间。与河流相比，湖泊自然属性复杂，管理保护难度更大。一是河湖关系复杂，湖泊管理保护需要与入湖河流通盘考虑；二是湖泊水体连通，准确界定沿湖行政区域管理保护责任较为困难；三是湖泊水域岸线及周边普遍存在种植养殖、旅游开发等活动，管理保护不当极易导致无序开发；四是湖泊水体流动相对缓慢，营养物质及污染物易富集，遭受污染后治理修复难度大；五是湖泊生态功能明显，被破坏后对生态影响较大。长期以来，一些地方围垦湖泊、侵占水域、超标排污、违法养殖、非法采砂等现象时有发生，造成湖泊面积萎缩、水域空间减少、水质恶化、生物栖息地破坏等问题。全面推行河长制以来，一些地区在湖泊设立了湖长，明确责任分工，强化统筹协调，注重系统治理，一些湖泊生态环境有所改善。考虑到湖泊管理保护的特殊性，在深入调研、总结地方经验基础上，2017年，中共中央办公厅、国务院办公厅发印了《关于在湖泊实施湖长制的指导意见》（以下简称《指导意见》）。

《指导意见》包括在湖泊实施湖长制的重要意义及特殊性、建立健全湖长体系、明确界定湖长职责、全面落实主要任务和切实强化保障措施5个部分。主要内容如下：

（1）关于湖长的设立。全面建立省、市、县、乡四级湖长体系。各省（自治区、直辖市）行政区域内主要湖泊，跨省级行政区域且在本辖区地位和作用重要的湖泊，由省级负责同志担任湖长；跨市地级行政区域的湖泊，原则上由省级负责同志担任湖长；跨县级行政区域的湖泊，原则上由市地级负责同志担任湖长。同时，湖泊所在的市、县、乡要按照行政区域分级分区设立湖长，实行网格化管理。

（2）关于湖长的职责。湖泊最高层级的湖长是第一责任人，对湖泊的管理保护负总责，要统筹协调湖泊与入湖河流的管理保护工作，确定湖泊管理保护目标任务，组织制定"一湖一策"方案，明确各级湖长职责，协调解决湖泊管理保护中的重大问题，依法组织整治围垦湖泊、侵占水域、超标排污、违法养殖、非法采砂等突出问题。其他各级湖长对湖泊在本辖区内的管理保护负直接责任，按职责分工组织实施湖泊管理保护工作。

（3）关于"湖长制"的主要任务。一是严格湖泊水域空间管控，严格控制开发利用行为；二是强化湖泊岸线管理保护，实行湖泊岸线分区管理，强化岸线用途管制和节约集约利用；三是加强湖泊水资源保护和水污染防治，落实最严格水资源管理制度和排污许可证制度，严格控制入湖污染物总量；四是加大湖泊水环境综合整治力度；五是开展湖泊生态治理与修复；六是健全湖泊执法监管机制。

（4）关于"湖长制"的监督考核。县级及以上湖长负责组织对相应湖泊下一级湖长进行考核，考核结果作为地方党政领导干部综合考核评价的重要依据。实行湖泊生态环境损害责任终身追究制。

4.4.6　国家公园体制

国家公园是指由国家批准设立并主导管理，边界清晰，以保护具有国家代表性的大面积自然生态系统为主要目的，实现自然资源科学保护和合理利用的特定陆地或海洋区域。"国家公园"的概念源自美国，名词译自英文的" National Park"，由美国艺术家乔治·卡特林（George Catlin）首先提出。它既不同于严格的自然保护区，也不同于一般的旅游景区。最早的国家公园是美国在 1872 年成立的美国黄石国家公园（杨锐，2003）。截至 2017 年，世界上已经有 100 多个国家建立了国家公园。

建立国家公园体制是党的十八届三中全会提出的重点改革任务之一，是我国生态文明制度建设的重要内容，对于推进自然资源科学保护和合理利用，促进人与自然和谐共生，推进美丽中国建设，具有极其重要的意义。2017 年，中共中央办公厅、国务院办公厅印发了《建立国家公园体制总体方案》（以下简称《方案》）。

《方案》明确，国家公园是我国自然保护地最重要类型之一，属于全国主体功能区规划中的禁止开发区域，纳入全国生态保护红线区域管控范围，实行最严格的保护。国家公园的首要功能是重要自然生态系统的原真性、完整性保护，同时兼具科研、教育、游憩等综合功能。同时，提出工作目标是建成统一规范高效的中国特色国家公园体制，交叉重叠、多头管理的碎片化问题得到有效解决，国家重要自然生态系统原真性、完整性得到有效保护，形成自然生态系统保护的新体制新模式，促进生态环境治理体系和治理能力现代化，保障国家生态安全，实现人与自然和谐共生。到 2020 年，建立国家公园体制试点基本完成，整合设立一批国家公园，分级统一的管理体制基本建立，国家公园总体布局初步形成。到 2030 年，国家公园体制更加健全，分级统一的管理体制更加完善，保护管理效能明显提高。

在健全严格保护管理制度方面，《方案》提出，加强自然生态系统原真性、完整性保护，做好自然资源本底情况调查和生态系统监测，统筹制定各类资源的保护管理目标，着力维持生态服务功能，提高生态产品供给能力。生态系统修复坚持以自然恢复为主，生物措施和其他措施相结合。严格规划建设管控，除不损害生态系统的原住民生产生活设施改造和自然观光、科研、教育、旅游外，禁止其他开发建设活动。国家公园区域内不符合保护和规划要求的各类设施、工矿企业等逐步搬离，建立已设矿业权逐步退出机制。

在建立资金保障制度方面，《方案》提出，一是建立财政投入为主的多元化资金保障机制。立足国家公园的公益属性，确定中央与地方事权划分，保障国家公园的保护、运行和管理。中央政府直接行使全民所有自然资源资产所有权的国家公园支出由中央政府出资保障。委托省级政府代理行使全民所有自然资源资产所有权的国家公园支出由中央和省级政府根据事权划分分别出资保障。加大政府投入力度，推动国家公园回归公益属性。在确保国家公园生态保护和公益属性的前提下，探索多渠道多元化的投融资模式。二是构建高效的资金使用管理机制。国家公园实行收支两条线管理，各项收入上缴财政，各项支出由财政统筹安排，并负责统一接受企业、非政府组织、个人等社会捐赠资金，进行有效管理。建立财务公开制度，确保国家公园各类资金使用公开透明。

在健全生态保护补偿制度方面，《方案》提出，建立健全森林、草原、湿地、荒漠、海洋、水流、耕地等领域生态保护补偿机制，加大重点生态功能区转移支付力度，健全国家公园生态保护补偿政策。鼓励受益地区与国家公园所在地区通过资金补偿等方式建立横向补偿关系。加强生态保护补偿效益评估，完善生态保护成效与资金分配挂钩的激励约束机制，加强对生态保护补偿资金使用的监督管理。鼓励设立生态管护公益岗位，吸收当地居民参与国家公园保护管理和自然环境教育等。

4.5　区划与红线

4.5.1　主体功能区划

2010 年 12 月，国务院印发《全国主体功能区规划》。全国主体功能区规划，就是根据不同区域的资源环境承载能力、现有开发密度和发展潜力，统筹谋划未来人口分布、经济布局、国土利用和城镇化格局，将国土空间划分为优化开发、重点开发、限制开发和禁止开发四类，确定主体功能定位，明确开发方向，控制开发强度，规范开发秩序，完善开发政策，逐步形成人口、经济、资源环境相协调的空间开发格局。

1. 江苏省的主体功能区划

江苏省气候宜人、平原广阔、土地肥沃、物产丰富，千百年来承载着鱼米之乡的盛誉，是无数人为之向往的梦里水乡。江苏省优化开发区域为长三角（北翼）核心区，该区域也是国家层面的优化开发区域，包括南京、无锡、常州、苏州、镇江的大部分地区及南通、扬州、泰州的城区。

江苏省重点开发区域主要包括沿东陇海线的徐州、连云港市区和沿海地区、苏中沿江地区以及淮安、宿迁的部分地区，也包括点状分布在限制开发区域内的县城镇和部分重点中心镇。其中东陇海地区是国家层面的重点开发区域，其他区域为省级层面的重点开发区域。

限制开发区域指除优化开发区域和重点开发区域以外的地区，其中的国家产粮大县为国家层面农产品主产区，其他均为省级农产品主产区。

禁止开发区域指国家级和省级自然保护区、国家级和省级风景名胜区、国家级和省级森林公园、国家地质公园、饮用水源区和保护区、重要渔业水域、清水通道维护区。其中，国家级自然保护区、国家级风景名胜区、国家森林公园、国家地质公园等为国家级禁止开发区域，其他区域为省级禁止开发区域。

2. 浙江省的主体功能区划

浙江省地处我国东南沿海、长江三角洲南翼，东临东海，南接福建，西与江西、安徽相连，北与江苏接壤，东北与上海为邻，地理位置优越，地形地貌复杂，季风气候显著。2013 年，浙江省政府印发《浙江省主体功能区规划》（以下简称《规划》）。根据浙江的省情特点，在国土开发综合评价的基础上，采用国土空间综合指数法、主导因素法和分层划区法等，原则上以县为基本单元，划分优化开发、重点开发、限制开发和禁止开发四类区域，并将限制开发区域细分为农产品主产区、重点生态功能区和生态经济地区，形成全省主体功能区布局。

优化开发区域。主要分布在长三角南翼环杭州湾地区，面积为 16 317 km²，占全省陆域国土面积的 16.0%。

重点开发区域。主要分布在沿海平原地区、舟山群岛新区和内陆丘陵盆地地区，面积 17 271 km²，占全省陆域国土面积的 17.0%。

限制开发区域。限制开发区域分为农产品主产区、重点生态功能区和生态经济地区，面积为 68 212 km²，占全省陆域国土面积的 67.0%。其中，农产品主产区面积为 5429 km²，占全省陆域国土面积的 5.3%；重点生态功能区面积为 21 109 km²，占全省陆域国土面积的 20.7%；生态经济地区面积为 41 674 km²，占全省陆域国土面积的 41.0%。

禁止开发区域。禁止开发区域包括世界遗产、世界地质公园、国家级和省级自然保护区、风景名胜区、森林公园和地质公园等保护区域，以及省级以上文物保护区、重要湿地、湿地公园、饮用水水源保护区和海洋保护区等，区域总面积 9724 km²，分布于优化开发区域、重点开发区域和限制开发区域内。

3. 上海市的主体功能区划

上海市地处长江三角洲前缘，东濒东海，南临杭州湾，西接江苏、浙江两省，北接长江入海口，正处我国南北海岸线的中部，交通便利，腹地广阔，位置优越，具有良好的区位条件。根据《全国主体功能区规划》，结合上海实际，将市域国土空间划分为四类功能区域，以及呈片状或点状形式分布于全市域的限制开发区域和禁止开发区域。

都市功能优化区，包括黄浦区、徐汇区、长宁区、静安区、普陀区、虹口区、杨浦区等中心城区及宝山区、闵行区。该区域集中体现了现代化国际大都市的繁荣繁华，历史底蕴深厚，服务经济比较发达，但人口密度较大，资源环境约束突出，中心城区苏州河以北地区发展比较滞后，城乡接合部地区发展基础比较薄弱，需要加强区域内的统筹协调，优化提升综合服务功能，增强高端要素的集聚和辐射能力，严格控制人口规模，进一步改善城区环境和生活品质。

都市发展新区，即浦东新区。该区域随着浦东开发开放，经济社会快速发展，城市功能不断提升，在上海"四个中心"和社会主义现代化国际大都市建设中的地位和作用日益突出。原南汇区划入后，该区域获得了新的发展空间，但发展不平衡问题比较明显，需要优化人口结构和布局，大力推动新一轮区域功能开发，统筹城乡一体化发展，着力提高全球资源配置能力，深入推进改革开放，引领全市转型发展。

新型城市化地区，包括嘉定区、金山区、松江区、青浦区和奉贤区。该区域经济发展有一定基础，城镇建设成效显现，未来发展潜力较大，但常住人口总量增长较快与新城功能相对滞后的矛盾日益突出，公共服务和资源环境压力较大，产业面临转型升级，产城融合有待深化，需要赋予各区更大的发展自主权，引导人口向新城和重点小城镇集中，着力推进以集约高效、功能完善、环境友好、社会和谐、城乡一体为特点的新型城市化。

综合生态发展区，即崇明区。该区域生态环境品质较高，对提升现代化国际大都市功能具有重要作用，但常住人口已有一定规模，经济社会发展水平相对滞后，其中长兴岛又是落实国家海洋战略的重要载体之一，都需要一定发展空间。崇明长江隧桥和崇启大桥通车后，该区域迎来了发展的新机遇，同时也面临生态环境保护的新考验，需要按照建设国家可持续发展实验区和现代化综合生态岛的要求，加强生态建设和环境保护，引导人口合理分布，促进崇明三岛联动，切实增强可持续发展能力。

限制开发区域，是指具有较强生态保育价值和农业生产价值的区域，需要限制大规模、高强度的工业化、城镇化开发。

禁止开发区域，是指依法设立的各级各类自然资源保护区域及其他需要特殊保护的区域。这些区域对维护城市生态安全至关重要，禁止工业化、城镇化开发。

4.5.2　生态保护红线

生态保护红线是指在生态空间范围内具有特殊重要生态功能、必须强制性严格保护的区域，是保障和维护国家生态安全的底线和生命线。生态保护红线通常包括具有重要水源涵养、生物多样性维护、水土保持、防风固沙、海岸生态稳定等功能的生态功能重要区域，以及水土流失、土地沙化、石漠化、盐渍化等生态环境敏感脆弱区域。

生态保护红线的划定是在主体功能区规划指导下实施生态空间保护和管控的细化，是贯彻节约优先、保护优先、自然恢复为主方针的具体化，可以妥善处理保护与发展的关系，从根本上预防和控制各种不合理的开发建设活动对生态功能的破坏，从源头上扭转生态环境恶化的趋势，为人居环境安全提供有力的生态保障，为协调区域国土空间开发格局优化、人口分布、经济布局与资源环境承载能力相适应，以及经济社会可持续发展提供必要的生态支撑。"生态保护红线"是继"18亿亩耕地红线"后，又一条被提到国家层面的"生命线"。

1. 江苏省的生态保护红线

江苏省国家级生态保护红线总面积 18 150.34 km^2，占全省陆海统筹国土总面积的 13.14%。其中陆域生态保护红线区域面积 8474.27 km^2，占全省陆域国土面积的 8.21%；海洋生态保护红线区域面积 9676.07 km^2，占全省管辖海域面积的 27.83%。

江苏省陆域生态保护红线包括自然保护区、森林公园的生态保育区和核心景观区、风景名胜区的一级保护区（核心景区）、地质公园的地质遗迹保护区、湿地公园的湿地保育区和恢复重建区、饮用水水源地保护区、水产种质资源保护区的核心区、重要湖泊湿地的核心保护区域 8 种生态保护红线类型；江苏省海域生态保护红线包括自然保护区、海洋特别保护区、重要河口生态系统、重要滨海湿地、重要渔业海域、特殊保护海岛、重要滨海旅游区、重要砂质岸线及邻近海域 8 种生态保护红线类型。

2. 浙江省的生态保护红线

浙江省生态保护红线（2018 年）总面积 3.89 万 km^2，占全省面积和管辖海域的 26.25%。其中，陆域生态保护红线面积 2.48 万 km^2，占全省陆域国土面积的 23.82%；海洋生态保护红线面积 1.41 万 km^2，占全省管辖海域面积的 31.72%。

浙江省生态保护红线基本格局呈"三区一带多点"。"三区"为浙西南山地丘陵生物多样性维护与水源涵养区、浙西北丘陵山地水源涵养和生物多样性维护区、浙中东丘陵水土保持和水源涵养区，主要生态功能为生物多样性维护、水源涵养和水土保持。"一带"为浙东近海生物多样性维护与海岸生态稳定带，主要生态功能为生物多样性维护。"多点"为部分省级以上禁止开发区域及其他保护地，具有水源涵养和生物多样性维护等功能。

浙江省陆域生态保护红线包括水源涵养、生物多样性维护、水土保持和其他生态功能重要区生态保护红线 4 种类型、5 个分区；浙江省海洋生态保护红线包括海洋生态保护红线区和海洋生态保护红线岸线两部分。

3. 上海市的生态保护红线

上海市生态保护红线总面积 2082.69 km^2，其中陆域面积 89.11 km^2，长江河口及海域面积 1993.58 km^2。

上海市生态保护红线呈现"一片多点"的空间格局。"一片"为沿江沿海呈片状集中分布的自然保护区、重要湿地与饮用水源保护区；"多点"为陆域呈点状分布的森林公园、生物栖息地等区域。

上海市生态保护红线包含生物多样性维护红线、水源涵养红线、特别保护海岛红线、重要滨海湿地红线、重要渔业资源红线和自然岸线 6 种类型。

4.5.3　水功能区划

水功能区划是从合理开发和有效保护水资源的角度出发，依据经济发展规划和有关水资源综合利用规划，结合区域水资源开发利用现状和经济社会需求，协调水资源开发利用和保护、整体和局部的关系，以流域为单元，科学合理地在相应水域划定具有特定功能并执行相应质量标准的特定区域。水功能区划是全面贯彻水法，实践新时期治水思路，实现水资源合理开发、有效保护、综合治理和科学管理的一项重要基础性工作，对实现太湖流域水资源可持续利用和加强水资源保护具有重大意义。

按照《水功能区划技术导则》，一级功能区分 4 类，包括保护区、保留区、开发利用区、缓冲区；二级功能区分重点在一级划分的开发利用区内进行，分 7 类，包括饮用水源区、工业用水区、农业用水区、渔业用水区、景观娱乐用水区、过渡区、排污控制区。太湖流域大部分地区属平原河网，下游为感潮河网，河湖之间相互连通、上下游水体往复流动，水质互为影响，因此在太湖流域未划排污控制区。

太湖流域水功能区划主要涉及河流 193 条、湖泊 10 个、水库 7 座，其中河道长 4382.3 km、湖泊面积 2777.3 km^2、水库库容 10.57 亿 m^3，共划分 380 个水功能区。划定水功能区范围和类型时，对上游源水、流域性引供水河道、城镇集中式饮用水水源地和具有特殊保护要求的水域优先保护。

太湖流域划分保护区 14 个，主要分布在湖西及湖区。主要包括：南溪安吉龙王山自然保护区；宜溧低山丘陵的大溪水库、沙河水库、横山水库和浙西区的赋石水库、里畈水库、对河口水库及其上游河流；太湖的贡湖、竺山湖、湖体等大型集中式饮用水水源地，以及上海市的黄浦江水源地保护区和拦路港—斜塘—泖河水源地；流域重要引供水通道望虞河、太浦河。

太湖流域划分保留区 6 个，全部分布在西部山丘区。主要包括：湖西宜溧低山丘陵区的胥河高淳、溧阳保留区以及屋溪河宜兴保留区；浙西北山地丘陵区的西苕溪安吉保留区、合溪长兴保留区以及泗安塘长兴保留区。这些保留区现状开发利用程度不高，受经济社会活动影响较小，现状水质较好，是流域水资源的重要补给地，其水资源质量对于保护太湖乃至整个流域的水资源具有重要作用。

太湖流域划分缓冲区 76 个，其中划分上下游地区间用水矛盾较为突出的省际边界缓冲区 44 个，缓解太湖、黄浦江、望虞河、太浦河等水域上、下游功能差异的功能性缓冲区 32 个。缓冲区主要集中在杭嘉湖区和阳澄淀泖区。

太湖流域划分开发利用区二级区划 284 个，开发利用区涵盖流域内所有重要的、较大的水体，包括太湖梅梁湖湾、五里湖、胥湖湾，出入太湖河道、望虞河相关河道、太浦河相关河道、黄浦江中下游及其相关河道、京杭运河及其相关河道、苕溪水系、湖西水系和沿长江、沿杭州湾相关河道等。湖西宜溧低山丘陵区和浙西北山地丘陵区的大部分中下游河流也划为开发利用区。

开发利用区中，饮用水源区主要集中在浙西区、杭嘉湖区；工业用水区除浙西区、浦东区、浦西区分布较少以外，其他各区均划分较多；农业用水区主要分布在杭嘉湖区、浙西区；渔业用水区主要分布在湖西区；景观娱乐用水区主要分布在浦西区和浦东区；过渡区主要分布在杭嘉湖区。

流域未划定的其他江河湖泊的水功能区，由两省一市人民政府水行政主管部门会同同级环境保护主管部门和有关部门制订，经征求流域管理机构意见后，报本级人民政府批准，并向社会公告。

4.5.4　生态功能区划

生态功能区划是根据区域生态系统格局、生态环境敏感性与生态系统服务功能空间分异规律，将区域划分成不同生态功能的地区。全国生态功能区划是以全国生态调查评估为基础，综合分析确定不同地域单元的主导生态功能，制定全国生态功能分区方案。全国生态功能区划是实施区域生态分区管理、构建国家和区域生态安全格局的基础，为全国生态保护与建设规划、维护区域生态安全、促进社会经济可持续发展与生态文明建设提供科学依据。

2008 年，环境保护部和中国科学院发布《全国生态功能区划》，2014 年，由中国科学院生态环境研究中心负责对《全国生态功能区划》进行修编，完善全国生态功能区划方案，修订重要生态功能区的布局。新修编的《全国生态功能区划》包括 3 大类[①]、9 个类型[②]和 242 个生态功能区[③]。确定 63 个重要生态功能区，覆盖我国陆地国土面积的 49.4%。新修编的区划进一步强化生态系统服务功能保护的重要性，加强了与《全国主体功能区规划》的衔接，对构建科学合理的生产空间、生活空间和生态空间，保障国家和区域生态安全具有十分重要的意义。太湖流域涉及的生态功能区划主要有长三角大都市群等。

4.6　规　划　纲　要

4.6.1　《长江经济带发展规划纲要》

《长江经济带发展规划纲要》（以下简称《纲要》）由中共中央政治局于 2016 年 3 月 25 日审议通过，纲要从规划背景、总体要求、大力保护长江生态环境、加快构建综合立体交通走廊、创新驱动产业转型升级、积极推进新型城镇化、努力构建全方位开放新格局、创新区域协调发展体制机制、保障措施等方面描绘了长

---

① 生态系统服务功能分为生态调节、产品提供与人居保障 3 大类。

② 生态功能类型：生态调节功能包括水源涵养、生物多样性保护、土壤保持、防风固沙、洪水调蓄 5 个类型；产品提供功能包括农产品和林产品提供 2 个类型；人居保障功能包括人口和经济密集的大都市群和重点城镇群 2 个类型。

③ 根据生态功能类型及其空间分布特征，以及生态系统类型的空间分布特征、地形差异、土地利用的组合，划分生态功能区。

江经济带发展的宏伟蓝图，是推动长江经济带发展重大国家战略的纲领性文件。

《纲要》提出，推动长江经济带发展的目标是：到 2020 年，生态环境明显改善，水资源得到有效保护和合理利用，河湖、湿地生态功能基本恢复，水质优良（达到或优于III类）比例达到 75%以上，森林覆盖率达到 43%，生态环境保护体制机制进一步完善；长江黄金水道瓶颈制约有效疏畅、功能显著提升，基本建成衔接高效、安全便捷、绿色低碳的综合立体交通走廊；创新驱动取得重大进展，研究与试验发展经费投入强度达到 2.5%以上，战略性新兴产业形成规模，培育形成一批世界级的企业和产业集群，参与国际竞争的能力显著增强；基本形成陆海统筹、双向开放，与"一带一路"建设深度融合的全方位对外开放格局；发展的统筹度和整体性、协调性、可持续性进一步增强，基本建立以城市群为主体形态的城镇化战略格局，城镇化率达到 60%以上，人民生活水平显著提升，现行标准下农村贫困人口实现脱贫；重点领域和关键环节改革取得重要进展，协调统一、运行高效的长江流域管理体制全面建立，统一开放的现代市场体系基本建立；经济发展质量和效益大幅提升，基本形成引领全国经济社会发展的战略支撑带。到 2030 年，水环境和水生态质量全面改善，生态系统功能显著增强，水脉畅通、功能完备的长江全流域黄金水道全面建成，创新型现代产业体系全面建立，上中下游一体化发展格局全面形成，生态环境更加美好、经济发展更具活力、人民生活更加殷实，在全国经济社会发展中发挥更加重要的示范引领和战略支撑作用。

在生态环境保护方面，《纲要》提出，长江生态环境保护是一项系统工程，涉及面广，必须打破行政区划界限和壁垒，有效利用市场机制，更好发挥政府作用，加强环境污染联防联控，推动建立地区间、上下游生态补偿机制，加快形成生态环境联防联治、流域管理统筹协调的区域协调发展新机制。一是建立负面清单管理制度。二是加强环境污染联防联控。三是建立长江生态保护补偿机制。按照"谁受益谁补偿"的原则，探索上中下游开发地区、受益地区与生态保护地区进行横向生态补偿。四是开展生态文明先行示范区建设。

4.6.2　《长江三角洲区域一体化发展规划纲要》

长三角是我国经济发展最活跃、开放程度最高、创新能力最强的区域之一，也是世界六大都市群①之一，改革开放以来，长江三角洲地区的一体化发展演绎

---

① 20 世纪 50 年代，法国地理学家简·戈特曼（Jean Gottmann）提出了"城市群"（megalopolis）的概念，认为城市群应以 2500 万人口规模和每平方千米 250 人的人口密度为下限。按照简·戈特曼的标准，世界上有六大城市群，分别是：以纽约为中心的美国东北部大西洋沿岸城市群；以芝加哥为中心的北美五大湖城市群；以东京为中心的日本太平洋沿岸城市群；以伦敦为中心的英伦城市群；以巴黎为中心的欧洲西北部城市群；以上海为中心的中国长江三角洲城市群。

着中国区域协调发展的一条现实路径。随着改革开放深化以及发展模式的转型，特别是面对新时期中国发展的主要目标和挑战，促进长江三角洲区域一体化发展，推动区域协调发展主要目标的实现，对中国各个区域板块探索协调发展路径具有重要的参考意义（张学良等，2019）。

2019 年 5 月 13 日，中共中央政治局审议通过《长江三角洲区域一体化发展规划纲要》（以下简称《规划纲要》）。会议指出，长三角是我国经济发展最活跃、开放程度最高、创新能力最强的区域之一，在全国经济中具有举足轻重的地位。长三角一体化发展具有极大的区域带动和示范作用，要紧扣"一体化"和"高质量"两个关键，带动整个长江经济带和华东地区发展，形成高质量发展的区域集群。会议强调，把长三角一体化发展上升为国家战略是党中央做出的重大决策部署。要坚持稳中求进，坚持问题导向，抓住重点和关键。要树立"一体化"意识和"一盘棋"思想，深入推进重点领域一体化建设，强化创新驱动，建设现代化经济体系，提升产业链水平。要有力有序有效推进，抓好统筹协调、细化落实，把《规划纲要》确定的各项任务分解落实，明确责任主体。上海、江苏、浙江、安徽要增强一体化意识，加强各领域互动合作，扎实推进长三角一体化发展。

《规划纲要》明确了长三角"一极三区一高地"的战略定位，长三角通过一体化发展，将成为全国经济发展强劲活跃的增长极，成为全国经济高质量发展的样板区，率先基本实现现代化的引领区和区域一体化发展的示范区，成为新时代改革开放的新高地。

4.6.3　《大运河文化保护传承利用规划纲要》

大运河由京杭大运河、隋唐大运河、浙东运河三部分构成，全长近 3200 km，开凿至今已有 2500 多年，是中国古代创造的一项伟大工程，是世界上距离最长、规模最大的运河，展现出我国劳动人民的伟大智慧和勇气，传承着中华民族的悠久历史和文明，是一部书写在华夏大地上的宏伟诗篇。但长期以来，大运河也面临着遗产保护压力巨大、传承利用质量不高、资源环境形势严峻、生态空间挤占严重、合作机制亟待加强等突出问题和困难。

1. 推进大运河文化保护传承利用的意义

一是有利于推动优秀传统文化保护传承。加强大运河所承载的丰厚优秀传统文化的保护、挖掘和阐释，将为新时代中华优秀传统文化的传承发展提供强大动力。

二是有利于促进区域创新融合协调发展。紧密结合国家重大区域协调发展战略实施，推进文化旅游和相关产业融合发展，将为新时代区域创新融合协调发展提供示范样板。

　　三是有利于深化国内外文化交流与合作。深化国际交流互鉴，将为新时代讲好中国故事，更好展现真实、立体、全面的中国提供重要平台。

　　四是有利于展示中华文明、增强文化自信。加强保护传承利用，坚定文化自信，将为新时代建设社会主义文化强国、实现中华民族伟大复兴中国梦提供重要支撑。

　　2.《大运河文化保护传承利用规划纲要》主要内容

　　《规划纲要》除前言外，共10章，主要分为3个部分。第一部分包括3章，提出了大运河文化保护传承利用的相关背景、指导思想、基本原则、功能定位和主要目标等，对大运河承载的中华优秀传统文化进行了解读和阐述，明确规划期限为2018～2035年，分为2018～2025年和2026～2035年两个阶段，并进一步展望至2050年。第二部分包括6章，从文化遗产保护传承、河道水系治理管护、生态环境保护修复、文化和旅游融合发展、城乡区域统筹协调、保护传承利用机制创新等方面提出重点任务，具体设计了文化遗产保护展示、河道水系资源条件改善、绿色生态廊道建设、文化旅游融合提升4项工程，以及精品线路和统一品牌、运河文化高地繁荣兴盛2项行动。第三部分主要是从加强党的领导、做好组织实施、完善政策措施、健全法律保障、抓好督查评估5个方面，提出了保障《规划纲要》贯彻落实的具体举措。

　　《规划纲要》的特点体现在：一是突出以文化为引领推动有关地区协调发展，把保护传承利用大运河承载的优秀传统文化作为出发点和立足点，打造璀璨文化带、绿色生态带、缤纷旅游带，推动大运河沿线区域实现绿色发展、协调发展和高质量发展。二是坚持共抓大保护、不搞大开发理念，以文化遗产、河道水系、生态环境保护为重点，提出科学规划、突出保护，古为今用、强化传承，优化布局、合理利用的基本原则，推动形成大运河文化保护传承利用新模式。三是有效衔接国家重大发展战略，紧密结合"一带一路"建设、京津冀协同发展、长江经济带发展和河北雄安新区建设等战略实施，加快发展绿色航运，充分利用丰富的文化、生态、航运资源，发挥大运河连线织网、融汇交流的重要作用。

　　3.《规划纲要》推进实施

　　为保障各项工作的推进实施，《规划纲要》明确提出要建立大运河文化保护传承利用工作协调机制，负责统一指导和统筹协调，审议重大政策、重大问题和年度工作安排，协调跨地区跨部门重大事项，督促检查重要工作落实情况。相关行业主管部门要加快制定文化遗产保护传承、河道水系治理管护、生态环境保护修复、文化和旅游融合发展4个专项规划，大运河沿线8个省（市）要抓紧制定出台本地区的实施规划。

4.7　规　划　方　案

4.7.1　生态环境保护规划

1.《"十三五"生态环境保护规划》

《"十三五"生态环境保护规划》提出了以提高环境质量为核心，实施最严格的环境保护制度，打好大气、水、土壤污染防治三大战役，加强生态保护与修复，严密防控生态环境风险，加快推进生态环境领域国家治理体系和治理能力现代化，不断提高生态环境管理系统化、科学化、法治化、精细化、信息化水平的总体方向。明确了到 2020 年，生态环境质量总体改善，生产和生活方式绿色、低碳水平上升，主要污染物排放总量大幅减少，环境风险得到有效控制，生物多样性下降势头得到基本控制，生态系统稳定性明显增强，生态安全屏障基本形成，生态环境领域国家治理体系和治理能力现代化取得重大进展，生态文明建设水平与全面建成小康社会目标相适应的具体目标。提出了强化源头防控，夯实绿色发展基础；深化质量管理，大力实施三大行动计划；实施专项治理，全面推进达标排放与污染减排；实行全程管控，有效防范和降低环境风险；加大保护力度，强化生态修复；加快制度创新，积极推进治理体系和能力现代化；实施一批国家生态环境保护重大工程，强化项目环境绩效管理等相关措施。

2. "十四五"生态环境保护规划

"十四五"是向美丽中国目标迈进的第一个五年，习近平生态文明思想为解决生态环境问题、推进生态文明建设提供了思想指引，开启了生态环境保护工作的新阶段；新一轮国家机构改革，整合生态环境职能、按流域设置生态环境监管机构，为流域水污染防治向"三水"（水资源、水生态、水环境）统筹、综合治理拓展创造了有利条件，规划从思路、范围、目标、内容和组织方式均实现较大拓展和创新。

一是规划思路上，以习近平生态文明思想为引领，坚持"人与自然和谐共生""山水林田湖草是一个生命共同体"理念，坚持生态优先、保护优先；规划实现"三水统筹"，由水污染防治规划更名为水生态环境保护规划，更加注重流域水生态环境保护的系统性。

二是规划目标上，既着眼长远，有序对接党的十九大提出的 2035 年"生态环境根本好转，美丽中国目标基本实现"，即到 21 世纪中叶把我国建设成"富强民主文明和谐美丽的社会主义现代化强国"，更加注重生态要素，建立统筹水资源、水生态、水环境的规划指标体系，强调在目标设置上有所突破，提出了"有河要有水，有水要有鱼，有鱼要有草，下河能游泳"的要求，通过努力让断流的河流逐步恢复生态流量，生态功能遭到破坏的河湖逐步恢复水生动植物，形成良好的生态系统，对群众身边的一些水体，进一步改善水环境质量，满足群众的景观、休闲、垂钓、游泳等亲水要求。

三是规划内容上，首次实现"三水统筹""水陆统筹"，覆盖饮用水源地保护、水环境治理（水污染防治）、水资源保障、水生态保护与修复、水环境风险管控、水生态环境监测、水生态环境管理等流域水生态环境保护各个方面，规划内容系统全面。

四是规划组织形式上，在地方各级政府编制本行政区规划、逐级汇总的基础上，第一次由流域机构牵头开展分流域规划编制，坚持流域统筹、区域落实，有利于推进流域整体系统保护，也更加彰显了流域水生态环境保护的针对性。

4.7.2　《太湖流域综合规划（2012～2030 年）》

《太湖流域综合规划（2012～2030 年）》建立了太湖流域防洪减灾、水资源调控、水生态环境保护、流域综合管理与调度四大规划体系，确定了流域综合治理格局。规划复核了流域防洪工程方案，提出城市、区域防洪布局的指导性意见；分析了城市化、海平面上升等未来流域防洪风险，提出了相应的对策措施。复核了流域及太湖、太浦河、望虞河、新孟河等重点河湖水资源配置方案，提出了完善和加强流域重点供水河道调控的措施；以太湖等重要水源地、骨干供水河道及其两岸等重点地区为重点，确定了水资源保护以及重点湖泊生态修复目标及对策措施；同时提出了完善流域综合管理的制度和政策措施建议、调度管理意见，落实最严格的水资源管理制度的措施等。

流域综合规划中水资源保护规划部分在规划方案整体设计和各类保护措施总体布局基础上，制定了水功能区限制排污总量分阶段控制方案，提出了包括入河排污口布局与整治、内源治理与面源控制、饮用水水源地保护、地下水资源保护、水生态系统保护与修复、重点流域（区域）水资源保护与综合治理、水资源保护监测与综合管理等规划措施和方案，对措施进行合理配置与安排，并提出了规划保障措施。

4.7.3　《太湖流域水环境综合治理总体方案》

2008 年，国务院批复《太湖流域水环境综合治理总体方案》（以下简称《总体方案》），规划期至 2020 年，同步建立由国家发展改革委牵头、有关部门和江苏省、浙江省、上海市（以下简称"三省市"）参加的太湖流域水环境综合治理省部际联席会议制度。《总体方案》提出了"还太湖一盆清水"的总体目标，确定了流域内 3.18 万 km² 综合治理区及其中 1.96 万 km² 重点治理区。在重点治理区共安排了饮用水安全、工业点源污染治理、城镇污水处理及垃圾处理、面源污染治理、提高水环境容量（纳污能力）引排工程、生态修复、河网综合整治、节水减排建设、监管体系建设和科技支撑研究十大类治理项目，详见 5.1 节。

2013 年，经国务院同意，国家发展改革委会同有关部门和三省市对总体方案进行了修编。《总体方案》实施以来，在各方共同努力下，太湖流域水环境综合治理取得明显成效，饮用水安全保障、污染防治、蓝藻防控、生态修复等重点任务扎实推进，入湖污染物总量大幅削减，水环境质量稳中有升，连续 14 年实现"两个确保"目标（确保饮用水安全、确保不发生大面积水质黑臭）。

进入新发展阶段，太湖流域水环境综合治理面临新形势新任务新要求，承载了新的重要使命和奋斗目标，为持续做好新时代太湖流域水环境综合治理工作，2021 年以来，国家发展改革委会同有关部门和三省市编制形成了新一轮《总体方案》。《总体方案》经 2021 年 12 月 24 日召开的太湖流域水环境综合治理省部际联席会议审议通过，上报国务院批复后，由国家发展改革委会同相关部门于 2022 年 6 月 23 日正式印发。

4.7.4 《长江经济带生态环境保护规划》

2017 年，环境保护部、国家发展改革委、水利部联合印发《长江经济带生态环境保护规划》（以下简称《规划》）。《规划》本着人水和谐的理念，聚焦水资源、水生态、水环境保护的关键环节，整体谋划，系统推进。通过划定并严守水资源利用上限，在总量和强度方面提出控制要求，有效保护和利用水资源；通过划定并严守生态保护红线，合理划分岸线功能，妥善处理江河湖泊关系，加强生物多样性保护和沿江森林、草地、湿地保育，大力保护和修复水生态；通过划定并严守环境质量底线，推进治理责任清单化落地，严格治理工业、生活、农业和船舶污染，切实保护和改善水环境。

《规划》从区域协同治理的需求出发，提出水资源优化调配、生态保护与修复、水环境保护与治理、城乡环境综合整治、环境风险防控、环境监测能力建设 6 大工程 18 类项目，建立重大项目库，以大工程带动大保护。工程投资方面，《规划》提出设立长江环境保护治理基金和长江湿地保护基金，充分发挥政府资金撬动作用，吸引社会资本投入，建立多元化的环保投资格局，多渠道筹措资金。

4.7.5 《长三角生态绿色一体化发展示范区总体方案》

建设长三角生态绿色一体化发展示范区（以下简称"一体化示范区"）是实施长三角一体化发展战略的先手棋和突破口。一体化示范区范围包括上海市青浦区、江苏省苏州市吴江区、浙江省嘉兴市嘉善县，面积约 2300 km^2（含水域面积约 350 km^2）。《长三角生态绿色一体化发展示范区总体方案》提出，一体化示范区的发展目标是，到 2025 年，一批生态环保、基础设施、科技创新、公共服务等重大项目建成运行，先行启动区在生态环境保护和建设、生态友好型产业创新发展、人与自然和谐宜居等方面明显提升，一体化示范区主要功能框架基本形成，生态质量明显提升，一体化制度创新形成一批可复制可推广经验，重大改革系统集成释放红利，示范引领长三角更高质量一体化发展的作用初步发挥。到 2035 年，形成更加成熟、更加有效的绿色一体化发展制度体系，全面建设成为示范引领长三角更高质量一体化发展的标杆。推进一体化示范区建设，有利于集中彰显长三角地区践行新发展理念、推动高质量发展的政策制度与方式创新，率先实现质量变革、效率变革、动力变革，更好引领长江经济带发展；有利于率先将生态优势转化为经济社会发展优势，探索生态友好型发展模式；有利于率先探索从区域项目协同走向区域一体化制度创新，不破行政隶属、打破行政边界。

4.7.6　《长江三角洲区域生态环境共同保护规划》

2021 年 1 月，推动长三角一体化发展领导小组办公室印发了《长江三角洲区域生态环境共同保护规划》（以下简称《规划》）。《规划》由生态环境部会同国家发展改革委、中国科学院编制，主要目的是聚焦上海、江苏、浙江、安徽共同面临的系统性、区域性、跨界性突出生态环境问题，加强生态空间共保，推动环境协同治理，夯实长三角地区绿色发展基础，共同建设绿色美丽长三角，着力打造美丽中国建设的先行示范区。

《规划》在定位和任务措施方面，强调长三角在生态环境保护方面要带好头，紧扣区域一体化高质量发展和生态环境共同保护，按照"共推、共保、共治、共建、共创"的原则，制定形成分工合作、优势互补、统筹行动的共治联保方案。主要考虑有：一是推动绿色发展，加强源头防控。长三角区域生态环境保护的关键是协同推进区域绿色发展布局、结构调整、生活方式转变。要加快推进高污染高排放高风险产业转型升级和布局调整，优化能源结构，加强"三线一单"协调，推动部分地区和部分行业率先实现碳排放达峰。二是紧扣关键环节，解决突出问题。长三角区域生态环境保护问题既与各省市社会经济发展、生态环境治理进程紧密相关，也与区域相互影响密切相连。要站在区域一体化的角度，统筹解决这些系统性、区域性、跨界性生态环境重点问题。三是创新区域协作机制，强化"四个统一"。要坚持和完善促进区域协调发展行之有效的机制，同时根据新情况新要求不断改革创新，强化统一规划、统一标准、统一监测评价、统一执法监督。四是落实保护责任，健全工作机制。建立健全区域生态环境保护的责任机制，中央统筹、省负总责、市县落实的工作机制，生态环境保护的投入、运行和管护机制，政府引导、社会参与和公众监督的多元共治机制。五是完善政策措施，激发内生动力。坚持引导性、激励性措施与强制性、惩罚性措施相结合，增强三省一市地方政府加强生态空间共保、推动环境协同治理的内生动力。积极解决区域生态环境保护资金投入不足、政策支持不够、监测监管能力不强的问题。

《规划》提出，近期到 2025 年，长三角一体化保护取得实质性进展，生态环境共保联治能力显著提升，绿色美丽长三角建设取得重大进展；远期到 2035 年，生态环境质量实现根本好转，绿色发展达到世界先进水平，区域生态环境一体化保护治理机制健全，长三角生态绿色一体化发展示范区成为我国展示生态文明建设成果的重要窗口，绿色美丽长三角建设走在全国前列。

《规划》明确重点推进五项任务。一是共推绿色低碳发展。包括优化绿色发展格局、促进产业结构升级、推动能源结构优化、积极应对气候变化和践行绿色低碳生活。二是共保自然生态系统，包括共筑区域生态安全格局、加强生态空间共保、推进生物多样性保护和加强重要生态系统修复。三是共治跨界环境污染，包括联合开展大气污染综合防治、协同推动流域水环境治理、陆海统筹实施河口海湾综合整治和提升区域土壤安全利用水平。四是共建环境基础设施，包括强化污水收集处理设施建设、加强固废危废联防联治、推进港口环境设施建设、统筹区域环境应急能力建设和共建生态环境监测体系。五是共创生态环境协作机制，包括健全区域生态环境保护协作机制、完善区域法治标准体系、强化市场手段、建设区域环境科研技术平台、健全生态补偿机制和共推长三角生态绿色一体化发展示范区生态环境制度创新。

在加快推进长三角区域生态环境共保联治方面，《规划》提出五个方面的政策措施。一是统筹构建长三角区域生态环境保护协作机制，协同推动区域生态环境联防联控。二是完善区域法治标准体系。建立三省一市地方生态环境保护立法协同工作机制，统一区域生态环境执法裁量权，加大对跨区域生态环境违法、犯罪行为的查处侦办、起诉力度，加强排放标准、产品标准、技术要求和执法规范对接。三是强化市场手段。健全区域环境资源交易机制。完善差别电价政策，加快落实和完善生活污水、生活垃圾、医疗废物、危险废物等领域全成本覆盖收费机制。推动设立环太湖地区城乡有机废弃物处理利用产品价格补贴专项资金。建立健全多元化投融资机制，研究利用国家绿色发展基金，支持大气、水、土壤、固体废物污染协同治理等重点项目。四是围绕主要污染物成因与控制策略、跨界重要水体联动治理、海洋生态环境保护、低碳发展等跨区域、跨流域、跨学科、跨介质重点问题开展研究，加快推进污染防治科技创新研发。五是健全生态补偿机制。建立健全开发地区、受益地区与保护地区横向生态补偿机制，积极开展重要湿地生态补偿，深化生态产品价值实现机制试点，开展污染赔偿机制试点，总结新安江生态补偿机制试点经验，推进长三角区域建立以地方补偿为主、中央财政给予支持的省（市）际间流域上下游补偿机制。

4.7.7 《长江三角洲区域一体化发展水安全保障规划》

2021年6月，推动长三角一体化发展领导小组印发《长江三角洲区域一体化发展水安全保障规划》（以下简称《规划》）。长三角区域江湖海通达，河网水系纵横交错，独具特色，古往今来因水而兴，亦因水而忧。解决好水问题，发展好水优势，保障好水安全，事关长三角一体化发展战略全局。为支撑保障长三角一体化高质量发展，按照水利部统一部署，2019年12月，水利部太湖流域管理局、长江水利委员会、淮河水利委员会启动《规划》编制工作。

《规划》明确了水安全保障指导思想。以习近平新时代中国特色社会主义思想为指导，全面落实"节水优先、空间均衡、系统治理、两手发力"的治水思路，紧扣"一体化"和"高质量"两个关键，以提升区域水安全保障能力为主线，以构建互联互通的水利基础设施网络为关键，以强化水生态环境联防联治为重点，以创新水治理体制机制为突破，通过推进保安澜、提品质、互连通、强联动的水安全保障战略举措，在全国率先打造水利高质量发展示范区、幸福河湖建设样板区、协同保护治理先行区、智慧水利引领区、水利改革创新新高地。

在水安全保障总体目标方面，《规划》明确到2025年，长三角区域水安全保障能力进一步增强，初步建成与社会主义现代化进程相适应的水利现代化体系，太湖流域水治理体系和治理能力现代化达到较高水平；到2035年，长三角区域全面建成现代化水安全保障网络，实现饮水放心、用水便捷、亲水宜居、洪涝无虞，人民群众获得感、幸福感、安全感进一步增强，江南韵、古镇味、水乡风的长三角特色水文化全面弘扬，水安全保障能力基本达到国际先进水平。

在水安全保障建设任务方面，《规划》提出建设"四大体系"。一是共筑安全可靠的防洪减灾体系。优化区域防洪除涝格局，加强江河综合整治和提质升级，加强防台防潮减灾工程建设和重点涝区治理，提高洪（潮）涝风险应对能力。二是打造互联互通的水资源供给保障体系。加强水资源集约安全利用，优化完善水资源配置格局，加强灌区现代化建设与改造，提升城乡供水保障能力，加强水资源统一调度。三是构建共保联动的水生态环境保护与修复体系。合力保护涉水空间，强化流域水环境协同治理，加强水生态治理与修复，推进水文化建设。四是创新一体化协同治水管水体系。推进协同治水体制机制创新，深化水利改革，打造数字流域，强化水利科技创新和水安全风险防控。

同时，《规划》对长三角生态绿色一体化发展示范区水安全保障进行了重点研究。《规划》立足谋划长三角一体化发展战略的先手棋和突破口，针对示范区河网湖荡密布、洪涝灾害风险较大、水环境质量欠佳的特征，提出了"一源三廊、一心三链、三片百圩"的综合治理布局，突出水利一体化体制机制创新，全面加强水安全保障能力建设，规划了高品质打造生态水网、高标准构建防洪除涝体系、高质量构筑水资源供给体系、高水平建设水生态环境保护与修复体系、高协同创新综合水管理体系等重点任务，努力推动将示范区生态优势转化为经济社会发展优势。

4.8　行动计划

4.8.1　《水污染防治行动计划》

2015 年 4 月，国务院印发《水污染防治行动计划》（简称"水十条"）。"水十条"提出以改善水环境质量为核心，按照"节水优先、空间均衡、系统治理、两手发力"原则，贯彻"安全、清洁、健康"方针，强化源头控制，水陆统筹、河海兼顾，对江河湖海实施分流域、分区域、分阶段科学治理，系统推进水污染防治、水生态保护和水资源管理。坚持政府市场协同，注重改革创新；坚持全面依法推进，实行最严格环保制度；坚持落实各方责任，严格考核问责；坚持全民参与，推动节水洁水人人有责，形成"政府统领、企业施治、市场驱动、公众参与"的水污染防治新机制的总体要求。

"水十条"是我国环境保护领域的重大举措，充分彰显了国家全面实施水治理战略的决心和信心。"水十条"的特点体现在 6 个方面：①运用系统思维解决水污染问题。②要求保障生态流量，促进水质改善。③发挥市场决定性作用。④创新模式为水环境保护产业发展提供新动力。⑤以跨界水环境补偿机制推进水质改善。⑥重拳打击违法行为。

4.8.2　《建立市场化、多元化生态保护补偿机制行动计划》

党的十八大以来，随着经济体制改革不断深入和经济转型持续推进，"绿水青山就是金山银山"的观念越来越深入人心，在经济建设中把生态保护放在突出位置，已经成为全民共识。我国生态保护补偿机制建设顺利推进，重点领域、重点区域、流域上下游以及市场化补偿范围逐步扩大，投入力度逐步加大。但在实践中还存在一些突出的矛盾和问题，如企业和社会公众参与度不高，优良生态产品和生态服务供给不足，亟须建立政府主导、企业和社会参与、市场化运作和可持续的生态保护补偿机制，激发全社会参与生态保护的积极性。

2018 年 12 月，国家发展改革委、财政部、自然资源部、生态环境部、水利部、农业农村部、人民银行、市场监管总局、林草局 9 部委联合印发《建立市场化、多元化生态保护补偿机制行动计划》（以下简称《行动计划》），明确到 2020 年，市场化、多元化的生态保护补偿机制初步建立，到 2022 年，市场化、多元化生态保护补偿水平要明显提升，生态保护补偿市场体系要进一步完善。

《行动计划》提出，构建统一的自然资源资产交易平台，健全自然资源收益分配制度；发展绿色金融，鼓励有条件的非金融企业和金融机构发行绿色债券，鼓励保险机构创新绿色保险产品，探索绿色保险参与生态保护补偿的途径；发挥政府在市场化、多元化生态保护补偿中的引导作用，吸引社会资本参与，对成效明显的先进典型地区给予适当支持。

作为一种市场创新手段，推出各种绿色金融产品需要进行具体细致的规划和部署。在这个过程中，要注意不能因为生态保护的目标正确，而无视金融市场的客观规律搞突击。作为一种金融产品，首先要让投资者获得应有的回报，只有做到这一点，才能使这种创新产品有生命力，并且对生态保护起到切实的推动作用。近年来，在全球范围内，环境保护已经成为一个新兴产业，具有良好的市场前景。我国的环保事业发展也很快，对投资者有一定的吸引力，因此，发展绿色金融首先应该挑选一批优质的环保企业，用政策创新鼓励他们参与绿色金融产品的开发和上市，以丰厚的回报为绿色金融产品树立起良好的市场口碑，在投资者中建立起市场信誉。

4.8.3　《长江保护修复攻坚战行动计划》

2018 年 12 月 31 日，生态环境部与发展改革委联合印发《长江保护修复攻坚战行动计划》（以下简称《行动计划》），提出到 2020 年底，长江流域水质优良的国控断面比例达到 85% 以上，丧失使用功能（劣于Ⅴ类）的国控断面比例低于 2%；长江经济带地级及以上城市建成区黑臭水体控制比例达 90% 以上；地级及以上城市集中式饮用水水源水质达到或优于Ⅲ类比例高于 97%。

全面落实《行动计划》，生态环境部稳步开展专项行动，包括开展长江流域劣Ⅴ类国控断面整治专项行动，推进"绿盾""清废"专项行动，持续开展长江经济带饮用水水源地专项行动、持续实施城市黑臭水体整治专项行动、组织工业园区污水处理设施整治专项行动等。

《行动计划》中提到的重点区域范围，包括在长江经济带覆盖的上海、江苏、浙江、安徽、江西、湖北、湖南、重庆、四川、云南、贵州 11 省市范围内，以长江干流、主要支流及重点湖库为重点开展保护修复行动。长江干流主要指四川省宜宾市至入海口江段；主要支流包含岷江、沱江、赤水河、嘉陵江、乌江、清江、湘江、汉江、赣江等河流；重点湖库包含洞庭湖、鄱阳湖、巢湖、太湖、滇池、丹江口、洱海等湖库。

4.8.4　《深入打好长江保护修复攻坚战行动方案》

为深入贯彻习近平总书记关于推动长江经济带发展系列重要讲话和指示批示精神，贯彻落实《中共中央 国务院关于深入打好污染防治攻坚战的意见》和长江保护法有关要求，生态环境部、发展改革委、最高人民法院、最高人民检察院、科技部、工业和信息化部、公安部、财政部、人力资源社会保障部、自然资源部、住房城乡建设部、交通运输部、水利部、农业农村部、应急部、林草局、国家矿山安全监察局 17 个部门联合印发《深入打好长江保护修复攻坚战行动方案》（以下简称《行动方案》）。

《行动方案》明确，到 2025 年底，长江流域总体水质保持优良，干流水质保持Ⅱ类；长江经济带县城生活垃圾无害化处理率达到 97%以上，县级城市建成区黑臭水体基本消除，化肥农药利用率提高到 43%以上，畜禽粪污综合利用率提高到 80%以上，农膜回收率达到 85%以上。

《行动方案》聚焦持续深化水环境综合治理、深入推进水生态系统修复、着力提升水资源保障程度、加快形成绿色发展管控格局四大攻坚任务，提出了 28 项具体工作，主要包括巩固提升饮用水安全保障水平、深入推进城镇污水垃圾处理、深入实施工业污染治理、深入推进农业绿色发展和农村污染治理、强化船舶与港口污染防治、深入推进长江入河排污口整治、加强磷污染综合治理、推进锰污染综合治理、深入推进尾矿库污染治理、加强塑料污染治理、建立健全长江流域水生态考核机制、全面实施十年禁渔、巩固小水电清理整改成果、切实保障基本生态流量（水位）、严格国土空间用途管控、完善污染源管理体系、防范化解沿江环境风险、引导绿色低碳转型发展等。

4.8.5　《沪苏浙皖检察机关加强环太湖流域生态环境保护检察协作三年行动方案》

近年来，沪苏浙皖检察机关深入贯彻落实习近平生态文明思想和中央关于生态环境保护的重大决策部署，依法积极开展相关领域刑事、民事、行政检察监督和公益诉讼。2018 年，最高检在武汉提出"医治"长江病的"检察药方"，建立长江沿线 11 个省区市检察机关协作机制，沪苏浙皖四地检察机关会签《关于建立长三角区域生态环境保护司法协作机制的意见》。

2019 年 5 月 23 日，环太湖流域生态环境保护检察协作联席会议在上海召开，沪苏浙皖四地检察机关就进一步实化细化区域检察协作、创新协作模式，形成区域检察协作一体化新格局，提升协作质效和能级，协同保护环太湖流域生态环境等深化了共识。会议通过了《沪苏浙皖检察机关加强环太湖流域生态环境保护检察协作三年行动方案》（以下简称《三年行动方案》），明确了包括惩治破坏生态环境违法犯罪、探索生态环境公益诉讼专项行动、建立长三角一体化发展示范区检察协同保障机制、建立流域生态环境保护专业支持机制等在内的 11 项任务措施。

根据《三年行动方案》，四地检察机关对人民群众反映强烈的重大跨区域案件，将采取联合挂牌督办等形式集中力量办理。对流域互涉的水污染公益诉讼案件，探索类案指定管辖，推动跨行政区划检察院改革向环太湖流域延伸。推进生态检察官制度与河长制、湖长制对接，实现生态检察官派驻河长、湖长办公室全覆盖。围绕跨区域案件线索移送、重大情况通报、调查取证协作、信息资源共享等方面，着力强化检察办案协作，建立沪苏浙皖检察机关环境保护检察信息平台。此外，四地检察机关还将联合开展环太湖流域生态环境法治宣传教育活动，广泛动员全社会力量参与生态文明建设。

4.8.6　《江苏省打好太湖治理攻坚战实施方案》

为完成"十三五"太湖治理目标任务，促进太湖水质持续改善、生态持续好转，2019 年，江苏省人民政府办公厅印发了《江苏省打好太湖治理攻坚战实施方案》（简称《实施方案》）。

《实施方案》提出实施"控磷为主，协同控氮，减排扩容"的流域污染控制策略，有效解决太湖氮磷污染突出问题，打好打赢太湖治理攻坚战，推动太湖流域水环境质量全面改善和水生态持续好转，实现更高水平"两个确保"。

《实施方案》提出的工作目标是确保饮用水安全，确保不发生大面积湖泛；流域水质和总量控制指标达到国家考核要求，太湖流域水质持续改善，生态持续好转。到 2020 年，太湖湖体高锰酸盐指数和氨氮稳定保持在Ⅱ类，总磷力争达到Ⅲ类，总氮达到Ⅴ类；流域重点断面和主要入湖河流水质达到国家考核要求；重点水功能区达标率达到 80%以上；流域总氮、总磷污染物排放量较 2015 年分别减少 16%以上，逐步恢复河网水系和湖泊生态功能。

《实施方案》明确了太湖治理的主要任务。一是实现更高水平"两个确保"，包括加强饮用水安全保障，提高蓝藻和湖泛防控能力等方面。二是抓好工业污染防治，包括加快工业产业结构绿色转型，开展重点行业企业提标改造，强化工业园区升级治理等方面。三是提升城乡生活污染治理水平，包括全面完成城镇污水处理厂提标改造，深入开展管网提质增效，提升巩固排水达标区建设，强化农村生活污染控制等方面。四是削减农业面源污染负荷，包括推进生态循环农业建设，加强畜禽养殖废弃物资源化利用，加强渔业生态健康养殖等方面。五是强化重点考核断面和主要入湖河流污染控制，包括深入实施重点断面达标整治，强化主要入湖河流及其支浜整治，完善河湖长效管护机制等方面。六是促进流域生态修复，包括生态清淤，保护和修复水生态系统等方面。

4.8.7　《江苏省生态河湖行动计划（2017—2020 年）》

2017 年，江苏省人民政府印发了《江苏省生态河湖行动计划（2017—2020年）》（以下简称《行动计划》），《行动计划》以问题为导向，分别提出 2020 年近期目标和 2030 年远期目标。力争经过十余年努力，实现"水安全有效保障、水资源永续利用、水环境整洁优美、水生态系统健康、水文化传承弘扬"的目标，展现"河通水畅、江淮安澜，水清岸绿、生物多样，人水和谐、景美文昌"的愿景，努力建成美丽中国的江苏样板。

《行动计划》主要任务是：以全面推行河长制为契机，坚持生态优先、河长主导、因河施策、改革创新的原则，重点实施八项重点任务。一是加强水安全保障。二是加强水资源保护。三是加强水污染防治。四是加强水环境治理。五是加强水生态修复。六是加强水文化建设。七是加强水工程管护。八是加强水制度创新。

4.8.8 《浙江省美丽河湖建设行动方案（2019—2022 年）》

2019 年，浙江省水利厅、省治水办（河长办）印发《浙江省美丽河湖建设行动方案（2019—2022 年）》（以下简称《方案》），部署美丽河湖建设行动，目标到2022 年，努力打造 100 条县域美丽母亲河、1000 条（片）以上特色美丽河湖、10000 条（片）以上乡村美丽河湖，以美丽河湖串联起美丽城镇、美丽乡村、美丽田园，基本形成全省"一村一溪一风景、一镇一河一风情、一城一江一风光"的全域大美河湖新格局。

《方案》指出，要坚持全域统筹、生态优先、系统治理、因地制宜、文化引领和共享共管的基本原则，以实现河湖安全流畅、生态健康、水清景美、人文彰显、管护高效、人水和谐为主要目标，以主要江河干流、县域母亲河、自然人文禀赋优厚河湖及美丽城镇、美丽乡村建设范围内河湖为重点，以补齐防洪薄弱短板、修护河湖生态环境、彰显河湖人文特色、提高便民休闲品质、提升河湖管护水平为主要举措，全域建设美丽河湖，营造更多更好更优的生态、宜居和绿色滨水发展空间，推进治水实现由净到清、再到美的跃升，使美丽河湖成为诗画浙江的花园水脉、诗路文脉、振兴命脉，打造美丽河湖浙江样板、浙江经验、全国标杆，助推乡村振兴和美丽浙江建设。

《方案》明确了美丽河湖建设行动的主要任务：一是全域推进"百江千河万溪水美"工程，即实施万溪水秀工程、千河水韵工程、百江水靓工程，实现大美格局；二是全面改善河湖生态环境，重点要打好水污染防治攻坚战，加快推进河湖生态修复提升，实现水清景美；三是全面提升河湖休闲惠民品质，大力推进河湖文化景观提升，实现人水和谐；四是全面加强河湖管理保护，着力在深化河（湖）长制和推进河湖数字化转型上下功夫，实现管护高效。

《方案》强调，全省各地、各部门要从经济社会发展全局和战略高度，深刻认识美丽河湖建设在实施乡村振兴战略、大花园建设中的重要作用，全面把握美丽河湖作为新时代"五水共治"新目标的重要意义，以满足人民日益增长的美好生活需要为出发点，高水平高质量推进全域美丽河湖建设，为新时代美丽浙江建设提供坚实的河湖生态安全美丽基础支撑与保障。

4.8.9 《上海市 2021—2023 年生态环境保护和建设三年行动计划》

2000～2020 年，上海市政府已滚动实施了七轮环保三年行动计划，取得了明显的成效。为统筹加强应对气候变化和生态环境保护，深入打好污染防治攻坚战，持续改善生态环境质量，促进经济社会发展全面绿色转型，推进生态环境治理体系和治理能力现代化建设，2021 年 5 月，上海市人民政府办公厅印发了《上海市 2021—2023 年生态环境保护和建设三年行动计划》（以下简称《行动计划》）。

《行动计划》的指导思想是，以习近平新时代中国特色社会主义思想为指导，全面贯彻党的十九大和十九届二中、三中、四中、五中全会精神，深入学习贯彻习近平生态文明思想和习近平总书记考察上海重要讲话精神，牢固树立"绿水青山就是金山银山"理念，深入践行"人民城市人民建，人民城市为人民"重要理念，深入打好污染防治攻坚战，推动解决一批生态环境瓶颈难题，谱写生态优先绿色发展新篇章，绘就山水人城和谐相融新画卷，让绿色成为城市发展最动人的底色、人民城市最温暖的亮色。

《行动计划》提出的主要目标是，到 2023 年，上海市生态环境质量稳定向好，生态空间规模、质量和功能稳定提升，生态环境风险得到全面管控，绿色生产、生活方式加快形成，生态环境治理体系和治理能力现代化取得明显进展。在生态环境质量改善方面，《行动计划》明确，主要河流断面水质达到或好于Ⅲ类水体比例稳定在 55%左右；$PM_{2.5}$（直径小于或等于 2.5 μm 的颗粒物）年均浓度稳定控制在 35 μg/m^3 以下，空气质量指数（air quality index，AQI）优良率保持在 85%左右；近岸海域水质优良率稳定在 14%左右；土壤和地下水环境质量保持稳定，受污染耕地安全利用率和污染地块安全利用率达到 95%以上。在提高污染治理水平方面，《行动计划》提出，全市城镇污水处理率达到 97%以上，农村生活污水处理率达到 89%；生活垃圾回收利用率达到 43%以上，实现原生生活垃圾零填埋；全市畜禽粪污综合利用率达到 98%，主要农作物秸秆综合利用率达到 98%，化肥施用量、农药使用量分别降低 5%；危险废物、医疗废物得到全面安全处置。

《行动计划》提出了水环境保护、大气环境保护、土壤（地下水）环境保护、固体废物污染防治、工业污染防治与绿色转型发展、农业与农村环境保护、生态环境保护与生态建设、应对气候变化与低碳发展、河口及海洋生态环境保护、循环经济与绿色生活等专项方案，并对完善生态文明体制改革与保障机制做出了部署安排。

4.9　协　作　机　制

4.9.1　长三角区域水污染防治协作机制

党的十八届三中全会提出"建立陆海统筹的生态系统保护修复和污染防治区域联动机制"。2015 年 4 月，国务院印发《水污染防治行动计划》，要求"建立全国水污染防治工作协作机制""京津冀、长三角、珠三角等区域要于 2015 年底前建立水污染防治联防联动协作机制"。

2015 年 11 月，环境保护部向国务院上报《关于成立水污染防治相关协作机制的请示》获批通过。2016 年 12 月，长三角区域大气污染防治协作小组第四次会议暨长三角区域水污染防治协作小组第一次工作会议在杭州召开。会议审议通过《长三角区域水污染防治协作小组工作章程》，组建由上海、江苏、浙江、安徽，环境保护部、国家发展改革委、科技部、工业和信息化部、财政部、国土资源部、住房城乡建设部、交通运输部、水利部、农业部、国家卫生计生委、国家海洋局 12 个部委组成的长三角区域水污染防治协作小组，与大气污染防治协作机制相衔接，机构合署、议事合一。

2021 年，长三角区域大气污染防治协作小组、长三角区域水污染防治协作小组整合为长三角区域生态环境保护协作小组，建立长三角生态环境保护协作新机制。新机制聚焦长三角区域经济高质量发展、生态环境高水平保护，推动落实区域污染防治攻坚战阶段性目标任务、生态环境保护协作重点工作以及秋冬季重点时段区域大气污染联防联控。

4.9.2　长三角区域生态环境保护司法协作机制

2018 年 5 月，上海、江苏、浙江、安徽四省市检察长在安徽泾县共同签署《关于建立长三角区域生态环境保护司法协作机制的意见》，四地检察机关将共同推进生态环保领域跨区域司法协作机制建设，积极打造生态环境司法保护合力，筑牢长三角区域生态环境保护法治屏障。

根据该意见，四地检察机关将加强生态环境保护领域的问题沟通，通报生态环境检察主要业务工作数据和有重大影响案件、区域关联案件等信息，解决生态环保领域刑事个案和公益诉讼个案办理中遇到的具体问题。为实现相关工作和办案等内部信息资源的共享，四地检察机关将及时主动交换或提供相关协助。办理涉及其他省市的生态环境保护案件或发现相关线索的，应当及时向该省市检察机关通报。

此外，四地检察机关还将建立重大环境污染案件提前介入机制，坚决惩治破坏生态环境的刑事犯罪，突出打击危害长江、淮河、新安江流域生态环境安全、跨省倾倒固体废物的犯罪，强化对生态环境案件的诉讼监督，依法开展生态环境和资源保护公益诉讼，推动生态环境综合治理，构建生态环境跨区域联防联控机制。为加强调查取证协作，该意见明确指出，需要开展异地讯问犯罪嫌疑人、异地询问证人和委托调查取证等工作的，可以请求当地同级检察机关提供协助。接到请求的检察机关应当提供办案场所和技术装备使用等便利，必要时协调有关部门和鉴定机构提供支持。

四省市检察机关商定建立日常工作联络、信息资源共享、案件办理、研讨交流以及新闻宣传5项司法协作机制，并就统一生态环境保护司法尺度和证据认定标准，促进区域间法律适用的一致性和协调性等形成共识。

4.9.3　太湖流域水环境综合治理省部际联席会议制度

为全面推进太湖流域水环境综合治理，国务院于2008年批复成立了由国家发改委牵头的太湖流域水环境综合治理省部际联席会议制度（以下简称"联席会议"），统筹协调太湖流域水环境综合治理的各项工作，加强监督检查，推动部门、地方之间的沟通与协作。联席会议由江苏省、浙江省、上海市人民政府以及国家发改委、科技部、工业和信息化部、财政部、国土资源部、环境保护部、住房城乡建设部、交通运输部、水利部、农业部、林业局、法制办、气象局13个部门组成。截至2021年12月，联席会议共召开七次，及时总结太湖治理的经验做法，部署下阶段工作安排，有效推进了太湖流域水环境综合治理工作开展。

4.9.4　太湖流域调度协调机制

2021年，水利部会同生态环境部、发展改革委等有关部门研究提出的《完善太湖治理协调机制工作方案》，经推动长三角一体化发展领导小组第三次全体会议审议通过后正式印发。方案明确在推动长三角一体化发展领导小组、太湖流域水环境综合治理省部际联席会议框架下，成立太湖流域调度协调组，调度协调组由水利部牵头，生态环境部、发展改革委、住房城乡建设部、交通运输部、农业农村部、气象局和上海市、江苏省、浙江省人民政府负责人组成，调度协调组办公室设在水利部太湖局。调度协调组的主要职责是组织开展太湖调度相关的重大问题研究，统筹指导、协调太湖流域调度重大事项，督促落实太湖流域水环境综合治理省部际联席会议决定有关事项；统筹考虑防洪、供水、水生态、水环境等多目标，协调省市间、部门间不同调度需求，优化不同时期太湖水位调控目标，推进流域水工程联合调度，提出完善太湖流域多目标调度的意见和措施；指导、监督、检查环太湖、沿长江、沿杭州湾、东苕溪导流等水工程调度，促进流域、区域、城市多层级水工程调度协调有序；建立太湖流域涉水信息共享平台，推进省市间、部门间涉水信息共享。

4.9.5　太湖湖长协商协作机制

太湖水事关系复杂，出入湖河流众多，水流交换频繁，水土资源开发利用需求高。为加强浙江、江苏两省河湖长间的协调联动，统筹推进太湖流域的综治、管理、保护，2018 年 11 月，水利部太湖局联合江苏省、浙江省河长办在江苏宜兴召开太湖湖长协作会议。会议审议通过太湖湖长协商协作机制规则，建立了太湖湖长协商协作机制。太湖湖长协商协作机制是我国首个跨省湖泊湖长高层次议事协调平台，是积极助推流域湖长制工作的创新实践成果（尤珍等，2018）。

太湖湖长协作机制建立后，对跨省湖泊湖长协作和协同治理开展了先行探索。作为太湖流域第二大跨省湖泊的淀山湖，与太湖水系相连互通，长期以来其治理与保护一直是江苏、上海两省市的工作重点，但一直缺乏有效的议事协商平台来凝聚治水合力。2019 年，太湖淀山湖湖长协作会议在浙江长兴县召开。协作会议审议通过了《太湖淀山湖湖长协作机制规则》（以下简称《规则》）。《规则》中明确指出，太湖淀山湖湖长协作机制的主要任务是加强太湖、淀山湖沿湖地区间、河湖长间的协调联动，统筹推进太湖、淀山湖以及入湖河道和周边陆域的综合治理和管理保护，协调解决跨区域、跨部门的重大问题，确保太湖淀山湖湖长制工作取得更大实效。协作机制办公室由江苏省、浙江省、上海市河长办和水利部太湖局共同组成，办公室日常工作实行轮值制，原则上轮值期为一年。根据太湖流域跨省河湖特点，协作机制下设太湖组、淀山湖组和省际边界河湖组 3 个工作组，分别由江苏省、上海市和太湖局牵头，在增加机制灵活性的同时，也有利于不同工作组聚焦目标，重点突破，更好地发挥作用。

根据《规则》，协作机制成员主要由江苏、浙江省级太湖湖长，江苏、上海省（市）级淀山湖湖长；沿太湖苏州、无锡、常州、湖州市级太湖湖长，沿淀山湖苏州、青浦市（区）级淀山湖湖长；主要出入湖河道所在县（市、区）的县级河长；太湖局和江苏、浙江、上海省（市）级河长制办公室及长三角区域合作办公室有关负责同志，以及苏州、无锡、常州、湖州、青浦市（区）级河长办有关负责同志组成。

4.9.6　环太湖城市水利工作联席会议

为交流流域水利工作成效与经验，进一步凝聚治水兴水合力，2014、2015 年，水利部太湖局连续两年组织召开环太湖城市水利工作座谈会。在 2015 年召开的会议上，讨论通过了《环太湖城市水利工作联席会议议事规则》，明确由太湖局作为发起和召集单位，江苏省、浙江省、上海市水行政主管部门，环太湖苏州、无锡、常州、嘉兴、湖州、上海青浦等市（区）人民政府作为成员单位，建立环太湖城市水利工作联席会议机制。

2016、2017 年，水利部太湖局先后在上海青浦、苏州召开了两届环太湖城市水利工作联席会议。联席会议成员单位代表围绕全面推行河长制及湖长制、加快流域重点水利工程建设、保障流域防洪、供水和水生态安全、推动水生植物联防联控、强化流域综合执法、强化信息资源共建共享等方面进行了讨论和研究部署，有效推进了太湖流域综合治理与管理，特别是太湖水资源的开发、利用、节约和保护工作，促进了团结治水，实现了互利共赢。

4.9.7　太湖流域水环境信息共享机制

太湖流域水环境信息共享机制的主要内容包括各成员单位在依法履职过程中采集和获取的与水资源、水环境等相关的信息资源。

各成员单位按照共建、共享的原则，以及国家网络安全相关制度和要求，共同制定太湖流域水环境综合治理信息共享方案，构建太湖流域水环境综合治理信息共享平台。现阶段共享内容主要包括流域机构两河一湖水文报汛数据，主要省界河湖断面、入太湖河道水质数据，太湖及水源地水质、水生态数据等；两省一市水利部门流域地区代表站水位数据、主要环湖入湖河道流量数据，水质自动监测站数据等；两省一市生态环境部门各县级行政区的污染物排放量年度数据，规模以上入河排污口排污量监督性监测数据，行政交界断面常规水质指标监测数据，两河一湖沿线及列入国家重要水源地名录的水源地水质监测数据，水质自动站监测数据等。下阶段完善信息共享的标准和技术规范体系，分步推进、逐步完善，形成信息共享长效机制，逐步实现相关水资源、水环境信息资源共享全覆盖。水利部太湖流域管理局是太湖流域水环境综合治理信息共享工作的牵头部门，负责组织推进信息资源共享工作，做好信息共享平台的维护，及时调整、补充和完善信息共享授权范围。

机制明确建立太湖流域水环境综合治理信息共享专题协调和联席会议制度，由各相关单位分管领导参加，根据情况不定期组织召开联席会议，研究确定信息共享过程中的重大事项。建立联络员制度，由各相关单位负责具体工作的处级干部作为联络员，负责日常协调、联络、反馈，定期召开会议，开展技术培训，及时沟通上传共享、数据更新维护等工作，研究解决信息共享过程中的各类问题。

4.9.8　太湖流域跨省河湖突发水污染事件联防联控协作机制

为落实《生态环境部　水利部关于建立跨省流域上下游突发水污染事件联防联控机制的指导意见》，2020 年 7 月，生态环境部太湖流域东海海域生态环境监督管理局（以下简称太湖东海局）与水利部太湖流域管理局（以下简称太湖局）联合建立了《太湖流域跨省河湖突发水污染事件联防联控协作机制》（以下简称《协作机制》)。

根据《协作机制》，双方将在强化信息通报、联合会商研判、协同应对处置、推进执法检查等方面内容开展深入合作，包括建立突发水污染事件联合处置工作群，及时通报与事件处置相关的水质、防洪、供水调度等信息，联合开展水污染事件联防联控工作会商、应对处置，开展跨部门联合执法巡查等。

此次协作机制的建立，是国家机构改革后，太湖东海局与太湖局签署的首个协作文件，标志着太湖流域水生态环境治理和水资源保护合作进入了崭新阶段。

4.9.9　太浦河水资源保护省际协作机制

太浦河作为流经两省一市的流域骨干防洪、供水通道，随着区域经济社会快速发展和人民对清洁水源要求的不断提高，以及地区供水结构的调整，太浦河的战略地位和作用更加凸显（周宏伟等，2019）。为进一步强化太浦河水资源保护工作，2015 年 11 月，水利部太湖局会同太浦河沿线省、市、县三级水利、环保等部门建立了太浦河水资源保护省际协作机制。2017 年 11 月，水利部太湖流域管理局组织召开了协作机制第二次会议，牵头组织进一步深化和完善协作机制，会后根据与会单位反馈意见修改完善并印发了《太浦河水资源保护省际协作机制——水质预警联动方案（试行）》。该机制在太浦河水质监测预警、水污染事件应急联动、水源地供水安全保障及水资源保护规划编制等方面发挥了积极作用。

水利部太湖流域管理局分别与上海市水务局和苏州市吴江区环保局就上海市金泽水库、太浦河省界断面在线自动水质水量监测数据交换事宜达成共识，通过信息共享，太湖局能够实时掌握太浦河省界断面及金泽水库水源地水质状况，为水资源调度提供有效参考。同时，太湖局通过协作机制工作联络组，加强成员单位间的日常信息沟通共享，及时向协作机制各成员单位发送太浦闸调度调整、杭嘉湖区降雨、太浦河水质等信息。太湖局建立了水质预警微信工作群，进一步增加防汛部门成员进入微信群，使得各成员单位间沟通交流更便捷，信息共享、应对工作更及时。

4.9.10　太湖流域省际边界地区水葫芦防控工作协作机制

太湖流域河网湖泊水体流动缓慢，营养盐丰富，适宜水葫芦生长。近年来，流域省际边界地区水葫芦在秋冬季节大规模暴发，严重影响了水生态环境以及城市水景观，引起了社会的广泛关注。

为进一步加强太湖流域省际地区水葫芦防控，2017 年水利部太湖流域管理局在上海市组织召开了太湖流域水葫芦防控工作座谈会，研究了建立省际边界地区水葫芦防控工作协作机制相关事宜。2018 年 4 月，太湖局在上海再次召开流域省际边界地区水葫芦联合防控座谈会，进一步研究落实省际边界地区水葫芦防控工作协作机制，会后印发了《2018 年太湖流域省际边界地区水葫芦防控工作方案》，由太湖局牵头建立水葫芦防控工作联络组，通过微信群、编发月报等方式，及时沟通省界地区主要河湖水葫芦防控信息，全面推动上下游联合打捞工作。2018 年 9 月，太湖局在上海市组织召开了 2018 年第二次太湖流域省际地区水葫芦联合防控座谈会，总结交流了水葫芦防控工作情况，分析研判了省际地区水体以及黄浦江水葫芦发生趋势，研究讨论了下阶段水葫芦防控工作安排。为有效控制水葫芦生长对河道水环境的影响，保障进博会召开期间河道水环境优美整洁，2018 年 10 月 21 日至 11 月 10 日期间，太湖局联合两省一市有关部门，组织开展"清剿水葫芦，美化水环境"联合整治专项行动。省界上下游地区同步开展省际边界河湖、黄浦江等重要水域水葫芦打捞，取得了良好成效。

4.9.11　流域和区域水行政执法联合巡查机制

2016 年 3 月，水利部太湖流域管理局与环保部华东环境保护督查中心交流太湖流域水污染防治、水资源保护工作，就加强部门联动、完善流域协作机制达成一致意见，共同签署了联合工作协议。同年 9 月双方联合开展了太浦河水资源保护与水污染防治巡查，现场检查了太浦河沿线部分污水处理厂、纺织印染企业的入河排污口设置、污水处理设施及在线监测设备运行状况，并重点对相关地区锑污染排放问题进行了检查督导。

通过开展跨地区、多部门联合巡查，及时预防和发现太湖等重点河湖水事违法行为，严肃查处了一批涉水违法案件，督促完成了全面整改，有效形成了流域与区域联防联控联治的合力。

第5章   太湖流域水生态环境保护与治理的探索与实践

太湖流域河流纵横交错、湖泊星罗棋布，自古就是我国著名的鱼米之乡、富庶之地，流域文明因水孕育、与水共存。改革开放以来，太湖流域经济社会高速增长，较早遇到了保护生态环境与加快经济发展的尖锐矛盾和激烈冲突，需要进行破解"先污染后治理"传统发展模式的实践探索。流域省市在实际行动中践行"两山"重要思想，用鲜活的案例典范，初步探索出具有理论启示、实践样板和制度经验的绿色发展与生态文明建设"太湖模式"。

5.1   太湖流域水环境综合治理

2007 年 5 月底暴发的太湖水危机，引起了党中央、国务院的高度重视以及社会各界的广泛关注。2008 年，国家组织实施太湖流域水环境综合治理，范围包括江苏省苏州、无锡、常州和镇江 4 市 30 个县（市、区），浙江省湖州、嘉兴、杭州 3 市 20 个县（市、区），上海市青浦区练塘镇、金泽镇和朱家角镇，总面积3.18 万 km²。治理近期水平年为 2015 年，远期为 2020 年（杜鹰，2007；陆桂华等，2014；胡惠良等，2019）。

5.1.1 治理成效

江苏省、浙江省以及上海市（以下简称"两省一市"）人民政府及国务院相关部委共同努力，太湖流域水环境综合治理各项措施稳步推进。2018 年，在治理区内常住人口、国内生产总值分别较 2013 年增长 3%、52.4%的情况下，水环境质量持续改善，实现了经济持续增长、污染持续下降的双赢发展格局（中国国际工程咨询有限公司，2019）。

1. 饮用水供水安全有效保障

太湖流域基本形成了以长江、太湖-太浦河-黄浦江、山丘区水库及钱塘江为主，多源互补互备的供水水源布局，基本实现城乡一体化供水。流域主要饮用水水源地水质明显改善。流域内自来水厂积极改进制水工艺，主要城市基本实现自来水深度处理"全覆盖"，出厂水质达到或超过国家《生活饮用水卫生标准》（GB 5749—2006）规定的水质要求。两省一市通过水源地保护及双水源工程建设以及自来水厂的深度处理、饮用水源污染事故应急预案制定等措施，有效保障流域供水安全，太湖流域连续多年实现了"两个确保"目标（确保饮用水安全、确保不发生大面积水质黑臭）。

2. 太湖以及入湖河流水质持续改善

太湖水质状况总体呈明显改善趋势。2018年，太湖湖体除总磷外，高锰酸盐指数、氨氮和总氮已提前达到2020年治理目标。太湖平均营养指数为60.3，为近年来最低。2018年，22个主要入太湖河道①控制断面中，达到或优于Ⅲ类的断面有12个，占总数的54.5%；Ⅳ类9个，占40.9%；Ⅴ类1个，占4.6%，达到或优于Ⅲ类标准的入湖断面比例较2013年增加了27.2%。

3. 淀山湖水质有较大改善

淀山湖2018年主要水质指标实测值分别为：高锰酸盐指数4.13 mg/L，氨氮0.43 mg/L，总氮2.4 mg/L，总磷0.116 mg/L。与2008年相比，淀山湖水体中氨氮、总磷、总氮改善率为40%～70%。高锰酸盐指数和氨氮均达到了Ⅲ类水标准，已提前达到2020年水质目标，但要实现"2020年总磷达到Ⅳ类、总氮达到Ⅴ类"即总磷0.1 mg/L、总氮2.0 mg/L的目标，还有一定的差距。

4. 平原河网水功能区达标率呈上升趋势

2018年，太湖流域380个水功能区达标率为82.5%，较2013年提高45.7%。上海市太湖流域综合治理区内的主要河道有太浦河、大蒸港、北庄河、华田泾、拦路港、北横港、北胜浜、和尚泾和淀浦河等河道，近年来水质达标率为100%。

5. 污染物排放量显著下降

通过点源污染治理、船舶污染控制等综合措施，流域污染物排放量大幅削减。与2015年相比，2018年高锰酸盐指数、氨氮、总磷、总氮等指标排放总量分别下降了44.2%、36.3%、72.3%、44.7%，提前实现了2020年控制目标。

5.1.2　太湖流域水环境综合治理的经验总结

太湖流域水环境综合治理实施以来，各级政府按照中央的要求，加强制度建设，统筹源头治理、过程严管与污染严惩，协同推进资源节约、生态环境保护、绿色发展、制度建设、技术创新与资金投入，治理的各环节、各要素形成了一个

---

① 《太湖流域管理条例》第68条，主要入太湖河道控制断面包括望虞河、大溪港、梁溪河、直湖港、武进港、太滆运河、漕桥河、殷村港、社渎港、官渎港、洪巷港、陈东港、大浦港、乌溪港、大港河、夹浦港、合溪新港、长兴港、杨家浦港、庞儿港、苕溪、大钱港的入太湖控制断面。

系统完整的有机整体,生态环境质量不断改善,人民群众的安全感、获得感、幸福感不断增强。

1. 科学规划是做好流域水环境综合治理的前提

规划是政府职能和行政手段,要落实党中央国务院关于生态环境保护的重大战略思想,就需要编制规划,实现治理工作安排、项目实施、效果评估与责任考核的全链条管理。2007 年 6 月,国务院先后在无锡召开太湖水污染防治座谈会和太湖、巢湖、滇池污染防治座谈会,根据会议要求,国家发展改革委会同有关部门和地方启动了《太湖流域水环境综合治理总体方案》(以下简称《总体方案》)的编制工作。2008 年 5 月,国务院批复《总体方案》。《总体方案》坚持高标准、严要求,同时结合了流域经济社会发展和水环境的实际,提出了 2012 年和 2020 年的分阶段治理目标、主要任务以及综合治理措施。

2013 年,国家发展改革委组织对《总体方案》进行了修编,经国务院同意,国家发展改革委、环保部、住建部、水利部、农业部五部委联合批复《太湖流域水环境综合治理总体方案(2013 年修编)》(以下简称《总体方案修编》)。《总体方案修编》针对太湖治理工作出现的问题,对目标、措施和项目安排做了相应调整:一是根据总氮长期变化规律和近期改善特征及相关研究成果,调整了总氮浓度指标;二是将饮用水安全放到更加突出的位置,重点支持饮用水水源地保护和饮用水深度处理;三是升级改造污水处理设施,完善管网配套,确保已建污水处理厂发挥环境效益;四是加大生态修复力度,逐步构建健康的流域生态系统;五是强化面源污染防治,主攻畜禽养殖业和农村生活污染治理,大幅降低氮、磷营养负荷;六是提高蓝藻、水生植物、清淤底泥等资源化利用水平,最大限度避免二次污染;七是建立健全 COD、氨氮、总磷和总氮污染物控制的三级考核体系,强化项目运行管理。

《总体方案》以及《总体方案修编》是太湖水环境综合治理的指导性文件,根据要求,各部门和两省一市分别编制了专项规划和实施方案,进一步细化、落实治理任务和措施,将治理任务落到实处。例如,江苏省在太湖流域治理方面编制了《江苏省"十三五"太湖流域水环境综合治理行动方案》《"十三五"重点流域水环境综合治理建设规划》《江苏省"两减六治三提升"专项行动实施方案》《太湖流域撤并乡镇集镇区污水处理设施全覆盖规划》《江苏省太湖流域水环境综合治理种植业污染防治规划(2016—2020 年)》《太湖流域畜禽养殖污染防治及综合利用专项整治行动方案》《江苏省打好太湖治理攻坚战实施方案》等,明确了太湖流域治理的各项任务及详细要求,有力指导了治太工作的推进及实施。

2. 系统治理是做好流域水环境综合治理的核心

生态是统一的自然系统，是相互依存、紧密联系的有机链条。人的命脉在田，田的命脉在水，水的命脉在山，山的命脉在土，土的命脉在林和草，各个要素相互制约、相互影响。太湖流域水环境治理以"总量控制、浓度考核、综合治理"为思路，创新重点流域水污染防治模式，避免头痛医头、脚痛医脚，各管一摊、相互掣肘，通过统筹水资源、水环境、水生态的各要素，整体施策、多措并举，全方位、全地域、全过程开展了治理。国家发展改革委、工业和信息化部指导两省一市研究在稳增长中推进太湖流域经济结构调整、产业及城乡空间布局优化，重视对战略性新兴产业的布局规划，加强对重点产业定位及园区规划等方面的指导。生态环境部指导两省一市抓好已整治行业的长效监管，督促各地制定实施长效管理办法；推动印染等高污染行业专项整治和提升改造，进一步削减污染物排放总量。水利部指导两省一市按照节水优先的要求，全面实施节水减排措施，着力推进太湖流域重大引排工程建设，有效提高水资源水环境承载能力。住房和城乡建设部指导两省一市推进城镇污水处理厂脱氮除磷工艺升级改造，加快配套管网和污泥处理处置设施建设。农业农村部指导两省一市持续开展农业面源污染综合防控示范与现代生态循环农业示范建设，推进农业面源污染综合防治。交通运输部指导两省一市建立完善的船舶污染物接收处理机制，提升船舶污染防治能力。自然资源部指导两省一市统筹安排年度土地利用计划，进一步推进环太湖地区水环境综合治理重点项目建设。林业和草原局指导两省一市加大生态防护林体系建设力度，做好湿地公园建设等保护与修复工作。

在治理项目安排方面，《总体方案修编》从系统工程和全局角度，共安排饮用水安全保障、工业点源污染治理、城乡污水和垃圾处理、面源污染治理、生态修复、引排通道、河网综合整治、节水减排、资源化利用、监测预警及科技攻关 11大类 542 个项目，总投资 1164.13 亿元。通过项目实施，既抓紧解决了危及群众饮用水安全的突出问题，确保城乡居民生产生活用水安全，又通过源头减排与提高水环境承载能力相结合，污染治理与生态修复相结合，全方位削减污染物排放量，扭转水环境恶化趋势。

3. "三线一单"是做好流域水环境综合治理的基础

习近平总书记指出，要从根本上解决生态环境问题，必须坚定不移贯彻创新、协调、绿色、开放、共享的新发展理念，加快形成节约资源和保护环境的空间格局、产业结构、生产方式、生活方式，把经济活动、人的行为限制在自然资源和生态环境能够承受的限度内，给自然生态留下休养生息的时间和空间，明确要求"要加快划定并严守生态保护红线、环境质量底线、资源利用上线三条红线"。2017

年，环境保护部启动了包括太湖流域在内的长江经济带战略环境评价，基于制定落实生态保护红线、环境质量底线、资源利用上线和生态环境准入清单（简称"三线一单"），系统提出流域管控要求和近远期生态环境战略性保护的总体方案。指导两省一市于 2017 年完成生态保护红线划定方案，2018 年获国务院批准；印发"三线一单"编制技术指南和实施方案，建立月调度机制，划定环境管控单元，初步制定了相关管控要求及生态环境准入清单。同时，积极开展《总体方案》实施过程中的项目环境影响评价工作，通过项目环评，预测评价工程实施对环境的不利影响，提出了预防或减轻不利影响的对策和措施。

江苏省将"三线一单"工作纳入省政府 2018 年度十大主要任务百项重点工作，在环境质量底线划定上，划定水环境优先保护区 103 个，重点管控区 154 个，一般管控区 72 个；在"三线"基础上划定管控单元，制订环境准入清单，江苏省共划定 4638 个环境管控单元，其中，环太湖区域市县实行高精度管控，最小管控单元划至乡（镇、街道）以下，实现要素空间全覆盖、不留白。浙江省完成流域综合管控单元划定，确定了要素管控分区的管控要求、完成了综合管控单元生态环境准入清单编制，建立生态保护红线制度和基本单元生态红线台账系统，形成生态保护红线"一张图"，流域划定生态红线面积 1521.86 km^2，占浙江省流域面积的 11.37%。上海市将淀山湖离岸 1 km 范围内的境内水域都划入生态保护红线，原则上按照禁止开发区域的要求进行管理，禁止城镇化和工业化活动，严禁不符合主体功能定位的各类开发活动，将根据各红线区块的主体功能，通过制定清单进行管理。

流域省（市）通过大力加强环境准入措施，全面提升产业能级，淘汰了一批产出效益差、环境污染大的落后企业，新引进了一批新能源、高端制造、仓储等环境友好型、成长型企业。例如，上海市结合淀山湖世界级创新湖区建设，不断优化产业布局，提升产业能级，其中将华为青浦研发中心建设成为高标准的研发基地，是青西三镇产业发展的重要依托。

4. 有效的协调机制是做好流域水环境综合治理的关键

搞好太湖水环境综合治理工作涉及两省一市人民政府和国务院各有关部门。《总体方案》明确，国家发展改革委对太湖流域水环境综合治理工作负总责，完善有关部门和两省一市人民政府共同治理太湖水环境工作的协调机制。

2008 年，国务院批复设立了由国家发展改革委牵头，两省一市及环保、水利等 13 个部门组成的太湖流域水环境综合治理省部际联席会议制度（以下简称"省部际联席会议"）。国家发展改革委主任担任联席会议总召集人，分管副主任为召集人，其他成员单位的有关负责同志为联席会议成员，联席会议下设办公室。联席会议积极推动部门间、系统内、地方间的沟通与协作，推动信息共享，统筹协调并研究解决治理工作中的重点、难点问题。发改、科技、工信、财政、国土、环保、住建、交通、水利、农业、林业、气象、法制等有关部门，与两省一市通力合作，共同推进太湖治理工作，有力保证了《总体方案》各项任务和措施的落实。截至 2019 年，省部际联席会议已召开 6 次。

2016 年，上海、浙江、江苏和安徽三省一市和环境保护部等 14 个部委建立了长三角区域水污染防治协作机制，并印发了《长三角区域水污染防治协作机制工作章程》，在运行机制上与大气污染防治协作机制相衔接，机构合署、议事合一，探索出了一套跨区域污染联防联控工作模式。

2018 年 11 月，在水利部太湖流域管理局（以下简称"太湖局"）的倡导下，太湖局、江苏、浙江正式建立了太湖湖长协商协作机制。太湖湖长协商协作机制是我国首个跨省湖泊湖长高层次议事协调平台。在团结治水精神的指引下，太湖流域水环境综合治理水利工作有效组织、高效协调、长效运行的沟通协作机制逐步形成并不断充实和完善，有力保证了各项水利任务和措施的落实。水利部太湖局还牵头建立了太浦河水资源保护省际协作机制和省际地区水葫芦联防联控机制，探索建立淀山湖水资源保护、水污染防治的省市合作机制，创新建立环太湖城市水利工作联席会议制度，每年召开环太湖城市水利工作联席会议，进一步增进理解，扩大共识，深化协作。

2019 年，太湖局、生态环境部太湖流域东海海域生态环境监督管理局、江苏省水利厅、江苏省生态环境厅、浙江省水利厅、浙江省生态环境厅、上海市水务局、上海市生态环境局建立太湖流域水环境综合治理信息共享机制，共享的主要内容包括各成员单位在依法履职过程中采集和获取的与水资源、水环境等相关的信息资源。

通过这些机制，高效协调解决了太湖治理工作中出现的重大问题，积极推动了部门、地方之间的沟通与协作，有力保证了治理方案中各项任务和措施的落实。

5. 法规标准是做好流域水环境综合治理的遵循

保护生态环境必须依靠制度、依靠法治。2011 年 11 月 1 日，我国第一部流域综合性行政法规《太湖流域管理条例》（以下简称《条例》）正式施行。《条例》共 9 章 70 条，对水资源保护、水污染防治、防汛抗旱、水域岸线保护、保障机制、监督措施、地方政府责任等做出了规定，是依法管理太湖的法律保障。水利部太湖局联合两省一市全力推进《条例》贯彻落实，加快配套水法规建设，印发实施了《太湖流域水功能区管理办法》《太湖流域河道管理范围内建设项目管理暂行办法》《太湖局负责审查签署水工程建设规划同意书的河流湖泊名录》等配套制度。

流域内各地颁布实施了一系列专门法规和规范标准。江苏省于 2010 年 9 月、2012 年 1 月、2018 年 1 月三次修订《江苏省太湖水污染防治条例》，实行严格的环保标准。进一步完善"污染者付费、治污者受益"的机制，江苏太湖流域污水排放口全部征收总氮或氨氮、总磷排污费；进一步提升排污费征收标准，2016 年起总氮总量排污费征收标准提升至每污染当量 4.2 元。

浙江省出台了《浙江省跨行政区域河流交接断面水质保护管理考核办法》《浙江省重点流域水污染防治专项规划实施情况考核办法（试行）》《浙江省城镇污水集中处理管理办法》。2017 年 7 月，浙江省人大通过《浙江省河长制规定》。这是全国首个河长制地方性法规，为规范河长工作和职责提供了重要依据。

上海市印发《上海市生态环境保护工作责任规定（试行）》，进一步明确各级党委、政府以及有关部门的环境保护责任。贯彻《生态文明建设目标评价考核办法》，进一步优化环境质量考核指标，将水环境质量恶化等纳入环境底线指标。制定《上海市领导干部自然资源资产离任审计试点实施意见》，开展区、镇离任审计试点工作。

6. 科技攻关是做好流域水环境综合治理的支撑

各相关部门以及地方政府加强科学研究和成果转化，开展流域生态保护修复技术研发，系统推进技术集成创新，形成了一批可复制可推广的科研成果。生态环境部大力推进"水体污染控制与治理科技重大专项"太湖项目实施。一是开展太湖富营养化控制与治理技术及工程示范项目，按照"控源治河为主，加强面源治理和流域生态修复"的思路，开展技术研发攻关，建立竺山湾、苕溪、太湖新城三个小流域水质改善综合示范区，在控源减排、生态修复和水安全保障等方面取得成效。二是在太湖流域水环境管理技术集成综合示范项目方面，开展 2 项地方水污染物排放标准评估及修订，对太湖流域 15 条入湖河流进行主要水污染物入湖总量核定及动态监控，建立集风险源监控、水环境监测、总量风险监控、风险源溯源决策为一体的主要水污染物总量监控与风险预警平台。

江苏省围绕问题短板和关键领域，深入开展科技攻关和调查研究。一是实施课题专家委员会制度。制定专家委员会年度工作计划，召开专家委员会工作座谈会。提出科研方向，专家委员会开展分组活动及各项调研考察，及时汇总整理专家建议，并向相关职能部门反馈。根据实际工作需要及多方意见，调整专家委员会成员。二是完成众多重点领域专题研究。围绕氮磷污染控制、小流域治理等重点领域的需求，2013 年以来完成了 74 项科研课题研究，更加突出了技术集成示范。

浙江省遴选专家负责指导流域市控断面的消劣工作，组织专家负责指导流域"污水零直排区"建设。聘请了多位两院院士及其他专家组成治水专家团，针对截污纳管、清淤治污、水利建设等问题开展决策咨询、技术指导和难题攻关。重点开展了水污染治理技术集成和适用技术的示范推广、太湖入湖口地区污染物削减及水生态修复示范、县域面源污染整治综合示范。"真空预压法""真空薄膜技术""分级分离固化干结技术"等一批科学治污新技术得到利用并出成效；声波探测仪、"电子眼""无人机""河长工作站"等信息化管理模式全面推广。

7. 多元化的资金投入是做好流域水环境综合治理的保障

流域各地进一步加大资金扶持力度，充分利用市场手段，完善"政府引导，地方为主，市场运作，社会参与"的多元化投入机制。

江苏省编制年度治太资金指南和资金项目安排方案，加大对太湖治理重点工程的支持力度。2017 年 6 月省政府办公厅印发《江苏省太湖流域水环境综合治理省级专项资金和项目管理办法》，对省级治太专项资金项目管理方式进行改革。太湖水环境综合治理专项资金分配方法改为"因素法"和"项目法"相结合，"因素法"为主的专项资金分配模式。除省级统筹涉及的重大工程、重点项目、跨流域区域项目和省本级项目外，其余资金以"地方上年度区域水质改善情况、污染物减排情况、地方年度目标责任书考核情况"三个因素切块分配至流域 14 个设区市、县（市），提高了水质改善情况在资金分配中的比重，促进地方治太的积极性和主动性。积极推进投融资模式创新，开放污水处理经营市场，引入市场竞争机制，充分吸引社会资本、民营资本等参与城乡环境基础设施建设与运行；常州市武进区等在农村生活污水建设运营、黑臭河道整治、小流域综合整治等领域积极探索 PPP 模式，吸引和鼓励社会资本参与水环境治理工作。

浙江省创新实施财政激励政策，2017～2019 年对流域的临安、德清、安吉三县（区）每年每县给予 1 亿元专项资金激励。探索实施流域上下游横向生态补偿，制定出台《关于建立省内流域上下游横向生态保护补偿机制的实施意见》，流域的余杭、湖州、长兴、安吉、德清等地已建立起横向生态补偿机制。建立健全绿色发展财政奖补机制，出台《关于建立健全绿色发展财政奖补机制的若干意见》，实施单位生产总值能耗、出境水水质、森林质量财政奖惩制度，实行与环境质量挂钩分配的生态环保财力转移支付制度。

上海市为加快新谊河、新塘港整治项目进度，将补贴标准由区管河道提升为市管河道标准，即工程费用由市财政补贴 70%提高到全额补贴；制订《上海市饮用水水源地二级保护区内企业清拆整治市级资金补贴方案》，在全面落实二级保护区内禁止新改扩建排放污染物的建设项目的基础上，对现有工业企业实施关闭调整。

8. 强化考核落实责任是做好流域水环境综合治理的保证

国务院相关部门按照联席会议制度工作细则和职责分工，各司其职，加强对地方太湖治理工作的检查指导和督促检查。生态环境部受国务院委托，与两省一市分别签订《水污染防治目标责任书》，对照《水污染防治行动计划》目标要求，对太湖流域的水环境状况进行评价，针对水质反弹且降类的断面，每月向省级人民政府发出预警。每季度调度通报，定期调度水污染防治重点任务实施进展，每季度向省级人民政府通报"水十条"重点任务、水质目标完成情况和水质反弹断面。开展中央生态环境保护督察，加强环境执法检查，对太湖流域开展专项监督检查，联合相关部门开展国家级自然保护区监督检查、饮用水水源地保护专项行动等。

江苏省在太湖流域 65 个重点断面建立"断面长制"，由各县（市、区）党委政府负责同志担任断面长。印发《太湖流域水污染治理目标责任考核细则》，在初步建立省市县三级考核体系的同时，开展部门考核工作；各地结合实际，采取调度通报、联合督查、点评打分、挂牌督办等形式，逐步健全督查考核工作。落实新修订的太湖治理工作督查考核办法及细则，流域五市进一步完善市、县督查考核体系，组织对所辖县（市、区）年度目标责任书检查考核。

浙江省每年印发太湖流域水环境综合治理年度工作任务清单，省、市、县逐层签订主要污染物减排责任书，对减排目标、减排任务和减排项目等做了全面梳理分解，明确工作任务与责任；将太湖流域水环境综合治理工作纳入生态省建设和"五水共治"目标责任考核，考核结果作为对各级领导班子和领导干部政绩考核的重要依据。

上海市参照中央生态环境保护督察模式，出台《上海市环境保护督察实施方案（试行）》，建立集中督察和日常监察相结合的环境保护督察制度，完成对青浦区等地的环保督察，2017 年 11 月 23 日至 12 月 22 日现场督察期间，办理信访 408 件，立案查处 81 件，责令整改 130 件。

5.1.3　存在的问题

在流域各省市和国家有关部门的共同努力下，太湖流域水环境状况得到明显改善，太湖水体水质取得明显好转，氨氮、总氮浓度呈大幅度下降趋势，然而"冰冻三尺，非一日之寒"，今天的生态环境问题是历史不断累积的过程和结果，生态环境质量改善也需要一个长期奋斗的过程，湖泊治理是世界难题，绝非朝夕之功。当前，太湖流域发展与保护的矛盾依然十分突出，资源环境承载能力已经达到或接近上限，污染负荷重、生态受损大、环境风险高，生态产品供给与需求矛盾仍未根本缓解，我们要对其复杂性、艰巨性有清醒的认识（徐雪红，2013）。

1. 太湖水质继续改善的难度在不断增加

1）太湖总磷浓度未达到治理目标且处于高位波动

2018 年，太湖湖体高锰酸盐指数、氨氮和总氮浓度已达到 2020 年目标，但总磷浓度仍超出目标 74%，总体上呈波动上升趋势（王华等，2019）。

近几年入湖污染负荷总体呈降低趋势，但仍超出湖体纳污能力，总磷入湖污染负荷量大是太湖总磷浓度居高不下的根本原因。22 条主要入太湖河道水质状况虽然明显改善，但 2018 年总磷的平均浓度仍为太湖湖体的 1.6 倍，特别是 2016 年流域发生大洪水，总磷入湖污染物量达 2500 吨，为近年来最高，与太湖总磷浓度呈明显正相关性（朱伟等，2019）。太湖为典型的浅水湖泊，近年来由于太湖沉水植物大量减少，风浪扰动后容易造成底泥再悬浮，加速了底泥沉积磷的大量释放（单玉书等，2018）。同时，蓝藻水华会加快湖体磷循环，近年来太湖蓝藻数量增加也导致水体中总磷浓度的上升。多种因素共同作用，导致近年太湖总磷浓度处于高位波动。

2）主要入湖河流水质达标难度大

近年来，22 个主要入太湖河道控制断面水质总体呈好转趋势，达标比例持续提升，但距离《总体方案修编》确定的目标仍有差距。2018 年，江苏省 15 条入湖河流，总氮达标率最低，仅为 27.2%，总磷次之，为 54.5%。从近十年水质数据变化情况来看，目前仅宜兴市大港河和苏州市望虞河 2 条河流能稳定达到《总体方案修编》考核要求，到 2020 年，梁溪河、小溪港可望达到考核水质目标，其他 11 条主要入湖河流仍难以达到《总体方案修编》考核水质目标。

3）太湖暴发大面积蓝藻水华的潜在风险仍然存在

2007 年以来，流域水环境质量得到明显改善，太湖富营养化趋势得到基本遏制，但入河（湖）污染物总量远超水体纳污能力，太湖营养过剩的状况没有根本扭转，太湖蓝藻水华强度总体呈上升趋势。2017 年，太湖蓝藻数量和蓝藻水华面积均达到近年来最高值。近年来太湖营养状况虽有所改善，但太湖氮磷营养盐长期累积，湖体藻型生境已经形成，目前尚未得到有效改变。只要气温、光照、风力等外部条件具备，部分湖区仍有蓝藻水华大面积暴发的可能，受东南季风影响，西北部湖湾、西部沿岸区和湖心区等仍将是蓝藻水华主要发生水域。

4）太湖沉水植物分布面积处于较低水平

沉水植物能抵抗风浪扰动，具有抑制底泥再悬浮的作用，从而减少底泥中的氮磷释放；同时，沉水植物自然生长过程需吸收水体中的氮磷，进而达到净化水质的目的。另外，沉水植物具有一定的物理阻隔作用，可削弱蓝藻的空间迁移。但监测情况表明，自 2015 年以来太湖沉水植被面积大幅减少，由 2014 年的 244 km^2 下降至 28 km^2，降幅约 90%。沉水植物大面积减少后，难以在短时间内恢复至原有水平。

近年来，地方有关部门已认识到沉水植物对太湖水质改善的作用，加强了对太湖水草收割的管理，同时，水利部太湖局通过流域水资源调度，适度降低冬春季太湖水位，有效促进了太湖沉水植物的恢复。2018 年，太湖沉水植物面积有所恢复，已达到 64 km^2，但与 2014 年相比仍有较大差距。

2. 深化治理瓶颈制约亟待突破

1) 工程项目实施的难度不断增加

通过几年努力,太湖治理项目总体实施顺利,已经开始发挥效益。但也要看到,已经完成的项目大多是见效快的、容易实施的,也就是说,好做的事情已经做得差不多了,剩下的都是难啃的硬骨头。太湖生态系统退化,湖体藻型生境难以在短时间内根本改变,污染物浓度指标要进一步下降一点,都要花费更大的力气和付出更多的代价,可以说太湖的综合治理的边际效应已经出现。突出的几个难题有,面源污染所占比例逐步提高,成为太湖治理的主要瓶颈,根据中国国际工程咨询有限公司 2012 年评估数据:农业面源占太湖流域主要污染物贡献比例分别为 COD 45.6%,氨氮 56.7%,总氮 69.8%,总磷 79.1%,而面源污染治理项目完成率较低,缺乏针对性的政策支持和考核机制,治理难度大。污水处理设施运营和管理水平有待提高,污水收集管网建设滞后,一些污水处理厂运行负荷低,尚未充分发挥效益。部分治太骨干工程推进难度大,目前一些太湖治理项目实施进展相对缓慢,如生态修复、河网综合整治、引排通道建设等。主要原因就是土地供给与工程建设需求严重不匹配,受到征地、拆迁等因素的制约,往往还涉及上下游、省际的协调,成了难啃的硬骨头,工程建设推进难度越来越大(余辉等,2018)。同时,基础支撑工作有待加强,监测信息未得到有效整合和共享,水环境监测共享信息平台已经初步建立,但共享信息不多,科研成果和实用技术难以得到有效转化应用。要解决这些瓶颈问题,需要我们在工作中坚持制度、管理和技术创新,全面提升综合治理水平(程声通等,2013)。

2) 流域经济产业结构调整任重道远

虽然近年来太湖流域持续推进产业结构调整和转型升级,加快淘汰落后产能,大力发展高新技术产业和服务业,实现了经济持续增长、污染持续下降的双赢发展格局。但太湖流域社会经济发达、人口资源集聚、城市化水平高,经济社会发展与环境承载能力之间的矛盾依旧突出,流域污染排放总量仍远超水环境承载能力的情况没有根本改变。流域部分地区战略性新兴产业处于起步培育阶段,产出效率偏低,重污染行业占比仍然偏高,主要污染物排放强度较大,高投入、高排放、低效益的问题尚未得到根本解决,产业结构调整仍任重道远(刁欣恬,2019)。

3. 跨区域协同治理力度尚待加强

目前,太湖流域的水污染防治管理体制仍以行政区域管理为主,各行政区污染责任不清,跨界水污染问题难以有效解决,难以协调污染物排放量超过流域环境容量的问题,一些省际边界地区河湖治理与保护、污染防控尚缺乏上下游统一规划,跨省河湖的协同治理保护机制尚未全面建立。以淀山湖治理为例,经监测分析和水质模型模拟计算，2018 年淀山湖全湖总氮负荷量约 14 219 吨，总磷负荷量约 629 吨。其中，青浦区三镇只有金泽镇和朱家角镇的污染源进入淀山湖，入湖污染源总量中总氮和总磷分别只占淀山湖总负荷量的 4.37%和 13.0%，超过 85%的污染物来源于上游。要实现淀山湖水质目标，需要上下游联动，协同治理。随着长三角一体化发展上升为国家战略，太湖流域水环境综合治理跨区域、跨行业合作协同的要求更高，迫切需要推动形成两省一市和国家相关部门协同融合治太的工作新局面。

5.1.4 形势分析

随着我国社会主要矛盾转化为人民日益增长的美好生活需要和不平衡不充分的发展之间的矛盾，人民群众对优美生态环境的需要已经成为这一矛盾的重要方面。党的十九届四中全会从实行最严格的生态环境保护制度、全面建立资源高效利用制度、健全生态保护和修复制度、严明生态环境保护责任制度四个方面，对建立和完善生态文明制度体系，促进人与自然和谐共生做出安排部署，进一步明确了生态文明建设和生态环境保护最需要坚持与落实的制度、最需要建立与完善的制度。2019 年 9 月 18 日，习近平总书记在黄河流域生态保护和高质量发展座谈会上发表重要讲话，深刻阐述了事关黄河流域生态保护和高质量发展的根本性、方向性、全局性重大问题，发出了让黄河成为造福人民的幸福河的伟大号召，不仅为新时代加强黄河治理保护提供了根本遵循，也为做好新时代流域水环境治理工作提供了科学指南。太湖流域是长江经济带、长三角区域一体化等重大国家战略的交汇点，正处于追求更高水平、更高质量发展的关键阶段，对流域生态环境提出了新的更高要求。

从全面建成小康社会的要求来看，全面建成小康社会是一个经济、政治、文化、社会、生态全面协调发展的目标，也是衡量人民生活水平、生活质量的目标。太湖流域地跨江苏、浙江、上海两省一市，是长江三角洲的核心区域，是我国人口密度最大、工农业生产发达、国内生产总值和人均收入增长最快的地区之一。经济发展了，社会进步了，生活富裕了，生态环境在人们生活幸福指数中的分量就会不断加重，"晴日见蓝天、河中飞白鹭"的景象，就越令人向往。太湖流域生态环境尽管有所改善，但流域污染排放总量较大，环境风险隐患不少，河湖环境容量有限、生态系统脆弱的状况还没有根本扭转，流域生态环境质量与经济高质量发展要求，以及人民群众热切期盼相比，还存在不少差距。老百姓要求改善环境的呼声非常强烈。党的十九大将坚决打好污染防治攻坚战作为决胜全面建成小康社会的三大攻坚战之一，只有协调好增长与转型、生产与生态关系，补齐生态环境的短板，才能让更多的碧波美景展现在流域大地上。

从长江三角洲区域一体化发展的要求来看，长三角是我国经济发展最活跃、开放程度最高、创新能力最强的区域之一。推动长江三角洲区域一体化发展，是习近平总书记亲自谋划、亲自部署、亲自推动的重大战略。2019 年，中共中央政治局会议审议通过《长江三角洲区域一体化发展规划纲要》，国务院批复《长三角生态绿色一体化发展示范区总体方案》，标志着长三角一体化发展国家战略全面进入施工期。太湖流域位于长江三角洲地区腹地，当前流域水生态安全仍存在风险，生态空间管控要求不统一，部分区域水生态廊道衔接贯通不充分，规范标准地区差异较大，不同地区排放标准限值也互有宽严。为全面落实长三角一体化发展国家战略，走好绿色发展之路，流域各省市党委政府和水治理机构应进一步聚焦特征生态环境问题，重点在水生态安全保障、生态空间建设、基础设施共享和环境政策制度共建等方面，加强自然资源、生态环境、水利、住建、交通、农业农村等多部门协作，大力推动区域间法规、政策、规划、标准、规范等协调统一，更好地发挥长三角的带动和示范效应。

从流域高质量发展的要求来看，太湖流域经济社会经过长期高速增长，经济实力明显增强，生产体系趋于完备，主要经济指标基本与世界发达经济体相当，到了发达国家实现环境质量好转的阶段。在探索高质量发展路径方面，应全面对标国际最高标准，以更宽视野、更卓越要求，在建设中实现新理念、新方法、新技术的综合集成，在发展中实现生态、创新、人文的有机融合，打造高质量发展标杆。在实施高水平水环境保护治理方面，强化水环境承载力刚性约束，着力从能源、产业、交通、用地四大结构调整优化入手，加强工业集聚区污水集中治理设施建设，推动城镇污水处理设施及污水收集管网建设与改造、城市黑臭水体治理，科学实施流域畜禽养殖污染治理，严格管控生态环境风险，把住资源消耗上限、兜住环境质量底线、守住生态保护红线，实现更有活力、更可持续的高质量发展。

5.1.5　工作展望

为持续做好新时代太湖流域水环境综合治理工作，2021 年以来，国家发展改革委会同有关部门、省市多次赴太湖流域相关地市开展调研，分析研判重点问题，研究提出针对性政策举措，编制形成了新一轮《总体方案》(以下简称新《总体方案》)。新《总体方案》经 2021 年 12 月 24 日召开的太湖流域水环境综合治理省部际联席会议审议通过，上报国务院批复后，由国家发展改革委联合自然资源部、生态环境部、住房城乡建设部、水利部、农业农村部于 2022 年 6 月 23 日印发[①]。

新《总体方案》提出，推进太湖流域水环境综合治理要以习近平新时代中国

---

① 引自网页：https://www.ndrc.gov.cn/xxgk/jd/jd/202207/t20220702_1329970.html?code=&state=123 国家发展改革委负责同志就《太湖流域水环境综合治理总体方案》答记者问。

特色社会主义思想为指导，全面贯彻党的十九大和十九届历次全会精神，深入贯彻习近平生态文明思想，按照党中央、国务院决策部署，立足新发展阶段，完整、准确、全面贯彻新发展理念，构建新发展格局，紧扣推动长江经济带发展和长三角一体化发展战略目标，以改善水生态环境质量为目标，以控源减污、生态扩容、科学调配、精准防控为主线，统筹水环境、水生态、水资源、水安全等要素，强化源头治理、系统治理、协同治理，确保饮用水安全、确保不发生大面积水质黑臭，不断提升生态环境治理现代化水平，提高流域防洪保安与水资源配置能力，推进流域绿色高质量发展，助力长江经济带发展，为长三角一体化发展提供重要支撑，谱写美丽太湖新篇章。

新《总体方案》明确，到 2025 年，太湖流域水环境综合治理成效持续巩固，入河湖污染物大幅削减，滨湖湿地带逐步恢复，水生态环境质量明显改善，流域水资源配置格局持续优化，饮用水安全保障水平进一步提高，总磷等主要污染物浓度总体下降，湖泊富营养化程度和蓝藻水华暴发强度得到基本控制，力争在"有河有水、有鱼有草、人水和谐"上实现突破。到 2035 年，太湖流域污染物排放得到有效控制，基本实现入湖污染负荷与太湖水环境容量之间的动态平衡，城乡黑臭水体全面消除，饮用水安全得到全面保障。流域水生态环境实现根本好转，生态水位得到保障，河湖生态缓冲带得到维持和恢复，生物多样性保护水平明显提升，与水资源水环境承载能力相适应的生产生活方式总体形成，率先实现流域水环境治理现代化，再现清水绿岸、鱼翔浅底的美丽太湖，基本满足人民群众对优美生态环境的需要。

新《总体方案》坚持流域一盘棋思想，突出太湖流域治理重点区域、重点领域和关键环节，分区分类推进保护和治理，提出了五个方面主要任务：一是大力推进污染防治，加强工业污染、城镇生活污染和面源污染治理，科学实施生态清淤，推进环太湖有机废弃物利用；二是加强重点区域生态保护修复，加强自然保护地、重要河湖湿地和湖滨缓冲带生态保护修复，增强水源涵养能力，推进生态绿廊建设，提升太浦河、淀山湖、元荡、汾湖"一河三湖"生态质量；三是保障城乡供水安全，提升饮用水安全保障水平，推进水资源节约集约利用，优化完善流域水网体系，提高应急保障能力；四是推动流域高质量发展，引导产业合理布局，加快制造业绿色化改造，推动环太湖生态产业发展，引领形成绿色生活方式；五是加强能力建设，强化科技创新引领，完善监测执法体系，强化流域共保联治，加快建立生态补偿机制。

实施好太湖流域水环境综合治理，更好发挥太湖生态和社会效益，对于筑牢长三角地区生态建设基石、加快推动长三角一体化发展具有重大意义。要激发活力，形成合力推进新时期太湖保护治理，确保各项目标任务落到实处。为此，新《总体方案》明确：一是强化组织协调，把党的领导贯穿到新《总体方案》实施全过程,在推动长三角一体化发展协调机制下,通过联席会议进一步健全上下联动、合力治太的工作机制,加强对太湖治理的统筹协调。二是健全推进机制,三省市切实履行好新《总体方案》实施主体责任,各有关部门按照职责分工加强支持和指导,流域管理机构、流域生态环境监管机构发挥好应有作用。三是强化责任考核,创新太湖流域水环境综合治理考核方法,完善目标责任考核机制,健全激励导向的考核机制和尽职免责机制,探索建立分区考核机制,强化考核结果运用。四是完善政策体系,强化太湖治理的政策保障,建立健全流域自然资源有偿使用制度和政府引导、市场运作、社会参与的多元化投融资机制,优先保障流域跨区域水环境综合治理重大工程用地等需求。

5.2　太湖流域水生态文明城市建设试点

2013 年,水利部印发《关于加快推进水生态文明建设工作的意见》(水资源〔2013〕1 号),明确了水生态文明建设的指导思想、原则、建设目标,要求在以往工作基础上,选择一批基础条件较好、代表性和典型性较强的城市,开展水生态文明城市建设试点工作,探索符合我国水资源、水生态条件的水生态文明建设模式。经过申报遴选,全国有 105 个试点城市分两批开展了国家水生态文明城市创建。太湖流域开展水生态文明建设试点的城市有 6 个,其中,第一批 4 个,分别是江苏省苏州市、无锡市,浙江省湖州市,上海市青浦区,试点建设期为 2014~2016 年;第二批 2 个,分别是浙江省嘉兴市和上海市闵行区,试点建设期为 2015~2017 年(翟淑华,2017)。

5.2.1　主要工作内容

水生态文明建设的指导思想是:以科学发展观为指导,全面贯彻党的十八大关于生态文明建设战略部署,把生态文明理念融入水资源开发、利用、治理、配置、节约、保护的各方面和水利规划、建设、管理的各环节,坚持节约优先、保护优先和自然恢复为主的方针,以落实最严格水资源管理制度为核心,通过优化水资源配置、加强水资源节约保护、实施水生态综合治理、加强制度建设等措施,大力推进水生态文明建设,完善水生态保护格局,实现水资源可持续利用,提高生态文明水平。水利部提出的水生态文明建设主要工作内容有以下几方面。

1. 落实最严格水资源管理制度

把落实最严格水资源管理制度作为水生态文明建设工作的核心,抓紧确立水资源开发利用控制、用水效率控制、水功能区限制纳污"三条红线",建立和完善覆盖流域和省、市、县三级行政区域的水资源管理控制指标,纳入各地经济社会发展综合评价体系。全面落实取水许可和水资源有偿使用、水资源论证等管理制度；加快制定区域、行业和用水产品的用水效率指标体系，加强用水定额和计划用水管理，实施建设项目节水设施与主体工程"三同时"制度；充分发挥水功能区的基础性和约束性作用，建立和完善水功能区分类管理制度，严格入河湖排污口设置审批，进一步完善饮用水水源地核准和安全评估制度；健全水资源管理责任与考核制度，建立目标考核、干部问责和监督检查机制。充分发挥"三条红线"的约束作用，加快促进经济发展方式转变。

2. 优化水资源配置

严格实行用水总量控制，制定主要江河流域水量分配和调度方案，强化水资源统一调度。着力构建我国"四横三纵、南北调配、东西互济、区域互补"的水资源宏观配置格局。在保护生态前提下，建设一批骨干水源工程和河湖水系连通工程，加快形成布局合理、生态良好，引排得当、循环通畅，蓄泄兼筹、丰枯调剂，多源互补、调控自如的江河湖库水系连通体系，提高防洪保安能力、供水保障能力、水资源与水环境承载能力。大力推进污水处理回用，鼓励和积极发展海水淡化和直接利用，高度重视雨水和微咸水利用，将非常规水源纳入水资源统一配置。

3. 强化节约用水管理

建设节水型社会，把节约用水贯穿于经济社会发展和群众生产生活全过程，进一步优化用水结构，切实转变用水方式。大力推进农业节水，加快大中型灌区节水改造，推广管道输水、喷灌和微灌等高效节水灌溉技术。严格控制水资源短缺和生态脆弱地区高用水、高污染行业发展规模。加快企业节水改造，重点抓好高用水行业节水减排技改以及重复用水工程建设，提高工业用水的循环利用率。加大城市生活节水工作力度，逐步淘汰不符合节水标准的用水设备和产品，大力推广生活节水器具，降低供水管网漏损率。建立用水单位重点监控名录，强化用水监控管理。

4. 严格水资源保护

编制水资源保护规划，做好水资源保护顶层设计。全面落实《全国重要江河湖泊水功能区划》，严格监督管理，建立水功能区水质达标评价体系，加强水功能区动态监测和科学管理。从严核定水域纳污容量，制定限制排污总量意见，把限制排污总量作为水污染防治和污染减排工作的重要依据。加强水资源保护和水污染防治力度，严格入河湖排污口监督管理和入河排污总量控制，对排污量超出水功能区限排总量的地区，限制审批新增取水和入河湖排污口，改善重点流域水环境质量。严格饮用水水源地保护，划定饮用水水源保护区，按照"水量保证、水质合格、监控完备、制度健全"要求，大力开展重要饮用水水源地安全保障达标建设，进一步强化饮用水水源应急管理。

5. 推进水生态系统保护与修复

确定并维持河流合理流量和湖泊、水库以及地下水的合理水位，保障生态用水基本需求，定期开展河湖健康评估。加强对重要生态保护区、水源涵养区、江河源头区和湿地的保护，综合运用调水引流、截污治污、河湖清淤、生物控制等措施，推进生态脆弱河湖和地区的水生态修复。加快生态河道建设和农村沟塘综合整治，改善水生态环境。严格控制地下水开采，尽快建立地下水监测网络，划定限采区和禁采区范围，加强地下水超采区和海水入侵区治理。深入推进水土保持生态建设，加大重点区域水土流失治理力度，加快坡耕地综合整治步伐，积极开展生态清洁小流域建设，禁止破坏水源涵养林。合理开发农村水电，促进可再生能源应用。建设亲水景观，促进生活空间宜居适度。

6. 加强水利建设中的生态保护

在水利工程前期工作、建设实施、运行调度等各个环节，都要高度重视对生态环境的保护，着力维护河湖健康。在河湖整治中，要处理好防洪除涝与生态保护的关系，科学编制河湖治理、岸线利用与保护规划，按照规划治导线实施，积极采用生物技术护岸护坡，防止过度"硬化、白化、渠化"，注重加强江河湖库水系连通，促进水体流动和水量交换。同时要防止以城市建设、河湖治理等名义盲目裁弯取直、围垦水面和侵占河道滩地；要严格涉河湖建设项目管理，坚决查处未批先建和不按批准建设方案实施的行为。在水库建设中，要优化工程建设方案，科学制定调度方案，合理配置河道生态基流，最大限度地降低工程对水生态环境的不利影响。

7. 提高保障和支撑能力

充分发挥政府在水生态文明建设中的领导作用，建立部门间联动工作机制，形成工作合力。进一步强化水资源统一管理，推进城乡水务一体化。建立政府引导、市场推动、多元投入、社会参与的投入机制，鼓励和引导社会资金参与水生态文明建设。完善水价形成机制和节奖超罚的节水财税政策，鼓励开展水权交易，运用经济手段促进水资源的节约与保护，探索建立以重点功能区为核心的水生态共建与利益共享的水生态补偿长效机制。注重科技创新，加强水生态保护与修复技术的研究、开发和推广应用。制定水生态文明建设工作评价标准和评估体系，完善有利于水生态文明建设的法制、体制及机制，逐步实现水生态文明建设工作的规范化、制度化、法治化。

8. 广泛开展宣传教育

开展水生态文明宣传教育，提升公众对于水生态文明建设的认知和认可，倡导先进的水生态伦理价值观和适应水生态文明要求的生产生活方式。建立公众对于水生态环境意见和建议的反映渠道，通过典型示范、专题活动、展览展示、岗位创建、合理化建议等方式，鼓励社会公众广泛参与，提高珍惜水资源、保护水生态的自觉性。大力加强水文化建设，采取人民群众喜闻乐见、容易接受的形式，传播水文化，加强节水、爱水、护水、亲水等方面的水文化教育，建设一批水生态文明示范教育基地，创作一批水生态文化作品。

5.2.2　流域典型城市试点做法——以苏州市为例

苏州市境内河流纵横，湖泊星罗棋布，水生态基础条件优越，同时也是著名的历史文化名城和风景旅游城市，"上有天堂，下有苏杭"，水文化底蕴十分深厚。多年来，通过提高水安全保障、严格水资源保护、加快水环境治理等一系列举措，苏州市进一步夯实了水生态文明城市建设的基础。但是，长期以来快速发展积累的矛盾也日益显现，水资源等要素的约束日益明显，老百姓要求改善水生态环境的呼声日益强烈，经济社会发展在试点前步入关键期，苏州市迫切需要建立"人水和谐"发展的新秩序。

2014～2017年，苏州市围绕水安全、水资源、水生态、水环境、水文化"五篇文章"，高起点谋划、高标准推进、高质量落实水生态文明城市建设试点工作。

1. 保障水安全

试点期间，苏州持续推进长江堤防和太湖综合整治，完成了通洲沙西水道整治、福山水道边滩整治、铁黄沙整治等重大项目，结合道路建设提高了环太湖地区堤防和沿线建筑物标准，长江、太湖堤防达到 50～100 年一遇标准，城镇排涝能力达到 20 年一遇标准。2016 年，全市出现了 1999 年以来最严峻的汛情，太湖水位为历史次高并持续超警 58 天，大运河水位超历史最高水位 22 cm，苏州市超前谋划，精准调度，直接经济损失仅 1.55 亿元，与 1991 年大洪水相比减少 92.62%。开展农村圩区达标三年行动，建成近 5000 km 圩堤，加强圩区信息化建设，有力保障了百姓生命财产安全。

2016 年，苏州市有 15 个集中式饮用水源地，总供水能力 717.5 万 m³/天，具备深度处理能力的水厂总规模达到 430 万 m³/天，全市建成"水源保护、原水互备、清水互通、城乡同网、深度处理、预警防控"六位一体的供水安全保障格局，实现水源地水质达标、自来水普及、区域供水覆盖、龙头水水质合格"四个百分百"。15 个集中式饮用水源地均划定了保护区，水源地全部完成达标建设任务。

2. 保护水资源

苏州市建立了用水总量、用水效率、水功能区纳污总量"三条红线"考核指标体系，在全省最严格水资源管理制度考核中，连续 10 年位居前列。建成全国首个节水型城市群，张家港、常熟、太仓、昆山 4 市纳入省级水生态文明建设试点，全市形成了水生态文明建设试点城市群。

一是以水资源的节约和保护倒逼经济转型升级。制定了《关停不达标企业、淘汰落后产能、改善生态环境三年专项行动计划（2014—2016 年）》，试点期内全市关停、淘汰落后企业 3347 家，为全市经济结构调整和产业转型升级提供了发展空间。2016 年全市规模以上新兴产业产值 1.53 万亿元，占全市规模以上工业增加值比重达 49.8%。

二是深化节水型社会建设。累计建成省级节水型企业、单位、社区 1143 家，节水型企业覆盖率达 65.8%，节水型机关、节水型学校创建率分别达 70%、50%以上，四星及以上宾馆全部建成节水型宾馆，全市单位工业增加值用水量从 2012 年的 16 m^3 降到 2016 年的 12.9 m^3；建成高标准农田面积 176.59 万亩，占基本农田面积的 72.33%。灌溉水利用系数从 2012 年的 0.63 提高到 0.674。

三是强化水资源管理制度建设。苏州市全面加强水资源管理能力建设，出台了《苏川市关于实行最严格水资源管理制度的实施意见》，对实施最严格水资源管理进行了顶层设计。在《苏州市节约用水条例》《苏州市城市排水管理条例》等颁布实施后，先后又制定了《苏州市建设项目节约用水管理办法》《苏州市逐步禁止公共绿化、道路冲洗使用自来水工作的实施意见》《苏州市计划用水管理办法》等重要法规制度，形成最严格水资源管理制度体系。

四是加强用水审计。制定了严于国家和省标准的造纸、宾馆等行业用水定额，对新增取水户按国内行业先进标准核定用水量。在全省率先推行用水审计，并由市向市（县）、区覆盖，全市累计完成 20 个行业 44 家企业用水审计，计划三年内完成全市重点用水户用水审计。

3. 修复水生态

依托苏州市生态红线保护区域规划，加大生态湿地保护、建设和管理力度，重点建设环太湖湿地保护区、北部沿江湿地保护区和中南部湖荡湿地保护区。

一是全面实施生态补偿制度。2014 年 5 月，苏州市出台了全国首部生态补偿地方性法规《苏州市生态补偿条例》，同年 10 月 1 日起正式施行。并于 2016 年 7 月公开发布《苏州市政府印发关于调整生态补偿政策的意见的通知》，对苏州市生态补偿政策做出调整。2014～2016 年，全市生态补偿金额达 22.76 亿元。

二是加强湿地保护力度。市人大出台了《苏州市湿地保护条例》，市政府公布了《苏州市级重要湿地名录》，制定湿地保护方案，自然湿地保护率从试点前的45%上升至 54%。

三是大力推进海绵城市建设。划定城北片约 26.5 km^2 的区域为省级海绵城市建设试点片区。在城市建设中全面落实海绵理念，建成了工业园区中新生态科技城、苏州湾太湖新城、高新区西部生态城等一批海绵城市示范典型。

四是加快推进生态河道建设。颁布了《生态河道技术指南》，试点期间全市建成生态河道 782 km，城乡生态环境日益改善。

五是推进生态农业建设。积极推进农业产业结构调整，着力推进标准化、规模化、绿色化发展模式。试点期间累计推广与应用低碳高效施肥新技术面积 716 万亩；规模畜禽养殖场粪便无害化处理与资源化利用率达到 96.7%，湖泊、池塘生态化养殖面积比例分别达到 87%、68%。

4. 改善水环境

试点期间，完成七浦塘、杨林塘、一干河、七千河等区域骨干河道综合整治，国家中小河流治理工程全部完工，水系布局进一步优化，河湖水系恢复连通，水功能区水质达标率从 2012 年的 62.9%提高到 75.5%。

一是加强河湖水系连通。全力推进阳澄湖、金鸡湖、娄江等区域性骨干河道综合整治，打通断头浜、拓宽束水河道，实现河湖水系通畅，有效提高了区域防洪除涝能力和水资源调控能力，试点期间拆除堵水坝埝 338 处，建设桥涵 306 座，消灭断头浜 18 km。苏州城区持续开展了"截污、清淤、活水、保洁"水质提升行动，河道水质主要指标从 V 类、劣 V 类提升至Ⅲ、Ⅳ类，消除了黑臭现象。全面完成中央河湖水系连通补助项目，项目建设达到水利部要求。

二是大力实施活水畅流工程。以骨干工程为基础，制定了以阳澄湖为中心的水资源调度方案、应急调度预案和调度计划。在不影响防汛的情况下，定向调度，激活水体，加快内河水体的流动，促进河湖水质改善。苏州市区及各县城因地制宜实施调水引流建设，城区"自流活水"工程运转顺利，有效改善了城区河道水质；石湖片区调水引流工程顺利完工，惠及石湖及周边地区 40 km^2。各区县也积极推进城区畅流活水工程建设，城市水环境质量明显提升。

三是开展重点水环境问题专项整治。试点期间，积极推进黑臭河道治理工作，制定下发《苏州市城镇黑臭水体整治行动方案》，明确了黑臭水体整治工作的目标任务。通过控源截污、河道清淤、调水引流、生态修复等综合措施，城区河道全面消除感官黑臭。农村河道治理建立了"定期轮浚"机制，累计完成农村河道疏浚 5531 条，全长 4456 km，完成土方 6544 万 m^3，消除农村黑臭河道 674 条，极大改善了农村河道生态环境。

　　四是全面推进城镇生活污水治理。加快推动城镇生活污水处理设施建设，试点期间，城镇生活污水治理项目累计投资超过 50 亿元，新建、扩建城镇污水处理厂 11 座，新增污水管网 887.3 km，目前全市共建成城镇污水厂 93 座，处理能力为 379 万 t/天，年处理污水量 10.1 亿 t，城镇生活污水处理率为 95.2%。积极开展排水达标区建设，推进老城区和撤并乡镇的雨污分流改造和污水接纳工作。严格城镇生活污水考核和督察，建立季度监管通报制度。以排水许可和污水接纳为抓手，对新建工程项目开展排水方案审核备案、自建排水设施功能性验收等工作，全面抓好控源截污工作。

　　五是全面推进农村生活污水治理。试点期间，制定了《农村生活污水治理三年行动计划（2015—2017 年）》，成立"苏州市农村生活污水治理工作领导小组"，下发《苏州市农村生活污水治理技术指南》，坚持集中处理与分散治理并行，年均完成 1500 多个村庄的治理工作，实现了环太湖、阳澄湖等生态敏感区域村庄污水治理设施的全覆盖，重点村、特色村治理率已达 85%，全市农村生活污水治理率达到 75%，出台了苏州市农村生活污水治理《工作规范》《技术规范》《运行规范》，形成了制度性和规范化成果。

　　六是创新投融资模式。坚持"政府引导、地方为主、市场运作、社会参与"的建设体制。农发行苏州分行等多家银行与市水利水务部门签订了授信总额 580 亿元的战略合作协议。中国中车公司投资 10 亿元在全国首推农村分散式污水处理 PPP 模式。其一期项目被国家发改委列为全国 45 个示范项目。苏州市农村生活污水治理"四统一"建管模式，被住建部作为典型经验向全国推广。

5. 弘扬水文化

　　配合大运河申遗工作，开展了苏州城区古桥古井和全市水文化遗产调查保护，制定了古桥古井古水埠名录。在太湖整治中，将太湖防洪大堤打造成观光线。水生态文明课程列入全市干部培训教育体系，招募 353 名"水讲堂""乐水护水"青年志愿者入社区、学校、企业开展节水爱水宣传。连续五年开展"我的天堂我的水"主题征文活动，每年有包括学生在内的近 10 万名市民参加。《苏州市水文化初探》《苏州市水生态保护的历史与现状》两项水利文史课题顺利通过省级验收。先后建成园博园太湖水保护馆、吴江同里太湖水利展示馆、苏州市水文化科普教育馆等水文化场馆，苏州市水文化馆、苏州名城水文化馆、太湖水文化馆、苏州当代治水成就展示馆、苏州水文化公园正在积极筹建中。向全市中小学发放《苏州市节水科普读本》。全市累计建成 6 个国家级、3 个省级水利风景区，14 个镇（乡、街道）、134 个村获评省级"水美乡镇""水美乡村"，并充分发挥吴中区旺山国家级水土保持科技示范园、工业区青少年活动中心等 10 余家苏州市级节水教育基地的示范教育作用，扎实有序推进水文化传承工作，全社会水生态文明意识显著提升。

5.2.3　太湖流域水生态文明城市建设试点成效

太湖流域各试点城市认真落实水生态文明城市建设试点工作的总体目标、重点任务、投资规模、保障措施，在解决城市发展不平衡、人与自然和谐等方面，出实招、破难题、建机制，取得了明显成效。

1. 推动了从单一河湖治理向片区整体改善转变，生态效益凸显

一是河湖水系连通性和水体流动性大幅提高。试点城市通过构建"引排通畅、丰枯调剂、资源互补、循环活水"的生态水网，促进了水体的有序流动，缩短了换水周期，河道恢复自然面貌，水流畅行，原有水生生物也得以再次出现和生长，水陆交错带生态功能以及河道自净能力逐步恢复，生物多样性得到保护和发展。苏州市实施活水自流工程，改善了城区水环境；完成走马塘（苏州段）、七浦塘等骨干河流拓浚整治工程，大幅提高河道整体过水能力。建立了农村河道"定期轮浚"机制，累计完成农村河道疏浚 5531 条，全长 4456 km，拆除堵水坝埂 1000 多处，建设桥涵 900 余座，拆除清理违章建筑和废船 1312 处（只），古城区消除了断头浜。湖州市开展了新一轮河湖生态的系统治理，打造 308 条生态示范河道，建成了一大批集生态景观、文化休闲于一体的河道示范工程，全市 7373 条、9380 km 河道保洁 100%覆盖，有效改善了城乡水环境。无锡市开展河道整治进一步畅通了河湖水系。实施调水引流、沟渠清淤疏浚等工程，坚持恢复自然连通与人工连通相结合，恢复河道、沟渠的连通性和输水能力。试点期末无锡湿地保护率达到 50%，超过预期目标 10 个百分点，水域面积率达到 8.64%，达到既定目标，水土流失治理率为 80%，较基准年上升 30 个百分点。

二是水环境质量显著提升。苏州市通过全面建设生态产业体系，源头减少废污水产生量，结合调水引流工程，仍然实现了全市水环境质量的稳步提升，全面消除了 247 条感官黑臭河道，水功能区水质达标率从 63%提升到 75.5%，Ⅲ类水质以上断面比例从 40.4%提高到 57.1%。2016 年湖州市水功能区水质达标率上升到 91.5%；全市 78 个县控以上地表水监测断面全面消灭Ⅴ类和劣Ⅴ类水质，Ⅲ类及以上断面比例达到 98.7%，列入"水十条"考核的 13 个国控断面 100%达到目标要求，省交接断面水质考核位列优秀等次，入太湖水质连续 9 年保持在Ⅲ类以上。无锡市重点水功能区水质达标率 2016 年提升到 66.7%，较 2012 年提升 25.5%；7 个集中式饮用水水源地水质达标率达 100%；COD、NH_3-N 排放量分别降低 19.62%和 18.24%，超过试点期确定的 15%目标。太湖蓝藻无害化处理率达到 86.6%。青浦区 2016 年主要水功能区水质达标率由 2012 年的 42.6%，提升至 2016 年的 59.3%。

三是河湖生态健康状况有效改善。苏州市区西塘河、护城河和胥江 3 条河流及阳澄湖、金鸡湖、独墅湖和石湖 4 个湖泊生物多样性得到改善，健康指数得到明显上升。同时，新建了一批湿地公园和湿地小区等，对认定公布的湿地，明确边界、设立界标、制定湿地保护方案，自然湿地保护率从试点前的 45% 上升至53.8%。通过一系列措施，全市水域面积保护率达到 100%，且在不降低的前提下略有上升，城市建成区透水面积率超过 47.3%，新建、改造护岸的生态化比例 100%，为区域水生态恢复奠定了良好的水域空间基础。

2. 推动了从经济发展优先向生态保护优先转变，社会效益突出

一是城乡水安全得到切实保障。苏州市建立了从水源地到水龙头的全过程饮水安全保障体系，14 个集中式饮用水水源地完成达标建设任务并通过验收；实现了自来水普及率、区域集中供水覆盖率的 100%；沿江三市全部建成应急水源和应急水库，保障了生产生活秩序稳定；建立以水质为核心的质量监管体系，中心城区每月进行一次常规 42 项指标抽查，每季进行一次管网末梢水 106 项指标抽查，试点期间全市末梢水质达标率达到 100%。湖州市通过东太湖取水工程等一系列水资源优化配置工程建设，市本级城乡供水一体化覆盖率从 92% 上升到 95%，全市优质供水能力已超过每年 2 亿 m³，市县级以上集中式饮用水源地水质达标率达到了 100%。无锡市在 2008 年形成了太湖、长江双水源供水格局，试点期内得到进一步完善。全面建成投运宜兴市油车水库应急备用水源，建成江阴市沿江利港地下水应急备用水源地并接入澄西自来水厂，随时可以应急启用；太湖锡东、南泉和宜兴横山水库、油车水库四个水源地通过了省政府考核验收，江阴长江小湾、西石桥 2 个集中式饮用水源地已完成达标建设。

二是涉水管理能力和服务水平全面增强。苏州市不断完善涉水管理能力和手段，创新管理方式。对年取用地表水 10 万 t 以上、地下水 5 万 t 以上用水大户实行在线监控，市区纳入重点监控用水单位的用水量占用水总量的 97%，县市纳入重点监控用水单位的用水量占用水总量均在 90% 以上。取水许可审批时限控制在 5~7 个工作日内，取水许可台账录入率达 100%。入河排污口和市级以上 250 个水功能区实行全覆盖监测，废污水在线监控企业 1280 家，覆盖了全市所有污水处理厂、化工、造纸、印染、电力等重点企业，污染负荷占比达到 85% 以上。

湖州市持续推进节水型社会建设。2016 年湖州用水总量为 15.23 亿 m³，相比 2015 年下降 7.9%，比 2013 年下降了 15.7%，节约水 2.84 亿方，相当于近 3 个老虎潭水库的水量。2016 年，湖州市万元生产总值用水量 67.91 m³，比 2015 年下降 16.7%，较 2010 年下降了 50%。万元工业增加值用水量 30.65 m³，较 2010 年下降了 37%，农田灌溉水有效利用系数从 0.624 上升到了 0.626，节水效益显著。

青浦区建设和完善设施粮田 2.8 万亩。试点期末，青浦区新鲜水耗呈现明显的逐年下降趋势，2016 年全区工业用水总量 3649.39 万 m^3，较 2012 年下降 10.35%，全区工业重复用水率达到 85.27%，万元工业增加值用水量为 10.55 m^3，不到全国平均水平的 20%；农田节水灌溉工程面积新增 4.8 万亩，农田灌溉水有效利用系数达到 0.741，全区水资源节约经济成效显著。

三是水生态文明理念进一步深入人心。苏州市以"我的天堂我的水"为主题，从政府、学生、公众、企业等多个层面开展水生态文明意识的宣传教育，提升了全社会水资源节约保护和水生态文明意识。试点期间共举办 17 次水讲堂，直接受众超过 3000 余人，赢得社会各界的肯定与赞扬，水生态文明理念进一步深入人心。湖州市依托多项文化遗产，不断丰富全民水生态文明意识。"桑基鱼塘"系统被列入第二批中国重要农业文化遗产，大运河湖州段列入世界遗产名录，成为我国第 32 项世界文化遗产，太湖溇港工程成功入选第三批世界灌溉工程遗产名录，多项文化遗产的申报成功，为湖州市民创造了新的文化观光、寻访热点，丰富了湖州的精神财富。无锡市利用"世界水日""中国水周""世界环境日""城市节水宣传周""全省节水宣传月"等，通过报刊、广播、电视、网络等新闻媒体和公交、地铁、影院、社区电子屏等场所，向全社会宣传节约保护水资源、推进水生态文明建设的重大意义。青浦区水生态文明宣传普及率达 85.6%，公众对水生态文明环境的满意率达 81%，凭借良好的生态文明建设成效和绿色发展潜力，荣获"全国十佳文明城市"光荣称号。

3. 推动了从追求发展速度向追求发展质量转变，经济效益显著

一是高效推动了产业结构转型升级。苏州市试点期间，全市共完成关停、淘汰落后企业、落后产能 3347 家，每年减排 COD 和二氧化硫 1.89 万 t，腾出土地超过 3.25 万亩。腾退出来的空间大力发展新能源、新材料、节能环保、生物技术和新医药、高端装备、智能电网和物联网、新型平板显示、软件和集成电路 8 个重点新兴领域，2016 年，全市新兴产业实现产值 15 265.3 亿元，占全市规模以上工业的比重为 49.8%，比试点前提高了 4.4 个百分点。青浦区每年预安排 1000 万元专项调整资金用于产业结构调整；制定《青浦区产业结构调整三年行动计划（2014—2016 年）》，为产业调整做好布局；近三年青浦区累计关停搬迁危化企业 23 家，其中停产关闭 18 家，搬迁 5 家。同时，发展培育新兴产业，大力发展生态经济，研究制定《青浦区培育和发展战略性新兴产业实施细则》，着力打造包括新材料、高端装备、生物医药三大战略性新兴产业在内的先进制造业；带动现代服务业发展，会商旅文联动发展、现代物流集聚发展、创新金融和信息服务业融合发展达到新高度；引领都市特色农业发展，推进示范基地创建。

二是带动了特色涉水产业的发展。水生态文明城市建设与风景旅游资源相结

合，良好的水生态优势也逐步转变为生态红利和发展活力，试点城市旅游业迎来新腾飞。2016 年，湖州市接待国内外旅游人数 8845.8 万人次，比上年增长 25.1%。其中，国内旅游人数 8752.2 万人次，增长 25.0%；入境旅游人数 93.6 万人次，增长 33.2%。全年实现旅游总收入 882.6 亿元，增长 26.0%。其中，国内旅游收入 859.8 亿元，增长 26.1%；旅游外汇收入 3.6 亿美元，增长 23.0%。全年旅游景区门票收入 8.5 亿元，增长 21.0%。2016 年，青浦区实现旅游总收入 68.1 亿元，旅游接待人次 837.0 万人；同时，水环境、生态景观的改善，也同步提升了区域土地资源生态价值，实现了水生态价值的经济化发展，2016 年全区房地产投资达到 272.7 亿元。

三是形成了一批科技创新推动的新兴产业。湖州市大力实施浙（湖）商回归工程，以优质的项目增量推动传统产业生态化、特色产业规模化、新兴产业高端化，新增工业用地亩均投资强度达 269 万元；重点特色产业增加值占规模以上工业比重达 54.4%。无锡市注重加强水利先进技术引进与自主创新，建立、健全市、市（区、县）、镇（乡、街道）三级水利科技推广体系，如淤泥固化及资源化利用、蓝藻打捞及无害化处理、水利物联网建设等方面的科技成果转化。青浦区大力集聚发展与城市生态宜居要求相适应的先进制造业、生产性服务业和城市服务业，推进城镇功能和产业功能的融合发展。

5.2.4　太湖流域水生态文明城市建设试点的经验总结

2013～2018 年，太湖流域水生态文明城市建设试点的经验，可总结为 6 个方面。

1. 坚持政府主导，形成了齐抓共创的工作合力

各地市委、市政府都高度重视水生态文明城市建设，苏州市印发了《苏州市 2014～2016 年水生态文明城市建设三年行动计划》，对包括发改、经信、水利、环保、住建、农业、园林、文广、旅游等在内的 31 个部门及各区、市政府的任务分工进行了明确划分。青浦区成立以分管区长任组长、各委办局主要负责人为成员的水生态文明城市试点建设专项工作小组，并制定了《青浦区水生态文明城市建设试点工作手册》。在上级统一部署指挥下，各部门明确分工，协调配合，形成了政府主导、分工负责、强化考核、协调联动、合力推进的工作机制。建设试点工作各项任务实施顺利，取得了良好的建设成效。

2. 坚持系统治理，发挥了示范工程的引领作用

"山水林田湖草"是一个生命共同体，治水要统筹自然生态的各个要素，要用系统论的思想方法看问题。必须按照共抓大保护、不搞大开发的要求，统筹好水

的资源功能、环境功能、生态功能，兼顾好生活、生产和生态用水。水生态文明建设任务面广量大，各地坚持工程主导、水岸共抓、系统治理、综合施策，以实实在在的工程项目为支撑，先行启动实施了一大批重点示范工程，发挥了重要示范引领作用。无锡市投资 93.44 亿元，建成"一湖一城、一岛三带、九园百村"共 16 项重点示范工程，形成了"无锡特色"的水生态文明建设模式，为无锡市建设滨水花园城市、率先基本实现现代化提供坚强支撑和保障。湖州市按照"全市一试点，一县一侧重"的示范要求，把与水生态文明有关的示范项目，连点成线，连线成片，创建了一批示范县区，取得良好效果。青浦区通过大连湖及周边水系生态修复工程、"美丽乡村"示范工程、淀浦河河道综合整治工程等 7 项重点示范性工程建设，促进了河网水体流动、改善了河网水环境，提高了区域水资源和水环境承载能力。

3. 坚持两手发力，落实了试点建设的资金需求

湖州建立了政府主导、市场推动、多元投入、社会参与和分级负责的投入机制。试点期间，以加强财政投入、争取上级支持、用好专项资金、引入社会资本等方式落实资金保障。247 亿元的投入中，争取省级以上补助资金 84 亿元，奖励资金 2 亿元，争取建设基金 10 亿元，市县落实财政资金 63 亿元，落实融资贷款 59 亿元，另外 29 亿元的工程项目采取 PPP 的政企合作模式予以解决。无锡市利用国债资金、银行贷款、市场化运作、水生态第三方治理、引进外资、土地滚动开发、资本融资等多种形式筹措建设资金，每年新增财力的 20%用于太湖水环境综合治理项目。试点期间完成投资 226.86 亿元。青浦区在努力争取上级财政资金支持的同时，利用社会资金建设多个节水示范点，采用 BOT、BOO、TOO 等模式建设了青浦第二污水处理厂、华新、徐泾、白鹤等污水处理厂和青浦污泥干化厂。

4. 坚持科技创新，夯实了环境治理的技术支撑

试点期间，各地加强科技创新平台建设，深化与科研机构交流合作，加大适用技术研发推广力度，积极引进、消化、吸收和再创新国内外关键技术，着力突破生态恢复、污染治理、循环经济、低碳经济、能源替代等领域的技术瓶颈。湖州市通过与浙江大学合作共建"湖州环境科技创新中心"，与中科院武汉水生所合作共建"南太湖水生态观测站"等多种形式，广邀全国治水专家参与一线治水。无锡市独创了一套从打捞、藻水分离到干化的无害化处理技术，获得 13 项发明及实用新型专利，初步形成了"科学化监测预警、机械化打捞、工厂化处置、资源化利用、信息化管理"的"无锡特色"的蓝藻治理模式。

5. 坚持制度规范，强化了考核评估的激励引导

湖州市编制完成自然资源资产负债表，建立归属清晰、权责明确、监管有效的自然资源资产产权制度，出台《湖州市人民政府关于建立生态补偿机制的意见》，设立生态补偿专项资金，按照"谁受益、谁补偿"和"多元筹资、定向补偿"的原则，逐年加大生态补偿资金投入力度。青浦区建立了环境资源专门化审判机构，成立了环境资源审判庭，建立了青浦法院、检察机关、公安机关、环境资源行政主管部门之间的执法协调机制和执法联动联席会议制度，为推进水生态文明建设提供强有力的法治保障。

6. 坚持公众参与，营造了全民治水的社会氛围

水生态文明城市建设是一项长期的系统工程，必须得到全社会的广泛参与和积极支持。试点期间，各地市政府及各相关部门高度重视水生态文明宣传教育。青浦区以"世界华人龙舟邀请赛""淀山湖文化艺术节""淀山湖旅游购物节"等主题活动为契机，打响青浦水乡特色文化名片。湖州建成了太湖溇港文化展示馆、节水教育基地、水土保持科技示范园区等一批水文化宣传教育载体。通过加大水生态文明理念的宣传教育，利用报刊、广播、电视、网络等新闻媒体和公交、地铁、影院、社区电子屏等场所，向全社会宣传节约保护水资源，公众的水生态环境忧患意识得到增强，形成了良好的惜水、节水、科学用水和保护水生态环境的氛围。

5.3　探索实践河长制

2007 年，太湖大面积暴发蓝藻，引发了江苏无锡水危机。无锡市随后开始探索实行以党政领导担任河流的"河长"，负责辖区内河流污染治理的"河长制"，取得良好成效。2007 年以后，各地陆续探索实行"河长制"，形成了大量可复制、可推广的工作经验。

在习近平总书记亲自部署和推动下，2016 年 11 月 28 日，中共中央办公厅、国务院办公厅印发《关于全面推行河长制的意见》，明确在全国范围内，全面推行河长制。习近平总书记在 2017 新年贺词中专门提到，"每条河流要有'河长'了"。一时间，"河长"这个名词变得家喻户晓，河长制迅速在神州大地推行开来。2017 年 12 月 26 日，中办国办又联合印发了《关于在湖泊实施湖长制的指导意见》，明确全国各省（自治区、直辖市）要将本行政区内所有湖泊纳入全面推行湖长制工作范围，到 2018 年底前在湖泊全面建立湖长制。

　　太湖流域作为河长制的发源地，工作起步早、基础好。流域内江苏、浙江等地在全国率先探索河长制，不断丰富河长制内涵，创新河长制工作方式，取得了良好的成效，为中央在全国全面推行河长制积累了丰富的经验。在中央做出全面推行河长制的重大决策部署后，太湖流域各省市党委政府高度重视，迅速行动，在已有河长制工作的基础上，以更高标准、更实措施、更大力度，积极探索创新，着力打造河长制升级版，深入推进湖长制，取得了显著的成效，同时也涌现出了一大批新的可复制、可推广的先进经验和做法。截至 2017 年底，太湖流域各省市对照中央要求，均已全面建立了河长制。

5.3.1　河长制起源

　　无锡，北临长江，南濒太湖，京杭大运河穿城而过，是著名的"江南水乡"。境内河网密布，水系发达，辖区内有规模河流 5635 条、水库 19 座，全市水域面积达 32.4%。得天独厚的水资源禀赋，造就了无锡因水而生、因水而美、因水而兴的山水文化特质。传统发展方式在创造"苏南模式"奇迹的同时也逐渐积累了许多生态环境问题，其中水环境问题尤其突出。

　　2007 年 5 月，太湖大面积暴发蓝藻，引发了江苏无锡水危机。同年 6 月 11 日，国务院太湖水污染防治座谈会在无锡召开，时任中共中央政治局常委、国务院总理温家宝做出批示："太湖水污染事件给我们敲响了警钟，必须引起高度重视。要认真调查分析水污染的原因，在已有工作的基础上，加大综合治理力度，研究提出具体的治理方案和措施。"

　　"太湖水危机"令无锡人反思，针对水污染严重、河道长时间没有清淤整治、企业违法排污、农业面源污染严重等现象的整治行动全面展开。2007 年 8 月，无锡市委办公室和市政府办公室印发《无锡市河（湖、库、荡、氿）断面水质控制目标及考核办法（试行）》，将河流断面水质检测结果"纳入各市（县）、区党政主要负责人政绩考核内容""各市（县）、区不按期报告或拒报、谎报水质检测结果的，按有关规定追究责任"。这份文件的出台，被认为是无锡推行"河长制"的起源。

　　简单说，无锡早期探索出的"河长制"即由各级党政主要负责人担任"河长"，负责辖区内河流污染治理。"河长"是河流保护与管理的第一责任人，主要职责是督促下一级河长和相关部门完成河流生态保护任务，协调解决河流保护与管理中的重大问题。这项从河流水质改善领导督办制、环保问责制衍生出来的水污染治理制度，让无锡市党政主要负责人分别担任了 64 条河流的"河长"，真正把各项治污措施落实到位。

　　通过实施河长制，无锡河湖管理与保护成效显著。一是水体功能逐步提升，重点水功能区水质达标率 2016 年提升到 67%，较 2012 年提升 23.4 个百分点；7

个饮用水水源地水质达标率达 100%。二是太湖水质持续向好，湖体氨氮、总磷、总氮、高锰酸盐指数等主要水质指标逐年改善，蓝藻发生的面积、强度、频次、藻密度、生物量、富营养指数等明显下降，大面积湖泛现象基本消失。三是用水效率不断提高，各项用水指标稳中有降，万元工业增加值取水量由 2005 年的 30.7 m^3 下降到 2016 年的 10.4 m^3，万元生产总值取水量由 111.5 m^3 下降到 31.3 m^3。四是治水实绩日益彰显，无锡市先后荣膺全国最佳人居环境城市、国家环保模范城市、国家节水型城市、全国水生态系统保护与修复示范市、全国节水型社会建设示范区、中国最具国际生态竞争力城市、中国最佳绿色生态旅游名城、中国最具幸福感城市。

5.3.2　流域层面指导

太湖流域河湖众多、河网密布、经济发达，河湖开发利用程度高，河湖管理保护压力大。随着经济社会的高速发展和人民生活水平的提高，处理好河湖管理保护与开发利用的关系，打造良好生态环境显得尤为重要和紧迫。按照党中央、国务院对有关地方发展的总体定位，太湖流域必须牢固树立新发展理念，坚持节水优先、空间均衡、系统治理、两手发力，创新河湖管理保护模式，加快推进水生态文明建设，实现绿色发展、人水和谐。

水利部太湖流域管理局按照《关于全面推行河长制的意见》和《水利部 环境保护部贯彻落实<关于全面推行河长制的意见>实施方案》，科学制定河长制工作方案和推动措施，突出流域特点特色，细化实化水资源保护、水域岸线管理、水污染防治、水环境治理、水生态修复、执法监督等主要任务，落实各项保障措施，创新方式方法，全面强化依法治水管水，充分发挥规划指导约束作用，力争在全国率先全面建成河长制，率先建成现代化水治理体系，率先实现水生态文明，为流域经济社会绿色发展和持续健康协调发展提供更加坚实的支撑和保障。

1. 确定河长制工作总体目标

1）河长制工作目标

2017 年 6 月底前，各地出台省级河长制工作方案；2017 年底前，太湖流域率先全面建成省、市、县、乡四级河长制，有条件的地方，特别是平原河网地区积极探索河长向村（社区）拓展，力争建成五级河长制。

2）河湖管理保护目标

太湖流域水资源得到有效保护，河湖水域岸线合理利用，水环境质量不断改善，水生态持续向好，逐步实现"水清、岸绿、河畅、景美"的河湖管理保护目标。

到 2020 年，太湖入湖河流水质浓度高锰酸盐指数达到Ⅲ类，氨氮达到Ⅲ类，总磷控制在 0.12～0.15mg/L，总氮控制在 2.8～3.8mg/L；太湖湖体高锰酸盐指数和氨氮稳定保持在Ⅱ类，总磷达到Ⅲ类，总氮达到Ⅴ类；流域省际边界缓冲区水质不低于Ⅲ类，水功能区水质达标率达到 78%以上，骨干输水河道水质达到或优于Ⅲ类。新安江省界街口国控断面水质进一步改善。到 2020 年，太湖流域地级及以上城市集中式饮用水水源水质基本达到或优于Ⅲ类，其他水源地得到显著改善。

2. 规范设立河长及河长办

1）分级设置河长

各地结合流域和区域河湖特点，分级设置相应的河长。太湖流域骨干河湖、环太湖重要入湖河道以及省际边界或跨省（市）主要河湖原则上应由市地级以上党政领导担任河长。环太湖入湖河道、平原区省界河流等重要河道，结合河湖自然特点、治理目标等因素，积极探索分片打捆，设置省级河长（片长）。水利部太湖局还结合太湖流域实际提出了建议由省级党政领导担任河长的主要河道（湖泊）名录。省（市）内河湖应根据具体情况，将河湖管理保护划分到地级市、县（区）、乡（镇），明确各级河长设置要求，公布各级河湖名录。平原河网等地区积极探索设置村级河长（片长），实施区域河长制网格化管理，实现全覆盖。流域各地根据水利部太湖局关于省级河长设置的建议，结合本省实际，已全面完成了本省省级河长的设置。

2）明确河长主要职责

各级河长应全面负责组织相应河湖的管理和保护工作，重点组织开展河湖现状调查、制定实施方案，协调解决重点难点问题，明晰河湖管理保护属地责任，进行督导检查，确保目标任务完成。同一河湖设置多级河长的，下一级河长对上一级河长负责，上一级河长加强对下一级河长的指导、监督、考核。

3）规范设立河长办

各级水行政主管部门主动作为，积极向党委政府汇报，加强与环保等有关部门沟通协调，规范设立河长制办公室。河长办承担河长制组织实施具体工作，健全工作制度，组织制定"一河一策""一湖一策"等管理保护实施方案，强化部门协调，积极向河长汇报工作，提出工作意见、建议，组织开展监督、检查。

3. 细化实化河长制主要工作任务

各地在全面加强水资源保护、水域岸线管理保护、水污染防治、水环境治理、水生态修复和加强执法监管六项工作的同时，结合太湖流域特点，着力细化实化以下重点任务。

1）加强水资源保护与管理

各地应实行水资源消耗总量和强度双控行动,强化水资源承载能力刚性约束,全面推进太湖流域节水型社会建设,促进经济发展方式和用水方式的转变。要突出对高耗水和重点取水户节水全过程的监督管理,严格执行用水定额标准、鼓励循环用水,强化计划用水管理;深化农业节水管理、推进农业取水许可,重点加快转变平原河网地区水稻田漫灌方式,减少化肥和农药流失,实施农业用水计量考核。建立健全区域用水总量控制、太湖等重点河湖取水总量控制、计划用水管理、水资源论证与取水许可审批、节水"三同时"等节水管理制度,加强水资源用途管制和合同节水,积极探索创新水权、排污权交易,逐步完善资源配置与监管体系。

严格控制排污总量,各级人民政府要把限制排污总量作为水污染防治和污染减排工作的重要依据,严格控制污染项目审批。严格落实区域限批,对未完成重点水污染物排放总量削减和控制计划,行政区域边界断面、主要入太湖河道控制断面未达到阶段水质目标的地区,太湖流域内应当暂停办理可能产生污染的建设项目的审批、核准以及环境影响评价、取水许可和排污口设置审查等手续;其他地方应采取取水许可和入河排污口审批权限上收一级,限制审批新增取水和入河排污口等措施。严格落实达标措施,未达到水质目标要求的河湖要抓紧制定达标方案,依据限制排污总量意见,将治污任务逐一落实到汇水范围内的排污单位,明确防治措施及达标时限,定期向社会公布。加快实施《"十三五"生态环境保护规划》,严格河湖总氮控制,特别是沿海地级及以上城市和汇入太湖、阳澄湖、淀山湖等地的河流,制定总氮总量控制方案,并将总氮纳入区域总量控制指标。

2）加强上游源水区和水源地保护

各地应大力推进江苏和浙江生态文明示范区、安徽黄山生态文明先行示范区和流域水生态文明等建设,着力构建系统完整、空间均衡的生态格局,逐步改善水生态环境。流域上游源水区以涵养水源、提升水生态系统修复与自我调节能力为重点,实施水源涵养林草建设、生态保护林建设、水生态保护与修复等生态保护工程,保护源头水。加强新安江国家级水土流失重点预防区、水土流失预防及综合治理工作。开展清洁小流域建设,有效控制农业面源污染。

以流域列入全国重要饮用水水源地名录（2016 年）的水源地为重点,建立安全保障机制,完善风险应对预案,同时采取环境治理、生态修复等综合措施,达到饮用水水源地水质要求。河湖型水源地加强水源地保护区污染治理,控制外源污染,减少内源污染。进一步削减工业污染,从源头减少入河污染物,加大对生活污染源处理力度,提高生活污水的纳管率,扩大农业面源污染治理的范围。要加强畜禽养殖整治,严格划定禁养区,对禁养区内现有的畜禽养殖,要采取措施,抓紧清理。太湖、太浦河等河湖在《太湖流域管理条例》确定的保护范围内,严格执行有关禁止或限制开发利用行为的要求。山丘水库型水源地重点解决饮用水水源地水质较差等饮用水安全问题，采取污染源综合整治、控制畜禽养殖规模、水生态修复与保护等综合治理措施，改善入库水质。

3) 全面保护河湖生态空间

各地应积极推进退田（退渔）还湖，1988 年《中华人民共和国水法》颁布实施后新增加的非法圈湖占湖形成的区域，要尽快清退；历史上形成的圈围，要依法组织编制退田（退渔）还湖规划（或清理工作方案），按照尊重历史、实事求是的原则，综合考虑湖泊历史水域范围、湖泊水生态系统健康状况等因素，尽可能恢复湖泊的水域面积。已经批准的退田（退渔）还湖规划要抓紧组织实施。对围网养殖严重的湖泊要制定拆除围网养殖计划，有序减少围网养殖面积，改善水环境，恢复湖泊调蓄功能。因势利导改造渠化河道，重塑健康自然的弯曲河岸线，为生物提供多样性生存环境。优化城市绿地布局，建设沿河绿道绿廊，构建完整的生态网络。

大力推进河湖管理范围划界确权工作，加大水利、国土、财政、建设、绿化等相关部门的沟通协调，合力推进划界确权工作。有条件的地方要办理管理范围土地征用手续，进行土地确权；管理范围内土地无法全部征用的，探索采取土地流转等方式取得土地使用权，明确管理范围线，设立界桩、管理和保护标志。新建水利工程力争在建设过程中同步开展划界确权工作，划界确权与工程建设同步完成。要将河湖管理范围线、规划蓝线等纳入地市、区县、乡镇规划体系，实现多规合一。

4) 加快推进黑臭河道综合整治

各地应全面落实《水污染防治行动计划》，不断加大水污染防治力度，加强源头防控。以城乡黑臭河道综合治理为重点，有针对性地制定污染河道整治方案，控源截污、内源污染治理多管齐下，科学整治城市黑臭水体。加强城镇生活污水处理设施的建设、运行，通过截污纳管等方式，加强生活污水收集处理。组织开展排污状况排查，对未经批准擅自设置的入河排污口，依法予以取缔。太湖流域在全面实施城镇污水处理厂一级 A 排放标准的基础上，提出更严格的排放标准。对达不到排放要求的企业，要实施关停并转。

5) 大力推进河湖水系连通和清淤疏浚

各地在继续开展大江大河大湖、中小河流治理的同时，重点加强平原河网地区城镇和农村小微河道"毛细血管"的治理。按照网格化管理的要求，分片推进河湖水系连通，拆除清理坝头、坝埂、沉船等阻水障碍，打通"断头河"，拓宽"卡脖河"，促进微循环，增加区域水面积，提高水面率。加强太湖与周边地区河网、河网与长江及杭州湾的水力联系。

大江大河大湖宜结合综合治理等专项工程实施清淤，其余河湖应根据河湖特点，探索建立相应的轮疏机制，重点强化平原河网地区城镇和农村中小、小微河道疏浚，各地应根据回淤速度制定轮疏方案和计划。加强淤泥处置方式的研究，分类处理，防止污染物转移。

6）全面强化依法管水治水

各地结合实际，修订完善河湖管理法规制度。严格执行水工程建设规划同意书、涉河建设项目审查、排污口设置、河道采砂许可、洪水影响评价等制度，规范涉河建设项目和活动审批。切实加强河湖日常管理与执法的巡查和现场检查，重点加大对主要河湖的巡查力度，及时发现和处置围垦、违法侵占水域岸线、未批先建水工程与涉河项目、非法采砂与排污等违法行为。建立健全流域与区域、相邻区域之间、水利部门与其他部门之间的联合巡查机制、综合执法机制，深化跨部门执法合作，创新执法形式，强化执法信息通报。

依法加强对河湖违法行为的查处，严厉打击涉河湖违法行为。围绕重点河湖和社会普遍关注的热点河湖开展专项执法和专项检查。加强流域和区域执法统筹与监督，避免区域间执法不一或存在执法"盲区"，切实做到违法必究、执法必严。违法行为、执法结果向社会公布。

7）强化规划指导约束

各地完善河湖管理保护规划，做好已批准规划的实施，落实规划实施评估和监督考核。建立由流域水资源保护规划、水域岸线利用管理规划、河湖水系规划、河道采砂管理规划等组成的河湖管理保护规划体系，健全河湖管理控制指标体系。平原地区特别是太湖流域平原河网地区，大力推进流域、省、市、县（市、区）、乡（镇、街道）五级河湖水系规划编制，实现骨干、中小、小微河湖全覆盖。河湖管理保护相关规划须遵循和服从流域综合规划以及防洪规划、水资源综合规划等流域性规划。

强化规划约束作用，严格河湖空间用途管制。依据规划和蓝线控制，结合水功能区划要求，科学划分岸线功能区，强化分区管理，合理利用保护河湖生态空间。各地抓紧研究提出省、市、县（市、区）、乡（镇、街道）的四级水面率控制指标，约束侵占河湖行为，严格等效占补平衡，确保水面率不减少，力争有所提高。

依据河湖管理保护相关规划，分类科学制定河湖管理保护实施方案，确保一个河湖一个实施方案。对污染严重、生态脆弱的平原河湖，重点加强污染防治、水生态修复；对水质较好的山区性河湖，重点加强预防保护、水源涵养。推动技术创新，广泛采用实用先进技术，加快科技成果转化与共享，确保实施方案更具针对性、科学性和可操作性。

8）积极创新河湖管护体制机制

各地探索建立政府主导、部门分工协作、社会力量参与的河湖管护体制机制，落实管护主体、队伍和经费，完善河湖日常管护制度，积极采用政府购买服务和先进管理手段，建立河湖长效管护体系。针对各类河湖的特点，按照山丘区和平原河网区、城镇和农村河道等不同区域和河道类型，研究制定维修养护、河道保洁、河岸绿化、日常巡查等河湖管护技术标准，促进河湖管理标准化。引入市场机制，通过向社会购买服务等方式，完成工程维护、河道疏浚、水域保洁、岸线绿化、巡查检查等管护任务。制定维修养护、巡查检查、绿化疏浚等专业队伍的准入门槛，积极培育河湖管护市场，建立市场化、专业化、社会化的河湖管护机制。

4. 丰富完善河长制工作机制

1) 完善河长工作制度

各地加快建立健全体现各地特色的河长会议、信息共享、工作督查、考核问责与激励、工作方案验收等河长制工作制度，规范河长制运行。探索建立由水利部太湖流域管理局牵头的入太湖河道、重要跨省河湖河长联席会议制度，及时协调解决涉及省与省之间、上下游之间的河湖管理保护重大事宜，加强信息交流共享。

2) 创新河长工作方式

各地在推行"一河一策""一河一档"等常规工作方式的同时，积极推广流域片先行探索形成的"作战图""时间表""河长巡查制""河长工作手册""河长工作联系单"等有效做法，不断创新、完善河长制工作方式方法。

3) 加强部门联动

水利部门主动加强与环保等相关部门沟通协调，形成上下协调、左右配合、齐抓共管的河湖管理保护新局面。不断充实完善河长结构体系，联合公安、司法等有关部门，配套设立"河道警长"，加强对涉嫌环境违法犯罪行为的打击；设立"法治河长"，加强法治宣传，推动涉水矛盾化解。同时，积极鼓励"区域长""堤长"等新生力量参与河湖管护，进一步丰富河长制工作内涵。

4) 强化区域协作

对跨行政区域的河湖明晰管理责任，各地应进一步完善流域与区域、相邻区域之间的议事协调机制，协调上下游、左右岸实行联防联控。充分发挥太湖流域水环境综合治理水利工作协调小组等现有协商平台作用，积极创新跨省市河湖水资源保护、水污染防治合作机制。

5) 鼓励公众参与

各地采用"河长公示牌""河长接待日""河长微信公众号"等方式主动展示河长工作、宣传河湖管护成效、受理群众投诉和举报，借助"企业河长""民间河长""河长监督员""河道志愿者""巾帼护水岗"等社会资源进一步强化河湖管护合力，营造全社会关心河湖健康、支持河长工作、监督河湖保护的良好氛围。

5. 强化监督监测

1）建立监督检查考核制度

各地自上而下建立完备的河长制工作监督、检查和考核制度，出台相关规定及办法，明确监督和考核主体、方式、程序、内容和标准等，层层建立监督、检查和考核体系，落实责任，其中涉及跨省河湖、省际边界河湖、主要入太湖河道的考核应采用水利部太湖局监测数据。水利部太湖局重点开展对跨省河湖、省际边界河湖、主要入太湖河道河长制工作的监督检查，并将检查中发现的问题及时通报有关部门和相关河长。

2）加强河湖监督管理

各地严格河湖管理保护的监督管理，开展河湖健康评估。强化涉河建设项目事中事后监管，加强日常监督检查，重点加强对项目建设过程和主要环节的控制，保证许可的具体要求落到实处。严格入河湖排污口监督管理，从严审批新建、改建、扩建入河排污口，对已设置的排污口进行核查登记，建立入河湖排污口名录及监督管理档案，优化入河湖排污口布局，实施入河湖排污口整治，对排污口整治方案落实情况进行检查督促。有关省级水行政主管部门将主要入太湖河流，以及望虞河、太浦河等骨干河道的入河排污口名录报送水利部太湖流域管理局。

3）强化河湖监督性监测

各地在全面开展水功能区水质监测的基础上，原则上对实行河长制的河湖全面开展水质监督性监测，推进河湖健康评估。流域内规模以上入河排污口（入河废污水排放量 300 m³/日或 10 万 m³/年及以上排污口）要实现全覆盖监测，其他入河排污口开展监督性监测，及时将监测结果通报有关部门。做好各级行政区域边界河湖监督性监测，水利部太湖局重点开展省际边界水体和主要入太湖河道控制断面的水质监测，监测结果及时通报有关部门和相关河长。逐步推进重点湖库、重要江河河口及存在较大生态风险的大型河流湖库等水域水生态监测。力争对太湖流域列入全国重要饮用水水源地名录的 39 个水源地开展 109 项水质全指标监测。

6. 夯实河长制实施的工程基础

1）加快河湖治理保护工程建设

在太湖流域统筹推进流域水环境综合治理骨干引排工程建设，提高水资源调控能力，为流域水环境进一步改善创造有利条件。进一步加快新孟河延伸拓浚、新沟河延伸拓浚、扩大杭嘉湖南排、杭嘉湖地区环湖河道综合整治、太嘉河、平湖塘延伸拓浚、苕溪清水入湖河道整治、望虞河西岸控制等工程建设。加快推进太浦河后续（清水走廊）、望虞河拓浚、吴淞江、环湖大堤后续等太湖流域综合治理骨干工程前期工作，尽早开工建设。

2）强化水资源监测能力建设

各地在建站条件较好且有迫切建站需求的行政区域边界、饮用水水源地、入河湖排污口有计划地建设自动监测站，加快建成人工与自动相结合、满足河湖管理保护需要的水资源保护监测体系，其中列入全国重要饮用水水源地名录的地表水水源地到2020年全部实现在线监测。水利部太湖局切实抓好太湖流域水资源监控与保护预警系统建设，为环太湖和省界水资源监控与保护提供有力支撑。

3）提高河湖管理保护信息化水平

各地运用卫星遥感、无人机航拍等先进技术手段，加强河湖水域变化、侵占河湖水域等情况跟踪，对重点堤防、水利枢纽、重要河湖节点等进行视频实时监控，率先实现流域重要河湖水域岸线监控全覆盖；大力推广互联网+、物联网、云计算、大数据等新理念、新技术，因地制宜建设一批河湖管理信息系统；强化河湖管理保护相关信息系统和数据资源整合，探索构建互联互通、信息共享、运转高效的管理平台，全面提升河湖管理保护信息化水平。

7. 加强河长制经验做法的跟踪调研和总结交流

1）搭建交流平台

各地及时总结河长制工作开展情况，在省、市、县（区、市）级层面定期开展交流研讨活动，形成可复制、可推广的经验做法。水利部太湖局牵头建立太湖流域河长制工作交流平台，在"太湖网"开设专栏动态交流各地好做法好经验，每季度召开一次经验交流会或现场会，促进各地相互交流、互促互进。

2）加强跟踪研究

各地注重河长制落实情况的跟踪调研，深入一线，掌握第一手资料，不断分析和研究新情况、新问题，不断提炼好做法、好经验、好举措、好政策，丰富完善河长制体制机制。水利部太湖局采取领导分片联系、部门持续跟踪的方式，及时了解各地河长制实施情况，总结提炼不同地区不同河湖落实河长制的典型经验、特色做法，帮助各地协调解决重点难点问题，推动各地不断提升河长制工作水平。

3）加强宣传引导

各地充分利用报刊、广播、电视、网络、微博、微信、小程序客户端等各种媒体和传播手段，大力宣传推行河长制的重要意义、成功经验和取得的实效。加强舆情监测，及时回应社会关切，主动引导社会舆论。

水利部太湖局邀请有关中央新闻媒体积极宣传报道流域河长制的创新做法、先进经验、典型案例，积极向有关新闻媒体推荐新闻素材。组织开展"太湖杯"河长制知识竞赛、大学生暑期社会实践、志愿者公益宣传等群众喜闻乐见的活动，引导公众参与，扩大社会影响，凝聚各方力量，营造良好氛围。

5.3.3　省（市）开展工作

1. 江苏省的河长制工作

2008 年 6 月，江苏省政府决定在太湖流域推广无锡的"河长制"，省政府办公厅印发《关于在太湖主要入湖河流实行双河长制的通知》：每条河由省、市两级领导共同担任河长，"双河长"分工合作，协调解决太湖和河道治理的重任。经过几年实践探索，2012 年 9 月，江苏省政府办公厅印发《关于加强全省河道管理"河长制"工作的意见》，在全省范围内推行以保障河道防洪安全、供水安全、生态安全为重点的河长制。针对之前"多龙治河（湖）"，即一条河流八九个监管部门，水利、环保、城建、渔业等，谁都有管理职能，职责不清，有了难事相互推诿的问题，工作意见的出台，明确了"谁管河"的问题——即政府主导、水利部门牵头、涉河各部门分工负责。经过多年努力，江苏省共计落实 727 条省骨干河道、1212 个河段的河长，其中由各级行政首长担任河长的占三分之二，太湖 15 条主要入湖河流实行了由省级领导和市级领导共同担任河长的"双河长制"，初步形成了较为完善的河长体系。

江苏先期探索实施的"河长制"最大限度整合了各级党委政府的执行力，弥补"九龙治水"的不足，形成全社会治水的良好氛围。从组织架构看，纵向从省领导、市委书记、市长，到区委书记、区长、镇委书记、镇长、村支部书记、村委主任，各级河长形成"一荣俱荣、一损俱损"的治水"生态链"；横向从政府各级部门开始，发改、经贸、财政、规划、建设、国土、城管、工商、公安等部门各有分工、各具使命，谁都不能在水环境治理上缺位。从社会影响力看，产业结构调整随着"河长制"的推进也不断加速，沿河、沿湖企业不得不放弃传统落后的生产方式，关停超标排污企业，寻求清洁生产方式，促进循环经济发展。同时，民间治水力量也被带动，参与积极性得到提高。

2. 浙江省的河长制工作

2008 年，湖州市长兴县就借鉴公路"路长"管理模式，在水口乡和夹浦镇试行"河长制"，随后，嘉兴、温州、金华、绍兴等地陆续推行。2013 年 11 月，浙江省委、省政府印发了《中共浙江省委浙江省人民政府关于全面实施"河长制"进一步加强水环境治理工作的意见》，在全省范围内全面建立"河长制"，强化责任制，推进水环境整治和长效管理。一是建立各级河长巡河制度。出台《河长巡查工作细则》，要求市级河长巡河不少于每月一次，县级河长不少于半月一次，乡级河长不少于每旬一次，村级河长不少于每周一次，河道保洁员要每天巡查。河长巡河要对责任河道进行全面检查，特别是入河排污口要求必查，每次巡查都要记录好巡河日志，发现问题第一时间解决或提交有关部门处理，并抓好跟踪落实。二是建立举报投诉受理制度。对各类投诉举报，各级河长和联系部门做好记录、登记，及时交相关部门办理，并做好跟踪落实和情况反馈。三是建立重点项目协调推进制度。各级河长紧盯河道治理项目，协调各方关系，研究解决重点难点问题，确保重点项目顺利推进。四是建立督查指导制度。各级河长和联系部门加强对下级河长及相关责任单位的督查指导，发现问题及时进行整改督办或约谈相关责任人。五是建立例会和报告制度。上级河长要定期召开工作例会或联席会议，统筹协调流域上下游治理，下级河长要定期向上级河长报告工作，并明确了会议的频次、形式、内容。

从 2015 年开始，浙江省全面推广"警长制"，全省公安机关对应全省"河长"体系，配置省、市、县（市、区）、派出所四级"河道警长"，实现"河道警长"与"河长"全配套，通过公安机关的"警长制"，加强执法力度，打击涉河违法行为，服务保障治水工作的顺利开展。

为提高全社会治水护水意识，积极创新，充分发挥当地企业家和民间治水积极分子的作用，设立了"企业河长""民间河长"等，组建治水义务监督员、志愿者队伍，发动公众参与，作为"河长制"工作的有益补充，共同保护水环境。

2017 年，浙江省出台《浙江省河长制规定》，规范了河长巡查发现问题的处理机制、对主管部门履行日常监督检查职责的推动机制，同时赋予河长对主管部门进行约谈、考核等职权，明确了主管部门未按河长要求履行职责的法律责任，以保障河长履职，促进治水实效。明确要建立健全河长公开制度、公众投诉举报登记制度、公众监督评价治水效果、列席约谈制度等一系列制度，鼓励公众参与巡查，积极发挥公众的共建共享和社会监督作用。

此外，进一步建立健全制度体系。对照中央、国务院和省委省政府对河长制工作的有关要求，拟定了需完成的制度清单，已陆续印发了《浙江省全面深化河长制工作方案（2017—2020 年）》《浙江省河长制"一河（湖）一策"方案编制指南》《浙江省河长制管理信息化建设导则》《浙江省 2017 年度河长制长效机制考评细则》《浙江省"五水共治"（河长制）工作挂牌督办办法》《浙江省"五水共治"（河长制）投诉举报管理办法》《浙江省"五水共治"（河长制）工作挂号销号管理办法》《浙江省劣V类断面预警管理办法》《浙江省剿灭劣V类水验收工作管理办法》《浙江省河长制建立验收办法》等一系列新的规章制度，逐步构建起以制度管河、以制度定事、以制度促治的全省河长制制度体系。

3. 上海市的河长制工作

2017 年 1 月 20 日，上海市委办公厅、市政府办公厅正式印发《关于上海市全面推行河长制的实施方案》，上海市和 16 个区的河长制会议、信息、督察和考核四项工作制度均陆续印发。在此基础上，上海市制定了河长制工作联席会议制度，嘉定、青浦、静安等区制定了《嘉定区河长工作职责及考核办法（试行）》《青浦区河长制村居以奖代拨奖励制度》《静安区河道巡查制度》等，进一步完善河长制制度体系。市河长办将河长制工作与最严格水资源管理制度考核相结合，通过指标考核与工作考核相结合，发挥考核"指挥棒"效应，激励和督促各区加大河长制工作推进力度。此外，通过工作简报将各区每月工作进展予以通报。每月召开河长办工作例会，连续 2 次排名末位的区要表态发言，连续多次排名末位的区要进行约谈直至追责。

5.4　浙江省"五水共治"

浙江是江南水乡，省域内河流众多、水系发达，境内有钱塘江、甬江、苕溪、瓯江等八大水系，因水而名、因水而生、因水而兴。习近平同志在浙江工作时，对浙江发展做出"八八战略"、生态省建设等重大决策部署，提出"绿水青山就是金山银山"理念。沿着习近平总书记当年为浙江擘画的大蓝图、大战略，浙江率先探索实践"绿水青山就是金山银山"的发展新路，持续推进环境污染综合整治，打出了"五水共治"系列组合拳，以治水为突破口加快推进产业转型升级、有力带动城乡环境面貌提升，为打好污染防治攻坚战奠定了坚实的基础（彭佳学，2018）。

5.4.1　决策与重点

长期以来，浙江历届省委、省政府领导班子坚持一张蓝图绘到底，把生态文明建设纳入经济社会发展全局，以习近平同志当年亲自部署的"千万工程"为开端，开启了向"脏乱差"宣战的环境治理大会战，连续实施四轮"811"行动，在经济持续较快增长的同时，环境质量总体上持续改善。全省生产总值从 2003 年的 9705 亿元跃升至 2013 年的 37 757 亿元，增长了 1.9 倍，年均增速为 10%。与此同时，省控Ⅲ类以上断面比例从 2003 年的 40% 提高到 2013 年的 63.8%；劣 V 类水断面则从 24.4% 下降到 12.2%。

党的十八大把生态文明纳入"五位一体"总体布局，更加激发浙江省思考怎么按照这一总体布局，沿着"八八战略"和"两山"理念指引的方向，走好经济社会和生态文明建设协调发展之路，尤其是思考怎么坚持目标导向、问题导向，通过拉长板、补短板，进一步发挥浙江的生态优势。

当时，发生了三起事件：一是 2013 年初发生的浙江多地环保局局长被邀请下河游泳事件，让省领导深切认识到，虽然大江大河水质数据好看了，但老百姓身边的水体仍然存在许多问题，获得感仍然很低。包括嘉兴等平原水网地带因污染造成水质性缺水，根子都在于粗放的经济传统增长模式和生产生活方式。二是2013 年 10 月，"菲特"强台风正面袭击浙江，引发余姚等地严重洪涝灾害，使得浙江省在快速城市化过程中防洪排涝等基础设施能力不足的短板凸显出来。让省领导深刻认识到，必须把治污和防洪排涝、加强供水节水等工作统筹齐抓，才能从根本上解决水的问题。三是平原水乡畜禽养殖超负荷的警报频频拉响，让省领导反思，粗放的农业养殖生产经营模式亟待转型，环保监管还存在漏洞和盲区。这些问题可以说是浙江发展中遇到的"成长的烦恼"，涉及经济社会方方面面，对浙江的全面协调可持续发展造成了困扰。

一是水资源约束经济社会发展。浙江七山一水二分田，是地域小省、资源小省，平原面积仅 2.2 万 km^2，人均水资源量只有 1760 m^3，已经逼近了世界公认1700 m^3 的警戒线。浙江以全国 1%的土地，承载全国 4%的人口，产出全国 6%的国内产生总值，是全国人口密度、经济密度最高的省份之一。在快速工业化、城市化过程中，对水环境造成了不同程度的污染，部分河网湖泊处于亚健康状态。2013 年，全省有 27 个省控地表水断面为劣 V 类，32.6%的断面达不到功能区要求。八大水系均存在不同程度的污染。

二是水环境保护亟待产业升级。浙江水环境污染原因有农业面源污染、生活污染、畜禽污染等，占比最大的是低层次产业造成的工业污染。2013 年，印染、造纸、制革、化工四大重污染产业的产值占全省工业总产值的比例不到 37%，但化学需氧量和氨氮排放量却占全省工业排放量的 67%和 80%；电镀、制革业产值占全省工业总产值的比重不到 5%，但总铬排放量却占全省的 92%。

三是水环境污染影响社会稳定。水环境问题不仅影响民生改善，也给社会稳定带来挑战。2013 年前后，环境信访尤其是涉及水污染引发的信访案件上升势头明显。此类事件容易突破地域限制，产生连锁反应，若处理不当，极易对社会稳定造成不利影响。

四是水治理考量干部政绩观。少数基层干部对以治水促转型心存顾虑，有的担心整治落后产能、调整产业结构力度太大会影响经济发展；有的觉得治水是潜绩，要医好水污染这个"慢性病"，需要投入大量人力、物力、财力，短时间难见效，"吃力不讨好"。这些思想顾虑道出了治水的艰难，反映了少数干部政绩观存在的偏差，也对改革干部政绩考核方式、手段提出了更高的要求。

水不仅是生态，是经济，也是民生，还是政治。具体而言，水是生产之基，什么样的生产方式和产业结构，决定了什么样的水体水质，治水就是抓转型；水是生态之要，气净、土净，必然融入水净，治水就是抓生态；水是生命之源，老百姓每天洗脸时要看、口渴时要喝、灌溉时要用，治水就是抓民生。可以说，抓治水就是抓改革、抓发展，意义十分重要，任务迫在眉睫。如何治水，成为浙江新一轮改革发展的重大命题。

在 2013 年底，浙江省委、省政府做出了"五水共治"的决策部署：宁可局部暂时舍弃，每年以牺牲 1 个百分点的经济增速为代价，也要以治水为突破口，倒逼产业转型升级，决不把污泥浊水带入全面小康。自此，浙江全面吹响了实施"治污水、防洪水、排涝水、保供水、抓节水"的冲锋号，打响了消灭"黑臭河""劣 V 类水"的攻坚战。

浙江把"五个水"的治理比喻为五个手指，五指张开则各有分工，既重统筹又抓重点；五指紧握就是一个拳头，以治水为突破口，打好转型升级组合拳。治污水，是"大拇指"，从社会反映看，对污水，老百姓感官最直接、深恶痛绝；从实际操作看，治污水，最能带动全局、最能见效；治好污水，老百姓就会竖起大拇指。治污水主要以提升水质为核心，实施清淤、截污、河道综合整治，加强饮用水水源安全保障，狠抓工业重污染行业整治、农业面源污染治理和农村污水整治，全面落实河长制，开展全流域治水。防洪水，主要是推进强库、固堤、扩排等工程建设，强化流域统筹、疏堵并举，制服"洪水之虎"。排涝水，主要是打通断头河，开辟新河道，着力消除易淹易涝片区。保供水，主要是推进开源、引调、提升等工程，保障水源，提升饮水质量。抓节水，主要是改装器具、减少漏损和收集再生利用，合理利用水资源，着力降低水耗。

2014 年初，省委、省政府正式成立"五水共治"领导小组，由省委书记、省长任双组长，6 位副省级领导任副组长，全面统筹协调治水工作。领导小组办公室抽调 40 多名骨干，集中办公，实体化运行。配套八大保障机制，做到规划能指导、项目能跟上、资金能配套、监理能到位、考核能引导、科技能支撑、规章能约束、指挥能统一。率先全面建立省市县乡村五级河长体系，省委、省政府主要负责同志担任全省总河长，所有河流水系分级分段设立市、县、乡、村级河长，落实河长包干责任制。还设置了省委省政府 30 个督查组，深入明察暗访，严格落实治水责任，层层传导压力、层层落实责任，真正做到守土有责、守土尽责。省人大、省政协每年围绕"五水共治"开展各类监督，助推工作落地。省级 31 个部门各司其职，密切协作。市县乡各级也全部建立工作机构，党政一把手靠前指挥，村、街道和企业、群众全方位联动，全省全面形成了横向到边、纵向到底的工作格局。

5.4.2　治水步骤

"五水共治"是一个综合系统工程，是一项长期的作战任务，有完整的战略设计和配套措施，有明确的时间表、路线图、作战图，在实践中强调步步为营、步步深入，环环相扣、一贯到底，做到积小胜为大胜，直至全胜。按照"三年（2014～2016 年）要解决突出问题，明显见效；五年（2014～2018 年）要基本解决问题，全面改观；七年（2014～2020 年）要基本不出问题，实现质变，决不把污泥浊水带入全面小康"的"三五七"时间表要求和"五水共治、治污先行"路线图，从全省水质最差河流入手，率先在浦阳江打响水环境综合整治攻坚战，并迅速向全省铺开，有序推进，一个重点一个重点地突破，一个阶段一个阶段地深化。

5.4.3　工作举措

1. 实施治水三部曲

对应"三五七"的时间表，持续发力、梯次推进，实施了"清三河"、剿灭劣 V 类水、建设"美丽河湖"三个阶段的治水举措。

第一阶段，"清三河"。从解决感官上的突出问题入手，全力清理垃圾河、黑河、臭河，实现由"脏"到"净"的转变。既治理感官污染的"表"，更立足转型升级抓"治本"。主要措施是启动"两覆盖""两转型"。所谓"两覆盖"，即实现城镇截污纳管基本覆盖，农村污水处理、生活垃圾集中处理基本覆盖。所谓"两转型"，即抓工业转型，加快铅蓄电池、电镀、制革、造纸、印染、化工 6 大重污染高耗能行业的淘汰落后和整治提升；抓农业转型，坚持生态化、集约化方向，推进种植养殖业的集聚化、规模化经营和污物排放的集中化、无害化处理，控制农业面源污染。到 2015 年，完成 1.1 万千米"三河"清理，2016 年继续巩固提升，强力推进河道清淤疏浚和截污纳管工程，进一步深化沿河 100 米水污染治理，基本消除"黑、臭、脏"的感官污染，实现"解决突出问题，明显见效"的既定目标。

第二阶段，剿灭劣 V 类水。在"清三河"成果的基础上，全力打好剿灭劣 V 类水攻坚战，实现由"净"到"清"的转变，着力提升群众的治水获得感。主要措施是对全省共 58 个县控以上劣 V 类水质断面排查出的 1.6 万个劣 V 类小微水体，实行挂图作战和销号管理。明确各级河长作为剿劣工作的第一责任人，特别是对存在劣 V 类水质断面的河道，要求所在地的市县党政主要负责同志亲自担任河长，逐一制订五张清单：劣 V 类水体、主要成因、治理项目、销号报结和提标深化等，并制订"一河一策"工作方案，明确时间表、责任书、项目库，并向社会公示。继续深化"两覆盖""两转型"，实施六大工程：截污纳管、河道清淤、工业整治、农业农村面源治理、排污口整治、生态配水与修复等。经过一年攻坚，劣 V 类水质断面全部完成销号，提前三年完成国家"水十条"下达的消劣任务，也提前实现了"三五七"时间表中第二阶段"基本解决问题，全面改观"的目标。

第三阶段，建设"美丽河湖"。在全面剿劣的基础上，立足从"清"到"美"的提升，2018 年启动"美丽河湖"建设行动，并将其作为今后一个时期治水工作的纲领。目的是贯彻中央打好污染防治攻坚战以及碧水保卫战的部署，结合聚焦高质量建设美丽浙江、高标准打好污染防治攻坚战的要求，在不折不扣完成中央标志性战役基础上，做好浙江的自选动作，打出浙江的特色，进一步巩固提升治水成果。主要措施是实施"两建设"，即"美丽河湖"和"污水零直排区"建设。实现"两提升"，即水环境质量巩固再提升、污水处理标准再提升。坚持"两发力"，一手抓污染减排，就是要把污染物的排放总量减下来；一手抓扩容，就是抓生态系统的保护和修复，增强生态系统自净能力。加快"四整治"，即工业园区、生活污染源、农村面源整治以及水生态系统的保护和修复等。开展"五攻坚"，即中央 17 号文件部署的城市黑臭水体治理、长江经济带保护修复、水源地保护、农业农村污染治理、近岸海域污染防治等。全面实施"十大专项行动"，污水处理厂清洁排放、"污水零直排区"建设、农业农村环境治理提升、水环境质量提升、饮用水水源达标、近岸海域污染防治、防洪排涝、河湖生态修复、河长制标准化、全民节水护水行动。

污水处理厂清洁排放行动，是引领性的。主要是在一级 A 标准的基础上继续提标，发布实施更严格的治水"浙江标准"，2018 年已经启动 100 座城镇污水处理厂清洁排放改造，进一步发挥环境标准的引领和倒逼作用，以此来高标准推动治水、打好污染防治攻坚战。同时，持续加大配套管网建设力度，加快推进污水再生利用。

"污水零直排区"建设，抓截污治本。就是生产生活污水实行截污纳管、统一收集、达标排放，形象地讲就是"晴天不排水，雨天无污水"。开展以工业园区和生活小区为主的"污水零直排区"建设，并建设小餐饮、洗浴、洗车、洗衣、农贸市场等其他可能产生污水的行业"污水零直排区"，推进污水处理厂尾水再生利用和水产养殖尾水生态化治理试点，从而确保污水"应截尽截、应处尽处"。以此加快推动治水从治标向治本、从末端治理向源头治理转变。这是浙江省适应治水新阶段、体现治水新要求的重要探索创新。2018 年已启动建设工业园区"污水零直排区"30 个、生活小区"污水零直排区"200 个；力争到 2020 年，30%以上的县（市、区）达到"污水零直排区"建设标准；到 2022 年，80%以上的县（市、区）成为"污水零直排区"。

农业农村环境治理提升行动，推动农村生产生活方式变革。主要是结合乡村振兴，高水平提升农村人居环境。一方面，强化农村面源污染治理，继续全面实施畜禽养殖禁限养区制度，实行养殖区域和排污总量"双控"；同时，开展水产养殖污染防治试点，积极推广生态养殖；通过物联网智能化管理有效降低化肥、农药使用量，通过农牧有机融合、秸秆废弃物综合利用、氮磷养分拦截，基本实现农业废弃物"零排放、全消纳"。另一方面，深入推进农村生活污水治理，在农村生活污水治理建制村基本全覆盖的基础上，推进处理设施标准化运维；同时，大力推进农村垃圾革命、厕所革命，2018 年农村生活垃圾分类覆盖面达到 50%，并完成农村公厕改造 5 万座。对另外的 7 个专项行动，逐一明确工作目标、政策举措、重点项目，确保能操作、能落地、见实效。

2. 完善组织领导机制

浙江省委、省政府意识到，有效推进"五水共治"需要建立相对独立的组织领导体系进行决策、指挥、监督，加强统筹协调，明确责任主体，强化责任落实，保证治水活动的完整性、一致性、稳定性和连贯性。

一是建立"党委领导、政府负责"的组织保障机制。2014 年初，浙江省委、省政府成立"五水共治"领导小组，省委书记、省长任双组长，省委副书记、省人大常委会副主任、副省长、省政协副主席任副组长，成员单位包括省委组织部、宣传部，省农办、发改、经信、财政、环保、建设、水利、农业等 31 个部门。建立省"五水共治"（河长制）办公室，分管副省长任治水办、河长办主任，环保厅厅长任常务副主任，负责"五水共治"日常工作。还设置了省委、省政府 30 个督查组，深入明察暗访，严格落实治水责任，层层传导压力、层层落实责任，真正做到守土有责、守土尽责。市县乡各级也全部建立工作机构，党政一把手靠前指挥，村、街道和企业、群众全方位联动，全省全面形成了横向到边、纵向到底的工作格局。

二是强化生态治水责任落实机制。2013 年，浙江省委、省政府印发《关于全面实施"河长制"进一步加强水环境治理工作的意见》，浙江率先在全国全面建立了省、市、县、乡、村五级河长体系，全省共有各级河长 6 万余名，并配套"河道警长"。省委、省政府主要负责同志担任全省总河长，所有河流水系分级分段设立市、县（市、区）、乡（镇、街道）、村级河长，落实河长包干责任制。其中，钱塘江、瓯江、曹娥江、苕溪、飞云江、运河等跨设区市的水系由省领导担任河长，省直有关部门负责具体联系，有关市、县（市、区）政府为责任主体。同时，浙江省委、省政府出台全面深化河长制工作方案、长效机制考评细则、信息化建设导则等，并在全国率先颁布实施河长制地方性法规，在全国率先成立河长学院。此外，还以此为基础建立了"湖长制""滩（湾）长制"，管理体系逐步延伸到湖库、海湾以及池、渠、塘、井等小微水体。

3. 建立监督考核机制

实施"五水共治"，必须在处理经济发展和治水关系时有壮士断腕的决心。针对少数干部执政理念和政绩观尚未扭转的情况，必须改革干部政绩考核方式和手段，建立监督考核机制。为此，浙江省委、省政府建立了"四个一"督查机制，省治水办（河长办）、省生态环境厅实行一月一提醒，即每月将水质未达到考核要求和劣 V 类反弹断面,向所在设区市的市委书记、市长书面函告提醒;一月一督查,即每月组织督查组赴相关县(市、区)进行实地督查,问询超标断面责任河长履职情况,并做记录;一月一通报,即每月对水质未达到国家考核要求、水质为劣 V 类、水质类别下降的断面及县级责任河长进行通报;一月一考评,即每月将提醒、督查、通报、水质反弹等情况纳入年度考核,变年终结果考核为平时过程考核。考核督查逐步从督点向督政转变,真正压实地方责任。根据考核结果,每年省委、省政府对工作优秀的市、县(市、区)授予"五水共治"大禹鼎。

4. 建立多元共治机制

浙江省委、省政府大力推动全民治水,构建群策群力、共建共享的行动体系,形成"全民参与、共治共保"大局。一是强化舆论宣传,营造治水舆论氛围,通过浙江卫视"今日聚焦""寻找可游泳的河"以及《浙江日报》"治水拆违大查访"等平台,聚焦水环境治理,进行公开曝光,形成强大舆论攻势。二是强化公众参与,出台《关于开展全省"五水共治"志愿服务活动的指导意见》。依托工青妇和社会组织,建设治水志愿者队伍,广泛开展多种形式的公益活动,出现农村"池大爷""塘大妈"、企业河长、乡贤河长、华侨河长和洋河长等各类治水大军,形成政府、企业、社团、公众等各方力量优势互补、相得益彰的良好局面,实现从"要我治水"到"我要治水",从"看你治水"到"我在治水",从"政府治水"到"全民治水"的转变。

5. 创新资金投入机制

"五水共治"是一项涉及经济、民生等各个方面的系统工程,需要投入大量的资金才能持续深入推进。为了解决资金投入的困难,浙江省委、省政府在治水资金投入机制上大胆创新,实现治水模式由"政府投资"向"多元化融资"的转变,探索建立政府、市场、公众多元化投资体系。

一是加强生态财政政策供给。推动实施主要污染物排放总量财政收费制度、"两山"财政专项激励政策,探索绿色发展财政奖补机制,拓展生态补偿机制,实现省内全流域生态补偿、省级生态环保财力转移支付全覆盖。

二是加大"五水共治"的财政投入力度。各级政府把生态环境保护作为公共财政支出的重点,按照保证环保投入增长幅度高于经济增长速度的要求,进一步加大对水环境治理的财政支持力度,各级削减的"三公"经费全部用于治水。此外,建立"五水共治"财政引导机制,用足财政贴息、奖励、补助等措施,引导企业落实节能节水、淘汰落后产能等项目,促进产业转型升级。

三是积极鼓励社会资本参与治水。引导民营企业积极投身"五水共治",浙江民企联合会、浙江省市场协会、浙江省个体劳动者协会共同向全省民营企业家、个体工商户和商品交易市场广大民营企业家和个体工商户发出"迅速行动，从我做起；示范带动，向我看齐；励精图治，加快转型；自觉担当，生态发展"的倡议。探索除了传统的银行信贷外，PPP、私募债、企业捐款等各类资金投入机制，积极鼓励引导各类社会资本参与治水。截至 2018 年，捐赠总额超过 16 亿元，2014～2018 年，全省"五水共治"各类社会资金投入累计约 6200 亿元。

5.4.4　治水成效

经过五年治水攻坚，浙江省治水成效比较显著。

一是水环境质量显著改善。2018 年，浙江省 103 个国家"水十条"地表水流域考核断面中，Ⅲ类以上水质断面比 2014 年上升 29.1%；全面消除劣 Ⅴ 类断面，提前 3 年实现消劣目标。省控 Ⅰ 类以上断面比例达 84.6%，比 2013 年提升 20.8 个百分点。5 年来，共清理垃圾河 6500 km、黑臭河 5100 km；新增城镇污水处理能力近 300 万 t/日，建成城镇污水配套管网 1.6 万余 km；完成河湖库塘清淤 3.1 亿 m^3；排查整治排污（水）口 30 余万个；全省农村生活污水有效治理村基本全覆盖，农村生活垃圾分类覆盖率已超过 61%。水体黑、臭等感官污染基本消除，昔日的垃圾河、黑臭河变成了景观河、风景带。

二是转型升级加速推进。治水的倒逼重塑了经济结构，在大破大立中推进"腾笼换鸟、凤凰涅槃"。2013～2018 年，浙江省生产总值年均增速 8.4%，经济总量从 2013 年的 37 757 亿元增至 2018 年的 56 197 亿元，迈入增长中高速、发展中高端的轨道。6 年来，共整治脏乱差、低散乱企业 11.8 万家，淘汰落后产能企业 1.3 万家，关停搬迁养殖户 40 余万个，全省生猪存栏量从最高时的 1300 万头减少到 500 多万头，年存栏生猪 50 头以上规模化养殖场全面完成整治，实现污染物排放在线监控全覆盖。目前，以新产业、新业态、新模式为特征的"三新"经济已占全省生产总值的近 1/4，正向形态更高级、结构更合理、质量效益更好的方向转变。

三是群众获得感明显增强。全省大多数河流可以游泳，老百姓重新找回了儿时的记忆和乡愁。对生态环境的满意度从 2013 年的 57% 提高到 2017 年的 78.5%。尤其是 2015 年以来，全省公众对治水的支持度均达到 96% 以上，而涉水信访量比高峰时明显下降。各级领导干部、河长身先士卒、模范带头，群众参与治水的积极性高涨，干群关系因治水而变得更加紧密，涌现出一大批治水先进和模范典型。

可以说，"五水共治"不但治出了环境改善、水清岸美的新成效，而且治出了转型升级、"腾笼换鸟"的新局面；不但治出了各方点赞、百姓满意的好口碑，而且治出了干部敢于担当、乐于奉献的好作风。2017 年 12 月，国家"水十条"考核中，浙江省被评定为优秀。2018 年 1 月，浙江省河长制工作通过了国家中期评估。"五水共治"彰显了建设美丽浙江、创造美好生活的决心，标志着浙江进一步打通了"绿水青山就是金山银山"的转化通道。

5.4.5　"五水共治"的经验总结

"绿水青山就是金山银山"理念体现了我国发展理念和发展方式的深刻变革。"五水共治"以治理水环境质量为切入口，以修复生态环境为重要目标，以倒逼推动产业转型升级为根本方向，契合了"绿水青山就是金山银山"的本质要求，契合了"要从系统工程和全局角度寻求新的治理之道，不能再是头痛医头、脚痛医脚，各管一摊、相互掣肘，而必须统筹兼顾、整体施策、多措并举，全方位、全地域、全过程开展生态文明建设"的要求。实践表明，"五水共治"治出了秀水美景、治出了发展后劲，绿水青山重回浙江大地，沉睡的山水资源正日益显现出其所蕴含的经济价值，"绿水青山就是金山银山"之路越走越宽广。浙江"五水共治"的工作思路和方法措施给人很多启迪，也是可推广、可学习、可复制的经验。

1. 治水工作必须坚持"任任相继，脚踏实地"

习近平总书记指出，"一张蓝图绘到底，一任接着一任干"。治水工作要靠每一任领导不懈地奋斗来完成，这就需要在正确的执政道路上"任任相继"，承前启后、薪火相传，以保持工作的连续性和稳定性。要把蓝图变为现实，还必须依靠党政领导干部不驰于空想、不骛于虚声，有"功成不必在我"的胸襟和"咬定青山不放松"的韧劲，脚踏实地干好工作。纵观浙江省"五水共治"，其治水之功就在于历届省委、省政府坚定不移沿着"八八战略""两山"理念指引的路子走下去，深入贯彻习近平生态文明思想，一以贯之、久久为功。同时，浙江省"五水共治"有完整的战略设计和措施配套，有明确的时间表、路线图、作战图。创新提出并实施的治水"三部曲"，立足浙江省生态环境保护和经济社会发展现状，从对感官污染最明显的垃圾河、黑河、臭河入手，开展"清三河"，到以"截、清、治、修"四个环节为主的剿灭劣 V 类水行动，再到"污水零直排区"建设，生态治水工作步步为营、步步深入，环环相扣、一贯到底，做到积小胜为大胜直至全胜。

2. 治水工作必须坚持"民之所望，施政所向"

习近平总书记强调："人民对美好生活的向往，就是我们的奋斗目标。"随着生活水平的提高，人民群众对环境质量、生存健康的要求越来越高，拥有清新空气、清洁水源、健康食品和舒适的人居环境，营造安居乐业的和谐社会氛围，已成为人民群众过上幸福美好生活的新追求、新期待。为人民服务就是生态环境保护工作的出发点和落脚点。"五水共治"是浙江省委、省政府贯彻"人民群众想什么，我们就做什么""民之所望，施政所向"的生动体现。这一决策取得巨大成效，正是由于浙江省委、省政府正确把握当前人民群众的迫切愿望，提出"抓治水，就是抓民生"，抓住人民群众最关心、最迫切需要解决的热点、难点问题，切中时弊。通过生态治水倒逼发展理念转变，倒逼生产方式转型，倒逼生活方式改进，满足人民群众改善生活品质的追求，顺应民意。

3. 治水工作必须坚持"抓住本质，整体施策"

现象和本质的对立统一是事物的客观辩证法，本质决定现象，现象是由本质产生的。水环境问题表面上看是生态环境本身的治理问题，但从本质上看，是经济发展方式、产业结构、生活方式的问题。浙江省委、省政府认识到高能耗、高污染、高排放的发展方式是环境污染的根源，水的问题倒映着经济结构的问题，水环境的末端治理并不能从根本上有效地控制水环境污染。在推进"五水共治"过程中，浙江省委、省政府坚持水岸同治、城乡共治，聚焦工业和农业"两转型"，对污染企业釜底抽薪，对落后产能"猛药去病"，聚焦城乡污水处理能力"两覆盖"，协同推进治水与治城治乡，深化"千村示范、万村整治"工程，联动推进"三改一拆"、小城镇环境综合整治、污水革命、垃圾革命、厕所革命。全省各级党委和政府一方面以治水倒逼转型升级，将治水作为推动经济转型升级的突破口；另一方面也坚持抓源头动真格，把转变高能耗、高污染、高排放的发展方式，推动经济结构调整和转型升级作为推动治水的重要途径，既"腾笼"又"换鸟"，实现了经济发展和生态环境质量的双提高，使得"五水共治"成为贯彻"绿水青山就是金山银山"理念的生动实践。

4. 治水工作必须坚持"切中要害，统筹兼顾"

根据唯物辩证法，在矛盾综合体中，主要矛盾处于支配地位、起主导作用。在实际工作中，应首先抓住和解决好主要矛盾，同时又不能忽略次要矛盾的解决。水生态环境的系统性、复杂性决定了生态环境治理必须要有问题意识，不能"眉毛胡子一把抓"，应以重大问题为导向，抓住关键，推动解决一系列突出矛盾和问题。在推进"五水共治"过程中，浙江省委、省政府坚持抓主要矛盾，在治污水、防洪水、排涝水、保供水、抓节水这五个手指中，突出重点、切中要害，竖起治污水这个"大拇指"，不仅可以改善人民群众直观感受的生态环境，还能通过治污水抓经济转型，带动生态治水全局。在竖起"治污水"这个"大拇指"的同时，其他"四指"齐头并进，五根手指捏成拳头，统筹兼顾，破解"九龙治水"难题，统一决策部署，全面推进生态环境治理。"五水共治"既抓住主要矛盾，又解决次要矛盾，充分体现了马克思主义唯物辩证法的智慧和力量。

5. 治水工作必须坚持"全民参与，共治共保"

水生态环境治理工作需要全社会共同参与，只有唤醒政府、群众、企业三方的主体意识、责任意识、参与意识，才能形成全民聚力。浙江省"五水共治"通过各级"五水共治"领导小组、"五水共治"（河长制）办公室的建立，充分发挥各级党委、政府在生态环境保护工作中的领导作用，强化社会各界的治水认识、治水责任，发挥社会组织、学校、社区等基层单位以及工青妇的作用，动员志愿者参与治水；引导企业承担社会责任，走上生态治水之路。此外，浙江省还通过媒体曝光，加强舆论宣传。通过"五水共治"，浙江真正形成了"全民参与、共治共保"全面治水的良好氛围。

第6章　河湖水生态治理市场模式

6.1　综合治理经济理论

6.1.1　生态服务功能价值

"生态服务功能"是指人类从生态系统中获得的惠益，包括生活必需品服务功能，如食物、木材、水、纤维等；调节服务功能，如调节气候、洪水、疾病、废物和水质等；文化服务功能，如休闲、审美、精神享受等；支持服务功能，如土壤构成、光合作用、营养循环等。生态环境为人类提供赖以生存的物质基础，为社会经济的腾飞提供了不竭的动力。

马克思的劳动价值论认为，价值是一种社会关系，在商品交换中其实质体现的是人与人之间相互交换劳动的关系。商品价值取决于物化在商品中的社会必要劳动，包括劳动者在创造产品时劳动力的消耗以及消耗在劳动对象和劳动资料上的社会必要劳动时间，即活劳动和物化劳动。传统观点认为自然资源环境不是劳动的产物，没有价值。从现代观点看，自然资源环境具有价值，其价值是凝结在自然资源环境中的人类抽象劳动，具体表现为人们对自然资源环境的发现、保护、开发以及促进生态潜力增长等过程中投入的大量的劳动。

对人类来说，生态系统服务和自然资本的价值是非常大的，但生态系统所提供的服务一般来说与传统经济学意义上的服务（实际上是一种购买和消费同时进行的商品）不同，只有小部分能够进行定量化的评估，进入市场被买卖，大多数生态系统服务是公共品或准公共品，无法进入市场。人们对于生态服务功能的评价，多数是对自然资本和生态系统服务的变动情况进行评价。

随着生态经济学、环境和自然资源经济学的发展，生态学家和经济学家在评价自然资本和生态系统服务的变动方面做了大量研究工作。为了有别于传统的忽视环境资源价值的理论和方法，环境经济学家对环境资源的价值进行了重新界定，并把环境资源的价值称为总经济价值，包括使用价值和非使用价值（内在价值）。所谓使用价值是指当某一物品被使用或消费的时候，满足人们某种需要或偏好的能力，使用价值又可以分为直接使用价值、间接使用价值和选择价值。所谓非使用价值相当于生态学家所认为的某种物品的内在属性，它与人们是否使用它没有关系，目前普遍接受的观点认为存在价值是它最主要的一种形式。其中生态服务功能价值的概念就类似于环境资源的间接使用价值，它包括从环境所提供的用来支持目前的生产和消费活动的各种功能中间接获得的效益。

微观经济学认为社会产品可分为公共产品及私人产品两大类。普遍认为的是自然资源环境及其所提供的生态服务具有公共物品属性。公共物品具有两个本质特征：非排他性和消费上的非竞争性。

1. 受益的非排他性

公共产品的受益具有非排他性。为一个消费者生产供给公共产品就必须为所有消费者生产供给公共产品。公共产品的消费权并不是由某个人独有，而是整个社会共同所有，某人对环境公共产品的消费，并不能阻止他人对它的消费，个人从中受益并不能排除他人从中受益，即技术上无法将那些不愿意为消费行为付款的人即"免费搭车者"排除在环境公共产品的受益范围之外，或者在技术上虽然可以排他，但排他的成本很高。

2. 消费的非竞争性

公共产品的消费具有非竞争性。单个人对环境公共产品的消费不影响其他消费者对它的消费，亦即在环境容量范围内，增加一个消费者不会减少其他人享用该产品的数量或质量，也就是说，增加一个消费量的边际成本等于零。只是个体对公共产品的消费取决于该公共产品向社会提供的总量。虽然公共产品的生产包含失去其他产品生产的机会成本，但公共产品的消费没有机会成本。

非排他性是指在技术上不易于排斥众多的受益者，或者排他不经济，即不可能阻止不付费者对公共物品的消费。消费上的非竞争性是指一个人对公共物品的消费不会影响其他人从对该公共物品消费中获得效用，即增加额外一个人消费该公共物品不会引起产品任何成本的增加，也可以说，公共物品的边际生产成本为零。公共产品的非竞争性和非排他性，使得它在使用过程中容易产生"公地悲剧"和"搭便车"问题。

对环境的分析不能忽略产权问题。环境问题的特征之一是，它们产生在没有所有者的背景之中，虽然有所有者，但所有者只有有限的"拥有权"。由于缺乏所有权，可能导致对它们的忽视或过度使用。哈丁关于"公地悲剧"①的著名论断就描述了所有权缺失所产生的后果。根据哈丁的观点，公地悲剧来自对公地没

---

① 如果一种资源无法有效地排他，也就是他们中的每一个都有使用权，但没有权力阻止其他人使用，那么就会导致这种资源的过度使用，最终导致全体成员的利益受损，这就是公地悲剧。过度砍伐的森林、过度捕捞的渔业资源及污染严重的河流和空气，都是"公地悲剧"的典型例子。之所以叫悲剧，是因为每个当事人都知道资源将由于过度使用而枯竭，但每个人对阻止事态的继续恶化都感到无能为力。公共物品因产权难以界定而被竞争性地过度使用或侵占是必然的结果。

有限制地利用。每个个体在追求自己的个人收益时，把他利用该资源的一些成本转嫁给了他人，结果，个体们都有"搭便车"[①]的欲望。每个个体的这种搭便车行为的综合和继续，最终会导致环境的恶化。因此环境质量之所以会恶化，关键是因为人们所使用的宝贵资源的所有权规定得不够严密不够周全。如果公共财产资源相对于全部需求具有充裕的容量的话，那么，社会分享并利用这些资源时，就不会产生任何经济上的问题。然而，当需求上升到某种程度，利用资源的人们彼此互相施加外部费用，则经济效率不可避免地会遭受损害。

自然资源环境及其所提供的生态服务所具有的公共物品属性决定了其面临供给不足、拥挤和过度使用等问题。例如对于一个流域来说，能为下游提供生态服务的无形产品（如作为环境资源能涵养水源、减少旱涝灾害、维护生物多样性等），人们一般视为公共产品，处于上游的居民"搭便车"现象在所难免，流域上游的人过度使用这种公共产品，天长日久必然会导致"公地悲剧"的产生。

从公共产品的定义上分析，环境是典型的公共产品，环境保护所提供的效果也是公益的。但随着人类开发能力的提高和环境本身所具有的各种自然性质，环境作为公共产品又呈现出多种多样的特征。

（1）环境构成要素的自然性质不同，环境本身是一个复杂的生态系统，水、森林、海洋等包括自然资源在内的环境要素，无论在自然状态、地理分布，还是在为人类提供的环境消费方面，具有明显不同的特征。

（2）人为的技术干预改变环境的纯公益性质，使得某些环境产品成为具有排他性的准公共产品。例如运用收费或规章制度规范厂商或居民的消费。我们对水的消费具有明显的非竞争性和非排他性，但通过法律，禁止废水未能达标的企业向河流、湖泊排放废水，水体的消费具有一定的排他性。之所以做出这样的法律规定，也是因为企业对水体的消费，在一定程度上影响了居民和其他企业的消费，因而此时水体的消费具有一定程度的竞争性，只是其程度比私人产品低得多。随着工业发展，环境要素的性质在不同程度上发生了变化。

（3）经济的高速发展和人类不断扩张的需求影响着自然环境的性质，使得某些环境产品成为具有竞争性的公共资源。种种环境要素的物品性质已经发生了明显的变化。如水，在过去都是取之不尽、用之不竭、既非私人产品也非纯粹公共产品的免费物品。现在，由于人类开发能力的提高，这些资源成为具有一定稀缺性的经济物品，人们也不再能够无偿消费，想要喝到干净的水，反而要为此付费。假期到郊外休闲，家里购买纯净水，都是环境资源的性质发生变化的折射。

---

① 如果由市场提供公共物品，每个消费者都不会自愿掏钱去购买，而是等着他人去购买而自己顺便享用它所带来的利益，这就是"搭便车"问题，如果所有社会成员都意图免费搭车，那么最终结果是没人能够享受到公共物品，"搭便车"问题会导致公共物品的供给不足。

6.1.2　外部性理论

无论是纯粹的公共物品，还是俱乐部产品和共同资源，它们共同的问题是在其供给和消费过程中产生的外部性。外部性是指一个经济主体的行为对另一个经济主体的福利所产生的影响并没有通过市场价格反映出来。关于外部性理论，经过马歇尔和福利经济学创始人庇古①等经济学家的贡献，已发展成一个较完善的体系，并被广泛和深入地应用到环境保护领域。

环境是好是坏，人们从主观感受出发加以判断。环境施加于人的影响非常不同，有的令人愉悦，有的令人难以容忍。从公共经济学的角度出发，人们的这种感受和差异与环境的外部性密切相关。所谓的外部性，即企业或人们向市场之外的其他人施加损害或利益，有正外部性和负外部性之分。资源浪费、生态破坏、环境污染等现象，威胁人类的生存与发展，损害人们的健康，减少社会的福利，不受大众欢迎，可以把它们看作公害物品，是负的外部性。而使外部效应内在化的各种服务，例如废水废渣的集中处理，各种各样的环境治理行为，给人们带来了正面影响，有助于提供良好的环境，所以是公益物品，是正的外部性。环境外部性大多涉及面广，且都与公益物品相联系，所以我们称之为环境问题上的公共外部性。一般情况下提供优质的环境、保护环境和污染治理行为属于正的外部性，而资源浪费、生态破坏、环境污染等行为属于负的外部性。无论是正外部性还是负外部性，都会影响到环境资源的优化配置，从而使环境污染问题更加严重。

外部性的内在化是指改变激励，以使人们考虑到自己行为的外部效应。外部性的内在化的经济学解释是：为了消除因外部性而引起的市场失灵，就要将外部费用引进到价格中，从而激励市场中的买卖双方改变理性选择，生产或购买更接近社会最优的量，纠正外部性的效率偏差，这种纠正过程称为外部性的内在化。对外部性的内化问题，经济学界有"庇古税"和科斯的"产权"两种路径，他们都是以市场为基础，也是目前解决外部性最好的手段，虽然说不是完美的。

1. 帕累托最优（Pareto optimality）

庇古税和科斯理论都是要最大可能达到资源配置的帕累托最优。帕累托最优也称为帕累托效率、帕累托改进，是博弈论中的重要概念，并且在经济学、工程学和社会科学中有着广泛的应用。帕累托最优是指资源分配的一种理想状态，假定固有的一群人和可分配的资源，从一种分配状态到另一种状态的变化中，在没

---

① 庇古（Arthur Cecil Pigou，1877～1959 年），英国著名经济学家，剑桥学派的主要代表之一。他的主要著作有：《财富与福利》（1912）、《福利经济学》（1920）、《产业波动》（1926）、《失业论》（1933）、《社会主义和资本主义的比较》（1938）、《就业与均衡》（1941）等。

有使任何人境况变坏的前提下，使得至少一个人变得更好，这就是帕累托改进或帕累托最优化。帕累托最优就是公平和效率达到理想水平；帕累托改进是指一种变化，在没有使任何境况变坏的前提下，使得至少一个状态变得更好。帕累托最优和改进是一种辩证的关系，帕累托最优是没有进行帕累托改进的余地的状态，帕累托改进是达到帕累托最优的路径和方法。

2. 庇古税路径（庇古税理论）

庇古税由英国经济学家庇古提出。根据污染所造成的危害程度对污染者征税，用税收来弥补排污者生产的私人成本和社会成本之间的差距，使两者相等，称为"庇古税"。庇古税解决外部性的方法就是对产生外部性市场主体的经济行为进行收税或者补贴，正外部性补贴，负外部性收税。

庇古税是解决环境问题的古典教科书的方式，属于直接环境税。它按照污染物的排放量或经济活动的危害来确定纳税义务，是一种从量税。庇古税的单位税额，应该根据一项经济活动的边际社会成本等于边际效益的均衡点来确定，这时对污染排放的税率就处于最佳水平。庇古税的意义基本可以概括为四点：第一，通过对污染产品征税，使污染环境的外部成本转化为生产污染产品的内在税收成本，从而降低私人的边际净收益并由此来决定其最终产量。第二，由于征税提高污染产品成本，降低了私人净收益预期，从而减少了产量，减少了污染。第三，庇古税作为一种污染税，虽然是以调节为目的，但毕竟能提供一部分税收收入，可专项用于环保事业。即使作为一般税收收入，也可以相应减轻全国范围内的税收压力。第四，庇古税会引导生产者不断寻求清洁技术。

按照庇古的观点，市场配置资源失效的原因是经济当事人的私人成本与社会成本不相一致，从而私人的最优导致社会的非最优。因此，纠正外部性的方案是政府通过征税或者补贴来矫正经济当事人的私人成本。庇古认为，外部性产生的原因在于市场失灵，必须通过政府干预来解决，只要政府采取措施使得私人成本和私人利益与相应的社会成本和社会利益相等，则资源配置就可以达到帕累托最优状态。如污染问题，庇古税的手段就是政府对产生污染的市场主体进行收税，使其私人成本增加到社会成本，成本的增加迫使产生的污染达到社会适应的数量，或者给予受污染的人补偿，补偿费用等于受污染而造成的损失。

庇古税可以达到资源有效配置，能够导致污染减少到帕累托最优水平。但庇古税的难点在于，庇古税假定了税收等于社会最优产出点的边际外部成本，这就要求政府必须掌握污染损失的准确货币值。实际上这很困难，或者几乎是不可能的，因为污染的影响不仅具有多样性、流动性、间接性和滞后性，而且限于人类的认知水平，还具有不确定性，况且有的损失很难用货币来表示，如物种灭绝。在实践中，一般通过设定环境标准来代替理论上的最佳点，并以此为目标设计税率。事实上，只要对污染行为征税，就能在一定程度上产生庇古税的作用，虽然税负不能完全等同于理论上的理想水平，但若实际税负与之越接近，则作用越明显。

3. 科斯的产权路径（科斯定理）

科斯定理（Coase theorem）是由英国经济学家科斯[①]（Ronald H. Coase）提出的一种观点，认为在某些条件下，经济的外部性可以通过当事人的谈判得到纠正，从而达到社会效益最大化。科斯本人从未将定理写成文字，其他人描述的科斯定理无法避免会有偏差。一般表述为：只要财产权是明确的，并且交易成本为零或者很小，那么，无论在开始时将财产权赋予谁，市场均衡的最终结果都是有效率的，实现资源配置的帕累托最优。简单地说，如果交易成本为零，无论权利如何界定，都可以通过市场交易和自愿协商达成自愿的最优配置。如果交易成本不为零，资源的最优配置就需要通过一定的制度安排与选择来实现。科斯定理说明，政府干预不是治理市场失灵的唯一办法。在一定条件下，解决外部性问题可以用市场交易或自愿协商的方式来代替庇古税手段，政府的责任是界定和保护产权。

科斯提出当交易费用不为零，为正且较小时，可以通过合法权利的初始界定来提高资源配置效率，实现外部效应内部化，无须抛弃市场机制。

在庇古税理论中，外部性通常被认为是单向的，而且可以通过政府干预得到消除。以科斯为代表的新制度经济学家从新的视角和方法扩展了对外部性的认识，提出了解决外部性的新的政策途径。科斯对外部性认识的扩展主要包括三个方面。第一，外部性往往不是一方损害另一方的单向问题，而是具有相互性。例如，按照庇古税理论，如果甲的经济活动对乙产生负的外部性，那么就应该由甲对乙进行补偿。但是，科斯认为，避免乙的利益受到损失的同时也会对甲的利益造成损害。因此，真正的问题在于判断究竟是允许甲损害乙，还是允许乙损害甲，解决问题的关键在于如何从社会总体成本与福利的角度避免较严重的损失。第二，在交易成本为零的情况下，无论是允许甲损害乙还是允许乙损害甲，都可以实现社会成本的最小化与社会福利的最大化，因为甲和乙可以通过自愿协商实现资源配置的帕累托最优。即如果交易成本为零，产权是清晰的，那么交易双方就可以通过自愿协商实现外部性的内部化，而不需要政府的干预和调节。在这样一种情况下，"庇古税"就没有存在的必要。第三，在交易成本不为零的情况下，外部性的内部化需要对不同的政策手段如政府干预和市场调节的成本-效益加以分析权衡才能确定，也就是说，"庇古税"方案既可能是有效的制度安排，也可能是无

[①] 罗纳德·哈里·科斯（Ronald H. Coase，1910 年 12 月 29 日～2013 年 9 月 2 日），新制度经济学鼻祖，美国芝加哥大学教授、芝加哥经济学派代表人物之一，1991 年诺贝尔经济学奖的获得者。

效的制度安排，而问题的关键则在于产权是否明晰。

与庇古税理论相比，科斯的交易成本理论强调用市场手段来解决外部性，但是它也存在一些局限性。第一，在市场化程度不高的发展中国家以及转轨或过渡经济国家，利用市场手段解决外部性可能缺乏效率。第二，市场交易或自愿协商需要考虑交易成本，其前提是交易成本要低于社会净效益。但是在市场机制不完善以及规范不健全的情况下，自愿协商的交易成本往往要高于社会净收益，因此自愿协商的空间受到限制。第三，市场交易或自愿协商的前提是产权明晰，但是很多公共物品的产权难以界定或者界定成本很高，从而失去自愿协商的前提。

6.1.3　环境治理的市场失灵

正常运行的市场通常是资源在不同用途之间和不同时间上配置的有效机制。然而，市场的正常运行要求具备若干条件。如果不能完全满足条件，则必定出现问题，市场就不能有效配置资源。大多数环境恶化和环境治理的低效率是由于市场机制不健全、市场机制扭曲，或根本就不存在市场。就环境治理问题而言，最严重的市场失灵可以简单概括如下。

1. 产权不安全或根本不存在

主流经济学认为，市场机制正常作用的基本条件是明确定义的、安全的、可转移的和可实行的，涵盖所有资源、产品、服务的产权。产权是有效利用、交换、保存、管理资源和对资源继续投资的先决条件。但环境资源很难符合所有市场机制正常运行所要求的产权条件。

一般来说，在典型的市场经济中，产权必须是明确定义的。但是从目前我国的实际情况来看，环境资源的产权首先无法明确界定，比如流域跨好几个地区的河流，无法把它们分割成若干段分别归属不同的乡镇，是人人可以无偿享有、任何人不可能私有的物品。个人拥有对河流的使用权，但不具备所有权，也就缺少对河流的保护意识和动机。

产权必须是专一的或排他的，即如果某人拥有某资源的产权，他人对同一资源就不应具有同样的产权。多重产权，不管多么安全，也会打击所有者对资源投资、保存和管理的积极性。市场经济中的企业或个人是自我利益最大化的理性个体，既然已经有人出于产权保护河流，那么别人有什么理由这么做呢，可能出现的情况是谁也不愿对保护进行投资，因为如果一方保护，则另一方有可能坐享其成，这样就失去了保护环境的激励。大家都这么想、这么做，整个环境就被轻易破坏了。个体的理性可能导致集体的非理性。

产权还必须是法律上可转移的。如果不能转移，就会打击所有者投资和保护资源的积极性。从地域上看，如果所有权不能转移，将来投资者离开原投资地，投资就作废了，人们就不愿进行长期投资。而且，有效的市场机制要求稀缺资源能够自由地投向最有效的用途，而产权的自由转移是保证这一点的途径。

2. 无市场与市场竞争不足

市场失灵还可以表现为竞争不足。有效市场应具有买者和卖者众多、产品比较单一、进入市场障碍较少的特点。如果竞争者太少，市场竞争就是不完全的。竞争不完全的其他原因还包括基于法律和政治原因的进入障碍、高信息成本、市场规模狭小。由于环境问题没有得到充分的重视，因此关注环境资源的卖者和买者较少，无法形成竞争充分的有效市场。

3. 外部性

环境污染、资源浪费产生负的外部性，而环境治理产生正的外部性。反过来又可以说负的外部性导致环境污染进一步加剧，而正的外部性导致环境治理的供给不足。如果没有相应的激励补偿机制，在环境保护问题上就会产生广泛的"搭便车"的机会主义行为，即市场主体从自身利益出发都不愿为环保行动付费而会乐意坐享其成。这必然导致环境保护行为供给的严重不足。

4. 交易成本

交易成本是人们在交易过程中取得信息、互相合作、讨价还价和执行合同等所产生的费用。通常情况下，交易成本大小与市场交易所得的好处相比是微不足道的，但如果交易成本超过市场交易的收益，或者买者与卖者的数量太少，市场就难以形成。解决环境问题，需要巨额的交易成本。高交易成本是市场机制无法成功解决环境问题的原因之一。同样，建立和执行产权也有成本。如果这些成本高于产权带来的收益，产权和与之相联系的市场也不会产生。交易费用很小是市场机制有效作用的前提，如果超过通过市场解决问题的收益，高交易费用就会成为市场处理外部效应失败的原因之一。

6.1.4　环境治理的政府缺陷

政府干预失灵主要是由于信息不充分、偏好加总困难、政府追求短期利益的"近视"弱点和缺乏有效激励约束机制等原因造成。

1. 信息不充分

要使公共产品的供给数量恰好为需求数量，就必须拥有充分的信息，了解公共产品与私人产品之间的转换关系生产可能性边界，了解社会公众对公共产品与私人产品之间的偏好结构社会无差异曲线，而政府要充分掌握信息是很困难的。

许多公共决策是在信息不完备的情况下做出的，因为决策信息的搜集与整理都要耗费大量成本，有时甚至耗费了大量成本也不一定能取得很准确完备的信息。

2. 缺乏有效的激励和约束机制

公共部门处于垄断地位而缺乏竞争，在没有竞争对手的前提下，即使低效率运作仍能生存。公共部门的运作成本通过税收得到补偿，因此在决策时忽视成本收益分析，也没有来自破产的威胁。反过来，如果节约成本、改进效率，其收益又归全体公民，不符合自身利益最大化原则。与此同时，政治家和普通民众缺乏必要的信息有效地监督公共机构及其官员的活动，在大多数情况下，后者比前者拥有更多的关于公共产品的信息，监督者完全可能为被监督者所操纵。因此在环境保护上，一方面因资金短缺而投入不足，另一方面却又存在着公共部门庞大的职务消费。

6.1.5　第三方环境治理风险构成

流域水生态第三方环境治理包括设计、投融资、建设、运营、管理、维护、监测等多个复杂环节，涉及主体广，治理周期长，影响因素众多，第三方环境治理的主要风险包括两个方面。

1. 外部环境风险

（1）政策风险，即第三方环境治理过程中因为政策环境的变动使得第三方治理相关主体面临的不确定性损失。第三方环境治理具有明显的政策驱动特征。未来环保法、质量法、税法、劳动法等相关法律法规的实施、修改，以及国家政策重心的调整，都可能对第三方环境治理的开展带来风险。

（2）经济环境风险，即第三方环境治理过程中因为经济周期、通货膨胀、利率、汇率等宏观经济因素变动，引起市场需求、运营成本、融资成本等的波动，进而给第三方环境治理带来的影响。第三方环境治理企业以污染治理为经营对象，以专业化的污染治理或管理服务为主营产品，其经营自然很大程度上受到上游产业即排污企业生产经营情况的影响。排污企业的经营越稳定，生产规模越大，产量越多，污染治理需求越多，第三方环境治理企业的风险就越小，反之，风险越大。

2. 内部合作风险

（1）选择风险，即第三方环境治理过程中因为排污者或政府的信息不对称，难以保障在最佳价格下寻找到最佳的委托合作对象，实现最佳治理效果，从而面临的不确定性损失。选择风险的产生与当前的制度环境及第三方环境治理市场的发展情况密切相关。我国环境服务业整体处于起步阶段，尚缺少环境治理成本估算和治理效果评判的标准，同时，市场上以中小型第三方环境治理企业居多，其技术及环境管理水平参差不齐，部分第三方环境治理企业刻意压低服务价格抢占市场，造成低价恶性竞争，扰乱和破坏了行业秩序，导致排污者和政府难以找到最合适、高效的第三方环境治理企业。

（2）道德风险，指第三方环境治理过程中因为参与治理的某一方有意欺骗，从而造成参与第三方环境治理的另一方所面临的不确定性损失，或者双方相互"勾结"，抱团作假，所造成的不良的社会影响。第三方环境治理的道德风险主要源于诚信体系不完善及监管审核不严谨。第三方环境治理顺利开展的重要前提是治理双方之间遵循相关规定，诚信合作，相互监督、相互约束。但现实中诚信缺失、监管审核机制不完善往往容易引发道德风险。

（3）合同风险，指第三方环境治理过程中因为双方签订的合同不规范、合同条款引发歧义，抑或是参与治理的某一方未按合同履行义务，从而造成另一方不得不面临的不确定性损失。合同风险产生的原因主要在于第三方环境治理市场尚处于发展初期，缺乏明确的合同订立和履行标准与规范，同时，不具备有效的约束机制。此外，某些地方政府为加快基础设施建设或为了提升政绩，在短期利益的驱使下承诺缺乏承受能力的条件以吸引民间资本投资，这也是导致合同风险的重要原因之一。

（4）责任风险，即第三方环境治理过程中因为治理双方责任边界不清晰，造成污染事故发生后双方相互推卸责任，进而导致参与第三方治理的某一方或双方所面临的不确定性损失。造成责任风险的主要原因是当前第三方治理市场不成熟，未建立相应的法律法规体系，责任明确和转移存在障碍。

6.2　典型河湖防洪及水生态治理市场模式

水利建设是国家的重要基础，在促进社会经济发展过程中，不仅保护着国家人民生命财产安全，还满足了各行各业对水的基本需求。实现水利跨越发展，深化水利投融资体制改革，建立水利投入稳定增长机制是关键。改革开放以来，我国水利投融资体制不断适应国家经济体制改革和投资体制改革的新要求，逐步向多元化、多层次、多渠道的政策体制发展。2011 年以来，水利投融资体制改革进入新的历史阶段。2011 年中央 1 号文件发布和中央水利工作会议召开，开启了我国水利事业发展的新征程。文件和会议均提出多渠道筹集资金，建立水利投入稳定增长机制，从根本上扭转水利建设明显滞后的局面。此后，拓宽水利建设资金来源的具体政策措施相继出台。

水利建设项目投资规模大、公益性强、回收周期长、收益较差，特别是河湖防洪和水生态治理项目，投融资来源基本靠政府财政作为资金支持，银行业贷款仅占一小部分，而民营资本或是外资资本所占的比例更是微乎其微。这在很大程度上制约了水利建设的发展。随着水利改革不断深入、金融领域不断创新以及国家相关引导政策不断完善，多种融资渠道不断被引入各类水利建设项目，开始缓解长期以来水利行业利用金融资金不足的局面，逐步发挥出金融资金对水利的支持作用。

6.2.1　政府与社会资本合作（PPP）模式

PPP 是英文 public-private partnership 的简写，是指公共部门通过与私人部门建立伙伴关系提供公共产品或服务的一种方式。

联合国开发计划署认为，PPP 是指政府、营利性企业和非营利性组织基于某个项目而形成的相互合作关系的形式。通过这种合作形式，合作各方可达到比预期单独行动更有利的结果。合作各方参与某个项目时，项目的责任和融资风险并非完全由私营部门承担，而是由参与合作的各方共同承担。联合国训练研究所认为，PPP 涵盖了不同社会系统倡导者之间的所有制度化合作方式，目的是解决当地或区域内的某些复杂问题。PPP 包含两层含义，其一是为满足公共物品需要而建立的公共和私营倡导者之间的各种合作关系；其二是为满足公共物品需要，公共部门和私营部门建立伙伴关系，推进大型公共项目的实施。欧盟委员会认为，PPP 是指公共部门和私营部门之间的一种合作关系，其目的是提供传统上本应由公共部门提供的公共项目或服务。世界银行认为，PPP 是私营部门和政府机构之间就提供公共资产和公共服务签订的长期合同，而私营部门须承担重大风险和管理责任。亚洲开发银行将 PPP 定义为，为开展基础设施建设和提供其他服务，公共部门和私营部门之间建立的一系列合作伙伴关系。美国 PPP 国家委员会指出，PPP 是介于外包和私有化之间并结合了两者特点的一种公共物品提供方式，它充分利用私营资源进行设计、建设、投资、经营和维护公共基础设施，并提供相关服务以满足公共需求。加拿大 PPP 国家委员会将 PPP 定义为公共部门和私营部门基于各自的经验建立的一种合作经营关系，通过适当的资源分配、风险分担和利益分享，来满足公共需求。

《国务院办公厅转发财政部发展改革委人民银行关于在公共服务领域推广政府和社会资本合作模式指导意见的通知》（国办发〔2015〕42 号）是这样定义 PPP 的："政府采取竞争性方式择优选择具有投资、运营管理能力的社会资本，双方按照平等协商原则订立合同，明确责权利关系，由社会资本提供公共服务，政府依据公共服务绩效评价结果向社会资本支付相应对价，保证社会资本获得合理收益。"《财政部关于推广运用政府和社会资本合作模式有关问题的通知》（财金〔2014〕76 号）中提到："政府和社会资本合作模式是在基础设施及公共服务领域建立的一种长期合作关系。通常模式是由社会资本承担设计、建设、运营、维护基础设施的大部分工作，并通过'使用者付费'及必要的'政府付费'获得合理投资回报；政府部门负责基础设施及公共服务价格和质量监管，以保证公共利益最大化。"《国家发展改革委关于开展政府和社会资本合作的指导意见》(发改投资〔2014〕2724 号)认为："政府和社会资本合作(PPP)模式是指政府为增强公共产品和服务供给能力、提高供给效率，通过特许经营、购买服务、股权合作等方式，与社会资本建立的利益共享、风险分担及长期合作关系。"香港效率促进组将 PPP 定义为一种由双方共同提供公共服务或进行计划项目的安排。在这种安排下，双方通过不同程度的参与和承担，各自发挥专长。PPP 包括特许经营、私营部门投资、合伙投资、合伙经营、组成合伙公司等多种方式。

从各国和国际组织对 PPP 的理解看，PPP 有广义和狭义之分。广义 PPP 泛指公共部门与私人部门为提供公共产品或服务而建立的各种合作关系，主要分为外包类、特许经营类(项目融资)和私有化类；而狭义 PPP 可以理解为一系列项目融资模式的总称，主要包括 BOT、BOO、LOT、TOT、ROT、BBO 等模式。我国强调的是政府和社会资本的合作，属于狭义 PPP 范畴，其性质特点和适用范围见表 6-1。

表 6-1 主要 PPP 模式特征

类型	定义	期限	特征
BOT 建设-运营-移交	指由社会资本承担新建项目设计、融资、建造、运营、维护和用户服务职责，合同期满后项目资产及相关权利等移交给政府的项目运作方式	一般为 30 年左右	其本质是融资，主要适用于新建项目，增加公共产品和服务供给，风险主要由社会资本承担
BOO 建设-拥有-运营	指由社会资本承担新建项目设计、融资、运营、维护和用户服务职责，社会资本长期拥有项目所有权的项目运作方式	长期	由 BOT 演变而来，主要适用于新建项目，也属于融资性质
LOT 租赁-运营-移交	指将存量(原有或新建后)公共资产运营管理、维护职责及用户服务职责转移给社会资本运营模式，政府仍承担公共资产投资的职责并保留公共资产的所有权	一般为 30 年左右	主要适用于已建成的存量项目，属融资，可提高效率
TOT 转让-运营-移交	指政府将存量资产所有权有偿转让给社会资本或项目公司，并由其负责运营、维护和用户服务，合同期满后资产及其所有权等移交给政府的项目运作方式	一般为 30 年左右	适用于存量项目有偿转让，比 BOT 模式风险小，投资回报率适当，具有融资性

续表

类型	定义	期限	特征
ROT 改建-运营-移交	指政府将存量资产引入社会资本进行改扩建，项目建成后由社会资本进行运营，合同期满后交回给政府的运作方式	一般为30年左右	本质属融资，适用于已建成的存量资产项目，ROT模式风险较TOT高
BBO 购买-建设-运营	是资产出售的一种形式，也包括将现有设施修复或扩建。政府机构出售资产给社会资本，让其在做出所需的改善后，以更具成本效益的方式经营	长期	适用于存量项目，主要是提高经济效益和服务水平，本质上也是融资

按照目前国家政策，水利项目根据其性质分为公益性、准公益性和经营性三大类。防洪、排涝工程一般为公益性项目；具有防洪、供水、航运、发电、灌溉等综合效益的水利枢纽、水源工程、引调水工程、水土保持工程等属于准公益性项目；其他以供水、发电等为主的项目一般为经营性项目。

《关于进一步做好水利改革发展金融服务的意见》（银发〔2012〕51号）提出要"积极引入多元化投融资主体，创新项目融资方式，引导金融资源支持水利建设。积极发展BOT（建设-运营-移交）、TOT（转让-经营-移交）、BT（建设-移交）等新型水利项目融资模式，通过有资质的水利项目建设方作为贷款主体，引导更多信贷资源支持水利建设。"根据国办发〔2015〕42号文有关规定，现阶段主要在公益性和准公益性水利项目上大力推行PPP模式，引入社会资本进行合作，为广大人民群众提供优质的水利公共产品和公共服务。目前推行PPP模式的水利公益性项目主要有：防洪为主的水利枢纽、堤防整治、排涝工程；水利准公益性项目主要有：引调水工程、水源工程、防洪结合航运、发电、供水、灌溉等综合效益的工程。根据上述对水利PPP项目性质特点分析，以及各类PPP模式定义和适应性特征分析，可以得出新建类水利项目与存量资产（已建成类）水利项目适应PPP模式的初步分类：一是新建类项目，一般适宜采用BOT、BOO等模式；二是存量资产（已建成类）项目，一般适宜采用LOT、TOT、ROT和BBO等模式。当然，具体水利项目如何选择PPP模式，则要再进行具体的分析（表6-2）。

表6-2　各类水利项目适宜采用的PPP模式

项目类型	项目性质和主要特点	适宜采用的PPP模式类型
引调水工程	为准公益性项目，具有供水、调水、灌溉、改善水环境、水资源配置等综合效益	新建类项目：适用BOT、BOO模式； 存量资产项目：适用LOT、TOT、ROT模式
水利枢纽	为公益性或准公益性项目，具有防洪、航运、发电、灌溉、供水等若干项综合效益	新建类项目：适用BOT、BOO模式； 存量资产项目：适用LOT、TOT、ROT模式

续表

项目类型	项目性质和主要特点	适宜采用的 PPP 模式类型
水源工程	为准公益性或公益性项目，主要具有供水、灌溉等综合效益，个别具有防洪效益	新建类项目：适用 BOT、BOO 模式；存量资产项目：适用 LOT、 TOT、 ROT、BBO 模式
堤防整治	为公益性项目，主要为防洪效益，但地方可收取堤围防护费	一般适用 BOT、ROT 模式
排灌工程	一般为公益性项目，其中排涝工程主要为防洪效益，灌溉部分有一定的经济效益	新建类项目：适用 BOT、BOO 模式；存量资产项目：适用 TOT、ROT 模式

2014 年 9 月，财政部出台《关于推广运用政府和社会资本合作模式有关问题的通知》（财金〔2014〕76 号）以来，我国 PPP 制度建设大幅度加快。目前，财政部、发改委已先后出台政策，对 PPP 操作流程、合同文本、财政可承受能力/物有所值评估、项目示范、PPP 中心和项目库建设等进行规范。在此基础上，交通、生态环保、住建等基础设施和公共事业主管部门出台了 PPP 运用的指导意见。2015 年 3 月，发改委、财政部、水利部联合印发《关于鼓励和引导社会资本参与重大水利工程建设运营的实施意见》（发改农经〔2015〕488 号），对在水利建设领域引入社会资本、运用 PPP 模式进行了安排。

6.2.2 水利债券

2014 年，《国务院关于创新重点领域投融资机制鼓励社会投资的指导意见》（国发〔2014〕60 号）明确将水利等领域作为投融资机制创新的重点，要求采用多种方式通过债券市场筹措投资资金支持重点领域建设项目。2016 年，《中共中央 国务院关于深化投融资体制改革的意见》（中发〔2016〕18 号）中明确要求"大力发展直接融资""加大创新力度，丰富债券品种""支持重点领域投资项目通过债券市场筹措资金"。

政府投融资体制改革在剥离融资平台的政府融资功能的同时，赋予地方政府适当举债权限，允许其通过发行地方政府债券融资。如 2015 年，全国人大批准了5000 亿元一般债券和 1000 亿元专项债券的发行额度，其中宁波市一般债券 25 亿元，专项债券 2 亿元。同时，国务院常务会议决定适当扩大全国社会保障基金投资范围，将地方政府债券纳入其中，并将企业债和地方政府债券投资比例从 10%提高到 20%，打开了地方债的投资空间。

为了贯彻中央有关精神和部署，破解有关领域融资难题，拓宽重点领域融资渠道，2015 年国家发展和改革委员会发布《城市地下综合管廊建设专项债券发行指引》（发改办财金〔2015〕755 号）、《战略性新兴产业专项债券发行指引》《养老产业专项债券发行指引》（发改办财金〔2015〕817 号）、《城市停车场建设专项债券发行指引》（发改办财金〔2015〕818 号）、《双创孵化专项债券发行指引》（发改办财金〔2015〕2894 号）和《配电网建设改造专项债券发行指引》（发改办财金〔2015〕2909 号），对这六类领域发行企业债券提供了专门的政策支持。作为国家支持的重点建设领域，水利行业同这几个领域具有相近特性，应当抓住国家降低企业债券发行门槛的政策契机，加大工作力度，积极促成水利专项债券有关政策的出台，推动水利建设项目积极利用专项债券进行融资。

国家发展和改革委员会明确指出，印发六类专项债券发行指引是为加大债券融资方式对七大类重大投资工程包以及六大领域消费工程项目的支持力度，拉动重点领域投资和消费需求增长。六类专项债券所涉及的养老产业、战略性新兴产业、城市停车场和城市地下综合管廊建设，分属于健康与养老服务工程包、清洁能源工程包、信息领域消费、绿色领域消费工程项目等，均是国家支持扩大企业债权融资的重点领域和重点项目。水利建设同属七大类重大工程投资包之一，项目开展受到中央、地方各级政府的有力支持，有较强的政策利好导向和良好的企业融资环境。

2009～2013 年，中国水利水电建设股份有限公司、重庆市水利投资（集团）有限公司、广西水利电业集团有限公司、淮安市水利资产经营有限公司、汉江水利水电（集团）有限责任公司、南昌水利投资发展有限公司等累计发行企业债券75 亿元，各企业债券评级展望维持稳定。借助于领头企业的先进经验，加之专项债券审核效率高、发行成本低、募集资金用途相对灵活的便利条件，更多水利企业有能力利用专项债券融资服务于水利项目建设。

同时，国家积极推动水利重要领域和关键环节改革攻坚，各项举措的实施为发行水利专项债券提供了重要保障。针对目前水利工程供水价格水平偏低的情况，可以通过完善水价形成机制，积极建立重大水利工程供水、发电等产品市场化定价方式，提升项目的自身收益。

6.2.3 · 政府购买服务

政府购买是在公共服务领域打破政府垄断地位引入竞争机制，把市场管理手段、方法、技术等引入公共服务之中，将公共服务的提供与生产分开，政府依靠市场和非营利组织进行生产，通过购买的方式间接地向公众提供公共服务。政府的职责在于确定购买公共服务的范围、数量、标准、选择公共服务承办方（出售方）、监督公共服务生产过程、评估公共服务的效果。

创新公共服务和公共产品提供方式，推动政府向社会力量购买公共服务，是当前政府投融资体制改革的另一重要内容。随着《政府采购法》《政府采购法实施条例》以及《政府购买服务管理办法（暂行）》的实施，政府采购行为进一步规范，采购规模不断扩大，内容不断丰富。目前，基础设施和城乡建设服务已逐步成为政府购买服务的重点领域。国家开发银行等开发性金融机构已在棚户区改造等多个领域运用，有力支撑了地方重大项目建设。

政府购买水利公共服务，主要是对适合市场、社会组织承担的水利公共服务，引入竞争机制，通过合同、委托等方式交给市场和社会组织承担；逐步推行工程建设管理、运行管理、维修养护、技术服务等水利公共服务向社会力量购买，推动水利公共服务承接主体和提供方式多元化。具体来讲主要包括：

（1）鼓励社会力量参与水利基础设施建设与工程运行管理。主要是各类水利基础设施提供的供水、排水、抗旱、除涝等服务。而水利基础设施的建设和运行维护，则可以鼓励社会力量参与，政府购买。

（2）吸收社会力量参与水利公共信息等技术服务。一方面水利公共信息公开发布必须由政府依法独立承担，另一方面在水利公共信息的收集、整理、生产、应用等环节，可以广泛吸收社会力量参与完成。

（3）动员社会力量有序参与水利公共政策制定各环节工作。积极动员社会力量有序参与水利公共政策的调查、提议、咨询、讨论、评估等环节，这也是坚持民生水利理念、建立社会参与机制的重要体现。可以充分发挥社会力量自身的亲民性，增强水利公共政策的民意基础。

（4）引导社会力量参与维护水利公共秩序各方面工作。在水事矛盾、涉水公共事件的法律咨询、损害评鉴、事件评估等工作中，应鼓励引导行业协会、中介组织、专业服务机构等社会力量主动参与，充分发挥社会力量具有的独立性和中立性，提升政府的公信力和透明度。

总体来看，政府购买服务比较适用于无收益性水利项目，包括水利工程建设、运行管理、维修养护、水利技术服务等，均可采用政府购买服务模式。在水利市场化改革不完善、公益性项目建设任务重的地区，政府购买服务尤为适用。

6.2.4　生态补偿

1. 政策要求

伴随着工业化和城市化的快速发展，我国的流域生态环境问题也愈发凸显。由于流域上下游功能区划、环境容量及环境功能达标要求不同，上下游实际享有的生存权、发展权并不相同，流域内各区域经济发展和环境保护的矛盾突出。这不但影响流域水环境质量的修复和改善，而且对于流域经济发展、社会进步、生态环境保护协调发展等目标的实现有重要影响。

2014 年修订的《中华人民共和国环境保护法》第三十一条明确规定，国家建立、健全生态保护补偿制度，国家指导受益地区和生态保护地区人民政府通过协商或者按照市场规则进行生态保护补偿。党的十九大报告将"建立市场化、多元化生态补偿机制"列为"加快生态文明体制改革，建设美丽中国"的内容之一。因此，生态补偿将成为我国流域水资源环境利益平衡的重要手段。

2018年2月，财政部印发《关于建立健全长江经济带生态补偿与保护长效机制的指导意见》（财预〔2018〕19号），提出要通过统筹一般性转移支付和相关专项转移支付资金，建立激励引导机制，明显加大对长江经济带生态补偿和保护的财政资金投入力度，并就中央财政和地方财政的工作内容提出了具体要求。

流域生态补偿机制作为一项实现环境资源有偿利用、解决我国工业化、城镇化进程中流域可持续发展问题的重要政策工具，本质上是一种激励与约束相容的制度安排，其核心思路是通过推动流域水资源开发利用与水环境保护中外部性内部化的实现，解决生态环境资源开发利用过程中"搭便车"的现象。通过实施流域生态补偿机制，确定上下游各区域水功能区划和环境容量，在符合功能区产业导向、满足污染物总量控制目标的前提下，构建改善流域生态环境的激励机制，使上下游在实现经济和社会发展"共赢"的目标方面达成一致，从而实现流域的科学发展。

我国流域生态补偿实践以建立流域水资源生态补偿机制为主线，着重解决流域上下游水质保护与受益分离的问题，探索建立健全流域生态补偿的公共财政政策与产业扶持政策，统筹协调区域发展、提高欠发达地区的发展能力；探索上中下游各利益相关主体之间如何协调、公平分配跨界的水生态环境容量，从而使区域内生态环境利益主体公平地承担因跨界、跨境破坏造成区域生态环境不可持续的后果，分担生态环境保护和修复的成本。

2. 中央财政奖励

为贯彻党的十九大"以共抓大保护、不搞大开发为导向推动长江经济带发展"和中央经济工作会议"推进长江经济带发展要以生态优先、绿色发展为引领"的精神，2018年财政部、环境保护部、发展改革委、水利部印发了《中央财政促进长江经济带生态保护修复奖励政策实施方案》（财建〔2018〕6号）。主要内容为：一是对流域内上下游邻近省级政府间协商签订补偿协议、建立起流域横向生态保护补偿机制的给予奖励，鼓励相邻多个省份建立流域横向生态保护补偿机制。二是对省级行政区域内建立流域横向生态保护补偿机制予以奖励。三是对流域保护和治理任务成效突出的省份予以奖励。用于引导地方落实好长江经济带发展规划纲要、水污染防治行动计划、最严格水资源管理制度、长江经济带生态环境保护规划、全国水资源保护规划等确定的任务。

重点对长江经济带所涉及的11个省（市），即四川省、云南省、贵州省、重庆市、湖北省、湖南省、江西省、安徽省、江苏省、浙江省、上海市，实行奖励政策。实施期限为 2018~2020 年。建立绩效考核评价体系，全面反映流域所在省份工作开展情况。有关部门按照职责分工对水污染防治行动计划、最严格水资源管理制度等进行考核。适时引入第三方的方式，对地方工作开展情况、资金使用情况进行绩效评价。省级行政区域内的绩效评价，由各省份自行组织开展。同时，考虑青海省、西藏自治区是长江源头，在长江经济带生态环境保护中担负着重要责任，对其实行适当的定额补助。

1）资金拨付办法

奖励资金安排与绩效评价结果挂钩，先预拨、后清算。

一是支持建立跨省流域横向生态保护补偿机制。鼓励流域内邻近的省（市、自治区）建立横向生态保护补偿机制，对签订了省级政府间补偿协议、建立起机制的，根据流域生态功能重要性、保护治理难度、补偿力度等因素，分年确定中央财政奖励额度，用于协议双方流域保护和治理。二是支持建立省（市、自治区）内流域横向生态保护补偿机制。对本行政区域内长江流域相关市（县、区）已建立横向生态保护补偿机制且机制运行良好的省（市、自治区），适当安排奖励资金。三是支持完成生态保护修复目标任务。对长江经济带 11 个省（市），根据各自水生态环境保护和修复治理任务完成情况予以奖励，分为保护性支出和治理性支出，权重分别占 40%、60%。具体测算方法为

预拨某省（市、自治区）资金=保护性支出+治理性支出

其中，保护性支出=[某省（市、自治区）下游用水量之和/各省（市、自治区）下游省份用水量之和+某省（市、自治区）本地水资源总量/各省（市、自治区）本地水资源总量之和]×0.5×0.4×支持落实相关规划任务资金总额度；治理性支出=（主要污染物入河削减量系数+主要污染物减排量系数）×0.5×0.6×支持落实相关规划任务资金总额度。

2）清算资金

（1）支持建立跨省级流域横向生态保护补偿机制。一是机制建设，按照"早建早给，早建多给"的原则，鼓励早建机制。同等条件，2018 年建立机制，全额享受奖励资金；2019 年建立机制，享受 80%奖励资金；2020 年建立机制，享受 60%奖励资金。二是机制运行，根据相关省份签订的补偿协议，水质等考核达到目标的，上游省份享受预拨资金；部分达到目标的，根据水质、水量折算享受预拨资金的额度，适当扣减上游预拨资金；完全未达到目标的，全部扣减上游预拨资金。所扣减的资金用于补偿给签订协议的下游省份。

（2）支持建立省份内流域横向生态保护补偿机制。一是机制建设，鼓励早建机制，截至 2020 年底，省份内长江流域相关市（县、区）60%以上建立起机制的，全额享受奖励资金；40%以上建立起机制的，享受 80%奖励资金；20%以上建立

起机制的，享受 60%奖励资金。对 2018 年底前省份内长江流域相关市（县、区）全部建立机制的，给予超额奖励。二是机制运行，对补偿机制运行良好，上下游相关市（县、区）能够形成统一标准、联合执法、定期会商等共抓大保护格局的，足额安排奖励资金；对补偿机制运行状况不畅的，适当扣减奖励资金。

（3）支持完成生态保护修复目标任务。对长江经济带 11 个省份，主要依据环境保护部组织开展的水污染防治行动计划考核、水利部组织开展的最严格水资源管理制度考核分数，各占 50%权重。具体办法为：①计分在 80（含）分以上的足额享受奖励资金；②计分在 60（含）～80 分的，按照得分情况适当扣减一定比例的奖励资金，需扣减的奖励资金比例=[80-某省份得分]%+20%（如得 79 分，则在扣减 20%奖励资金的基础上，再扣减 1%，共扣减 21%的奖励资金）；③计分低于60 分的全部扣减奖励资金。

3）中央财政资金安排

该项资金通过水污染防治专项资金安排，其支出范围适用《水污染防治专项资金管理办法》（财建〔2016〕864 号）相关规定。2017～2020 年，中央财政计划安排 180 亿元，其中 2017 年 30 亿元，2018～2020 年共计安排 150 亿元，按照上述预拨、清算办法进行分配。

4）关于预拨资金测算因素

（1）主要污染物减排量系数测算。主要污染物减排量根据流域内化学需氧量、氨氮每年减排量测算系数，两者的权重各占 50%。测算公式为

某省份主要污染物减排量系数=[某省份流域内化学需氧量每年减排量/各省份流域内化学需氧量每年减排量之和+某省份流域内氨氮每年减排量/各省份流域内氨氮每年减排量之和]×0.5

其中，某省份流域内化学需氧量、氨氮每年减排量根据"十三五"主要污染物减排量方案中补偿范围内各省份的减排量，参考各省份长江流域内的国土面积和人口拆分到流域内，国土面积和人口权重各占 50%，在此基础上测算"十三五"期间每年的污染物减排量。测算公式为

某省份流域内化学需氧量每年减排量=某省份化学需氧量减排量×（某省份流域内国土面积/该省份国土总面积+某省份流域内人口/该省份总人口）×0.5/5

某省份流域内氨氮减排量与化学需氧量测算方法一致。

（2）主要污染物入河削减量系数测算。主要污染物入河削减量根据流域内全国重要江河湖泊水功能区（以下简称"重要水功能区"）化学需氧量、氨氮每年入河削减量测算系数，两者的权重各占 50%。测算公式为

某省份主要污染物入河削减量系数=（某省份重要水功能区化学需氧量规划每年入河削减量/各省份重要水功能区化学需氧量规划每年入河削减量之和+某省份重要水功能区氨氮规划每年入河削减量/各省份重要水功能区氨氮规划每年入

河削减量之和）×0.5

其中，重要水功能区化学需氧量、氨氮入河削减量为 2015 年水功能区入河量与 2020 年限排量的差值。对于跨省重要水功能区的主要污染物入河削减量，根据某省份重要水功能区长度占该水功能区涉及省份总长度的比例分配污染物削减量。

某省份重要水功能区主要污染物规划每年入河削减量=某省份重要水功能区主要污染物规划入河削减量/5

上述有关测算数据以全国水资源保护规划、有关流域水资源保护规划、全国重要江河湖泊水功能区限制排污总量意见为依据。

3. 地方实践

1）江苏省生态补偿实践

2007 年，江苏省办公厅出台《江苏省环境资源区域补偿办法（试行）》和《江苏省太湖流域环境资源区域补偿试点方案的通知》，在江苏省太湖流域选择跨行政区域的主要入太湖河流开展试点，率先推行环境资源区域补偿制度，以推进太湖流域水环境综合治理，改善太湖主要入湖河流的水质。《江苏省环境资源区域补偿办法（试行）》从 2008 年 1 月 1 日起施行，以"谁污染、谁付费补偿"为原则在流域上下游之间建立经济补偿机制。经过一段时间的数据采集后，2008 年 8 月通过江苏省水文水资源勘测局监测，南京、常州、无锡三个试点城市之间的交界断面有所超标，生态补偿开始进入实际赔付阶段。

2013 年 12 月 31 日，江苏省政府发布《江苏省水环境区域补偿实施办法（试行）》（以下简称《办法》）。《办法》根据"谁达标、谁受益，谁超标、谁补偿"的原则，经监测考核和确认，实行"双向补偿"，即对水质未达标的市、县予以处罚，对水质受上游影响的市、县予以补偿，对水质达标的市、县予以奖补。上游市、县出境的监测水质低于断面水质目标的，由上游市、县按照低于水质目标值部分和省规定的补偿标准向省财政缴纳补偿资金，通过省财政对下游市、县进行补偿。上游市、县出境的监测水质好于断面水质目标的，由下游市、县按照好于水质目标值部分和省规定的补偿标准向省财政缴纳补偿资金，通过省财政对上游市、县进行补偿。跨市、县河流交界断面，直接入海、入湖、入江、入河断面及出省断面的监测水质连续 3 年达标或好于断面水质目标的，由省财政对断面所在市、县给予适当奖补。"十三五"以来，太湖流域水环境区域补偿从入湖河道为主的 30 个断面扩大到整个流域 53 个跨界断面。无锡、常州等地也建立了本辖区的水环境区域补偿制度，苏州部分市（县）还将补偿延伸到乡（镇），全面落实市、县行政交界断面责任。

2）浙江省生态补偿实践

在探索建立生态补偿机制方面，浙江省一直走在全国前列（沈满洪等，2015）。

2005 年出台《关于进一步完善生态补偿机制的若干意见》, 2006 年出台《钱塘江源头地区生态环境保护省级财政专项补助暂行办法》。

　　浙江是全国最先实施全流域生态补偿模式的省, 2008 年浙江出台了《浙江省生态环保财力转移支付试行办法》, 在全省 8 大水系开展流域生态补偿试点, 对水系源头地区的 45 个县（区、市）进行生态环保财力转移支付。补偿的标准为凡市、县（区、市）主要流域各交界断面出境水质全部达到警戒指标以上的, 将得到 100 万元的奖励资金补助, 而水质年度考核较上年每提高 1 个百分点, 就有 10 万元的奖励补助; 反之, 每降低 1 个百分点, 则扣罚 10 万元补助。大气质量考核较上年每提高 1 个百分点, 奖励 1 万元; 反之, 每降低 1 个百分点, 扣罚 1 万元, 以此类推。浙江省于 2018 年出台了《关于建立省内流域上下游横向生态保护补偿机制的实施意见》, 提出要按照权责对等、合理补偿, 地方为主、省级引导, 分年实施、全面推广的原则实施流域上下游横向生态保护补偿, 并在省内流域上下游县（区、市）探索实施自主协商横向生态保护补偿机制, 流域的余杭、湖州、长兴、安吉、德清等地已建立起横向生态补偿机制。

　　目前江苏、浙江两省在本省境内均已实施生态补偿制度, 省内地市之间, 也分别建立行政交界断面水质考核、补偿制度。但《太湖流域管理条例》第 49 条明确的省际生态补偿机制尚未在太湖流域建立, 这一定程度影响了上游行政区域水资源保护的积极性。

　　3）上海市生态补偿实践

　　上海市在建立健全生态补偿机制工作过程中, 先从建立基本农田、公益林、水源地的生态补偿机制入手, 逐步扩大范围、完善方式、健全机制。2009 年, 市政府印发的《关于上海市建立健全生态补偿机制的若干意见》包括公共财政投入、扶持产业发展、市场运作和相关制度保障 4 个方面内容, 明确了生态补偿"政府为主、市场为辅"的基本原则, 提出了"综合运用行政、法律、市场等手段, 建立相应的生态补偿机制, 调整相关各方的利益关系, 促进生态保护地区健康、协调、可持续发展"的目标。同年, 上海市财政局、市发改委、市环保局等部门联合制定的《生态补偿转移支付办法》, 注重体现区县贡献和政策导向, 注重发挥主管部门作用和转移支付整体效用, 内容包括转移支付分配因素、资金使用和管理 3 个方面。2011 年, 上海市相关部门修订了《生态补偿转移支付办法》, 进一步完善了生态补偿政策运行机制。

　　为推动饮用水水源保护区生态建设和社会经济的和谐发展, 2009 年, 上海市对黄浦江上游水源保护区所涉的青浦、松江、金山、奉贤、闵行、徐汇、浦东 7 个地区进行了生态补偿, 补偿资金为 1.85 亿元。2010 年, 《上海市饮用水水源保护条例》颁布实施, 市政府确定了青草沙、黄浦江上游、陈行、崇明东风西沙 4 个将长期保留的水源地, 划定和调整了饮用水水源保护区范围。2010 年的水源地生态补偿范围在 2009 年的基础上进一步扩大,受补偿区县增加到 9 个,即四大饮用水水源保护区所在的青浦、松江、金山、奉贤、闵行、徐汇、浦东、宝山、崇明全部纳入补偿范围,补偿资金在 2009 年的基础上大幅度提高,达到 3.74 亿元。

大部分受偿地区政府对水源地生态补偿资金按照一般性转移支付资金,以统筹方式进行使用和管理。自 2009 年上海市实施水源地生态补偿政策以来,受补偿地区政府积极落实水源地各项生态建设和保护工作。总的来说,主要落实了以下 4 个方面的工作:一是加快推进了污水处理厂建设及污水管网完善工程,提升污水处理能力、处理水平及运行维护水平。二是加强饮用水水质监测,确保饮用水水质安全,实现每月一次 29 项必测项目和每年一次的 109 项全项目监测,确保上海市饮用水安全。三是积极开展风险源企业排查,对风险源进行风险评估,加强水源地风险源控制,有针对性地制定了风险控制措施。四是设置水源保护区标识,开展水源地违规项目清拆工作。

建立健全饮用水水源生态补偿机制,进一步加大生态建设和保护力度,是统筹城乡发展的重要举措,也是推进上海市经济社会环境协调可持续发展的重要内容。目前,上海市生态补偿机制已经建立,相关地区政府和有关部门正在根据《上海市饮用水水源保护条例》的要求,进一步完善饮用水水源保护生态补偿制度,加大投入力度,健全保障机制,积极探索除财政转移支付以外的其他补偿方式,更好地发挥生态补偿对促进水源保护地区经济社会发展的作用。

生态补偿制度的建立和完善,对上海市饮用水水源保护工作产生了重要的推动作用,也产生了良好的社会影响。实施水源地生态补偿,有利于推动"环境有价""生态有价"理念的社会认同。同时,生态补偿制度的建立和完善作为经济杠杆,也保证了水源保护区所在地区环境基础设施的完善和绿色发展。

6.2.5　排污权交易制度

排污权交易制度的主要理论是由经济学家约翰·戴尔斯于 1968 年在"科斯定理"的基础上提出的。这个理论的基本思想是通过总量控制来满足环境要求,然后在此基础上通过建立合法的污染物排放权交易机制,形成市场,进而通过市场机制来降低控制污染的社会总成本。EPA 率先于 1979 年 12 月在大气污染控制项目中推行排污权交易制度,并取得了成功。此后,排污权交易制度逐步扩展到了水污染、汽油铅污染、机动车污染等领域。

从 1985 年开始,上海市环保局在黄浦江上游试行了总量控制和许可证制度,并在 10 多组工厂中采用了 COD 总量控制指标有偿转让的方法,共达成 30 次排污交易,价格在 5 万~200 万元人民币不等。大多数交易发生在新企业同老企业之间,即新企业需要排污权,而老企业有排污许可剩余。在此过程中,上海环保局既扮演面向潜在购买者与销售者的信息交流中心,也在交易双方无法在价格上达成一致时扮演协调者。江苏省从 2004 年 5 月起在位于太湖流域的张家港市、太仓市、昆山市和惠山区开展水污染物排污权有偿分配和交易试点工作。在确定三市一区每个重点企业污染物排放总量指标的基础上，当地环保部门以排污许可证的形式，让各个企业来"购买"分配的排污指标（金浩波，2010）。同期，南通市从 2004 年开始也进行了类似的排污权交易的尝试。以上这些都还只是基于个案的排污许可转让，并没有形成真正制度化的流域排污权交易框架。同时，由于长期交易制度的缺失，使得绝大部分案例中，很多排污许可交易在时间段上仅发生一次而无法保持长期持续的交易，交易市场并不活跃。

针对氮磷超标污染问题，江苏省印发的《关于进一步明确排污费征收有关问题的通知》（苏价费〔2015〕351 号）中，在原有《太湖流域污水处理单位氨氮总磷超标排污费收费办法》（苏政办发〔2008〕80 号）的基础上，确定 2016 年起将总氮总量排污费征收标准提升至每污染当量 4.2 元；规定太湖流域污水排放口全部征收总氮或氨氮、总磷排污费，从而使排污费征收标准逐渐缩小了与污染治理成本的差距。

同时，江苏制定了《江苏省太湖流域主要水污染物排污权交易管理暂行办法》（以下简称《暂行办法》），根据《暂行办法》，实施排污权交易区域为苏州市、无锡市、常州市和镇江市丹阳的全部行政区域，以及句容市、高淳区、溧水区行政区域内对太湖水质有影响的河流、湖泊、水库、渠道等水体所在区域内直接或间接向环境排放主要水污染物（化学需氧量、氨氮、总磷）的企事业单位。至此，排污权交易已由原有的以无锡市区、常州市区、苏州市区，以及江阴、太仓、常熟等为试点地区扩展到全部太湖流域。近年来，针对排污权交易已初步构建了较为完备的政策、分配、价格、核定和监管体系（张炳等，2014）。

6.2.6　环境污染责任保险制度

环境污染责任保险是以企业发生的污染事故对第三者造成的损害依法应负的赔偿责任为标的的保险。环境污染责任保险具有经济赔偿的作用，有利于强化企业环境风险管理，国际经验表明，实施环境污染责任保险是一种维护污染受害者合法权益、防范环境风险的有效法律手段。

我国环境污染责任保险制度建设始于 2007 年，国家环保总局与中国保监会联合出台《关于环境污染责任保险工作的指导意见》（环发〔2007〕189 号，以下简称《意见》），正式启动我国绿色保险制度建设的序幕。《意见》提出在"十一五"初步建立符合我国国情的环境污染责任保险制度，在危险化学品企业、石油化工企业、危险废物处置企业等重点行业和区域开展环境污染责任保险的试点示范工作。2013 年，环境保护部与中国保监会联合印发《关于开展环境污染强制责任保险试点工作的指导意见》（环发〔2013〕10 号），明确了强制投保企业的范围、相应的激励和约束机制，明确了保险公司、保险经纪公司以及投保企业的责任和义务，推进环境责任保险制度在我国的施行。

全国大部分省份已开展环境污染责任保险试点，覆盖重金属、石化、危险化学品、危险废物处置等多个行业。2016 年，全国投保企业 1.44 万家次，保费 2.84亿元；保险公司共提供风险保障金 263.73 亿元。

江苏省出台《江苏省环保信用体系建设规划纲要（2016—2020 年）》，组织开展全省（包括太湖地区）2 万多家污染源企业环保信用评价，并公布评价结果，开展环保信用"黑名单"试点工作，太湖流域 5 个省辖市（苏州市、无锡市、常州市、镇江市、南京市）环保部门和银监部门实行环保信用信息共享并出台相关文件。在此基础上，推进绿色信贷和环境污染责任保险，开发并运行了"企业环保信用管理平台"，在全国先行开展环保信用评价不同等级的差别电价、水价，参与环境污染责任保险的企业数量位居全国首位，其中太湖流域五市投保企业数占 64%，保险机构为企业提供了 86.9 亿元环境风险保障。

6.2.7　洪水保险制度

洪水保险是一种互助经济的社会保障制度，是由国家成立专门机构，通过法令和行政手段在易受洪水威胁的地区向财产所有者收取保险费，建立洪水保险基金，当投保人的财产遭受洪水损失后，由洪水保险机构负责赔偿。洪水保险是用众多投保人平时的支出（保险费）积累来补偿在保险期内少数受灾人的集中损失，从而使受灾的投保者得以度过困难，恢复正常的生产和生活。洪水保险可以分散洪灾风险，提高洪灾抗御能力，减少国家的救灾负担，又可引导防洪区合理开发利用，被作为非工程性防洪措施中的一个重要组成部分，正越来越受到世界各国的重视。

我国自 1980 年恢复保险业务以来，也进行了多次洪水保险的研究与探讨。1998 年 1 月 1 日起施行的《防洪法》中规定"国家鼓励、扶持开展洪水保险"。2006 年 6 月国务院颁布的《关于保险业改革发展的若干意见》明确指出"要建立国家财政支持的巨灾风险保险体系"并针对农业保险的发展提出"完善多层次的农业巨灾风险转移分担机制，探索建立中央、地方财政支持的农业再保险体系"。2013 年 11 月，党的十八届三中全会通过《中共中央关于全面深化改革若干重大问题的决定》，明确提出"建立巨灾保险制度"。2014 年 3 月，李克强总理在政府工作报告中提出要"探索建立巨灾保险制度"。2014 年 8 月，国务院发布的《关于加快发展现代保险服务业的若干意见》指出，我国保险业仍处于发展的初期阶段，不能适应全面深化改革和经济社会发展的需要，与现代保险服务业的要求还有较大差距，要将保险纳入灾害事故防范救助体系，建立巨灾保险制度。2017 年1 月印发的《中共中央　国务院关于推进防灾减灾救灾体制机制改革的意见》提出，充分发挥市场机制作用。坚持政府推动、市场运作原则，强化保险等市场机制在风险防范、损失补偿、恢复重建等方面的积极作用，不断扩大保险覆盖面，完善应对灾害的金融支持体系。加快巨灾保险制度建设，逐步形成财政支持下的多层次巨灾风险分散机制。统筹考虑现实需要和长远规划，建立健全城乡居民住宅地震巨灾保险制度。鼓励各地结合灾害风险特点，探索巨灾风险有效保障模式。积极推进农业保险和农村住房保险工作，健全各级财政补贴、农户自愿参加、保费合理分担的机制。

在经济风险方面，巨灾保险的推行可能导致各级政府产生巨额计划外财政支出，面临公共财政收支失衡的风险。因此，研究巨灾保险实施过程中如何充分发挥政府主导作用及市场运作机制，构建并完善针对巨大灾害事件的金融支持体系，形成在财政支持下的多层次巨灾风险分散机制具有重要的现实意义。

6.3　太湖流域河湖水生态治理投融资状况

生态环境领域市场化在逐步推进，太湖流域水利投融资结构的沿革可以分为三个阶段。第一阶段是 20 世纪 90 年代中后期以前，太湖流域水利发展所需资金以政府，尤其是城市政府的财政收入、借贷以及由政府主导的行政事业性收费为根本支撑。第二阶段是 20 世纪 90 年代后期以来，随着长三角地区城市化进程的加快，太湖流域水利建设出现巨大的投融资缺口。根据规划，太湖流域 2010 年前的建设需求约 50 亿元，如果加上已有资产产权改革对资本的需求，总需求接近 100 亿元。太湖流域水利建设巨大的供需矛盾实质性地决定了市场化方向，某种程度上，引入资本是地方政府推进水利行业市场化的根本动力。第三阶段是随着市场机制趋于完善，政府角色转变逐步到位，太湖流域水利行业必然率先进入投融资结构的成熟阶段。规范的、市场化的资本市场将会优化投融资结构，企业和政府将由此融得大量低成本的资金，尤其是通过债券和基金市场。

6.3.1　太湖流域水环境治理投融资现状

随着长江三角洲地区改革开放的不断深入，水环境污染治理的改革逐渐推进，其重点集中在太湖流域投融资结构的改革上。"九五"之前，太湖流域水环境污染的治理资金来源主要是政府，特别是以城市政府的借记贷款、财政税收收入以及由政府引导的行政性事业费用收入为基础。在这一时期内，在有关市场化改革的政策方面，还没有共识达成，并且在治理方面对投融资的需求较高。由于以前的河湖水环境污染治理的公益性和投融资惯性之间的属性关系，政府在维持水利的投融资需求战略方面只能够依赖地方的财政收入。"九五"之后，由于长江三角洲地区城市化步伐加快，太湖流域水生态治理所需资金出现严重短缺，政府需要加大投资力度。2008 年国务院颁布的《太湖流域水环境综合治理总体方案》整体总投资 1115 亿元，规划 1233 个项目，并且确定了重点工程和十大类项目，明确指出太湖综合治理区域、关键治理范围、长期和短期治理的目标；而且江苏、浙江和上海两省一市又依据国务院颁布的《太湖流域水环境综合治理总体方案》，各自拟定了符合自己地方实际的实施方案，进一步加大资金扶持力度，充分利用市场手段，完善"政府引导，地方为主，市场运作，社会参与"的多元化投入机制。

江苏省改革省级治太资金管理方式，将太湖水环境综合治理专项资金分配方法改为"因素法"和"项目法"相结合，"因素法"为主的专项资金分配模式。除省级统筹涉及的重大工程、重点项目、跨流域区域项目和省本级项目外，其余资金以"地方上年度区域水质改善情况、污染物减排情况、地方年度目标责任书考核情况"三个因素切块分配至流域各级地方政府，提高了水质改善情况在资金分配中的比重，促进地方治太的积极性和主动性。积极推进投融资模式创新，开放污水处理经营市场，引入市场竞争机制，充分吸引社会资本、民营资本等参与城乡环境基础设施建设与运行。常州市武进区等在农村生活污水建设运营、黑臭河道整治、小流域综合整治等领域积极探索 PPP 模式，吸引和鼓励社会资本参与水环境治理工作中。

浙江省创新实施"两山二类"建设财政激励政策，2017～2019 年，创新省财政"两山二类"建设财政专项激励政策，每年对流域的临安、德清、安吉地区给予 1 亿元专项资金激励，推进流域经济社会协调发展和生态环境协同保护。探索实施流域上下游横向生态补偿，制定出台《关于建立省内流域上下游横向生态保护补偿机制的实施意见》，从 2018 年起，探索实施自主协商横向生态保护补偿机制，流域内的余杭、湖州、长兴、安吉、德清等地已建立起横向生态补偿机制。建立健全绿色发展财政奖补机制，整合生态环保类财政政策，创新财政奖补机制和资金分配方式，出台《关于建立健全绿色发展财政奖补机制的若干意见》，实施单位生产总值能耗、出境水水质、森林质量财政奖惩制度，实行与"绿色指数"挂钩分配的生态环保财力转移支付制度。2018 年，兑现太湖流域 2017 年度绿色发展财政奖补资金 21.15 亿元，较好地调动了地方绿色发展积极性。不断加大流域治水资金投入，2014～2018 年，中央及省级财政共安排太湖流域水环境治理资金 113.34 亿元，用于支持太湖流域水利基础设施建设、污水和垃圾处理设施建设、水生态修复、水资源涵养以及美丽乡村建设。

上海市为加快新谊河、新塘港整治项目进度，将项目补贴标准由区管河道提升为市管河道标准，即工程费用由市财政补贴 70%提高到全额补贴；制定《上海市饮用水水源地二级保护区内企业清拆整治市级资金补贴方案》，在全面落实二级保护区内禁止新改扩建排放污染物的建设项目的基础上，对现有工业企业实施关闭调整。

6.3.2　国有银行对太湖流域河湖防洪及水生态治理的资金支持情况

2002 年，国家开发银行向太湖治理工程投放 14.5 亿元贷款，主要用于太湖内湖五里湖的初步治理，该项目于 2004 年竣工。至 2008 年，国开行累计发放 64 亿元贷款用于太湖治理，贷款余额 40 亿元。

近年来，随着长江经济带战略的实施，国开行配合国家发改委完成了《长江经济带发展规划纲要》前期研究，并以"融智、融资、融制"服务地方政府，编制完成 10 余项长江经济带重点领域融资规划，统筹资金供需平衡，设计重大项目融资方案；并向沿江省市有关政府部门提出建立长江流域治理重大项目省际协调机制、构建省级生态环保投融资主体、推动公益性项目市场化运作等体制机制建议；融资支持重大项目落地实施，在流域治理方面，国开行支持引江济淮等重大项目并提供投融资模式设计，给予专项建设资金支持。在生态修复、产业转型等方面，支持战略性新兴产业项目。国开行积极创新金融产品，以"长江经济带水资源保护"为专题，发行 50 亿元国内首只绿色柜台金融债；发起设立国内首个跨省流域绿色发展基金——新安江绿色发展投资基金，首期规模 20 亿元，运用"投贷债租证"多种金融工具，积极助推长江经济带绿色发展。

国开行投资太湖治理，按照"政府主导、市场运作、银行合作、社会参与"的总体思路，提出了以政府投资为主导，以省级专门投融资平台为核心，以银行贷款为战略依托，采取政府、企业、社会"三位一体"的投入机制，拓宽融资渠道，以贷款、债券、股票、信托等多种形式积极吸收国际金融组织、国外政府优惠贷款和其他社会资金，建立多元、高效、市场化的融资机制。

1. 建立"银政企"合作治污的机制

根据发改、住建、水利、生环等部门在太湖水环境综合治理中的不同职责，应采取不同的联系策略，建立良好的"银政"合作机制，实现双赢。

针对国家发改委的职能，银行采取相应的策略主要有四个方面：一是积极参与太湖流域水环境综合治理前期工作，二是高度关注国家发展改革委在产业结构等方面的政策导向，三是筹划建立定期交流和沟通机制，打造交流平台，确保国开行对发改委治太职责范围内各项工作的有效适度参与。

针对住建、水利部门的职责，采取相应的策略主要有四个方面：一是把握项目的关键流程和节点，提早跟进项目前期工作；二是了解跟踪项目建设的进度、投资情况以及存在的问题；三是持续关注项目建成运行后的效益，进行经济效益、社会效益和生态效益综合分析；四是以战略研讨、共同调研、共同研究等方式，邀请住建、水利及相关部门参加，了解城市水务、水利等行业的重点任务和政策取向。

针对生环部门的职责，银行采取相应的策略主要有两个方面：一是获取地区排污达标、水质监测等的基础情况；二是了解环境政策和标准。

在与地方政府的合作方面，银行应将其融资优势与地方政府组织协调优势结合起来，共建信用体系和制度体系来防范风险。具体地，可采取签订合作协议、建立协调联动机制等两点措施。对于银行之间的合作机制建设，由牵头行组建银团，进行项目审查，与借款人谈判并起草融资协议等文件，贷款银行根据各自承诺贷款额的份额占银团贷款总额的比例，对银团重大事宜进行表决。待有关协议和文件签订完成后，银团共享利益和共担风险。

2. 加强贷款项目后续监管

贷后监管系统，实施有效的抵押、质押和担保，积极推进政府信用建设，充分利用政府增信资源。

加强项目风险管理，太湖治理项目中不具备市场化的和准市场化的低收益性项目多，可通过政府委托代建的方式实现，因此项目能否建成以及项目融资是否安全主要取决于融资主体的固有实力和政府财力配套。对于少数的市场化项目则需考虑市场风险、经营风险等。据此，确定风险缓释措施：一是将融资平台是否具备充足土地和自营性项目支撑债务作为项目建设的前提；二是将项目资本金及还贷资金列入财政预算通过人大批复作为项目建设的必要条件，此举将有效保证资本金和还贷资金的到位，为项目建设的必要条件；三是以有效补充第三方资产作为项目自身权益外的补充信用为项目建设的补充条件；四是以完善和提升信用风险控制技术为核心严控信用风险，要完善和提升信用风险控制技术。

6.3.3　太湖流域河湖防洪及水生态治理的其他资金渠道

1. 世界银行

2005 年无锡从世界银行获得专项贷款，用于太湖流域城市环境治理。这是继1998 年之后，中国第二次为治理太湖而获得的世界银行贷款。世界银行此次共向江苏省提供了 6130 万美元，以缓解水资源退化，改善城市环境质量，从而提高太湖流域和长江三角洲地区主要城市无锡市和苏州市迅速增加的人口的生活质量。无锡将利用其中的 2940 万美元，投资东亭污水处理二期工程、安镇污水处理厂和惠山污水处理工程项目。这些项目建成后，将极大改善无锡的水流域质量和人居环境。此后，2008 年 7 月，根据世界银行贷款分配的总体要求，国家发改委将无锡项目申报的世界银行贷款额度调整为 1.5 亿美元，主要用于生态湿地修复子项目中的十八湾生态湿地、长广溪生态湿地、尚贤河生态湿地和蠡河生态湿地。

2. 地方财政支出

太湖流域经济富庶，地方财力雄厚。近年来，相关地方政府财政收入增长迅速，在环保方面的支出比例也逐步增大。随着太湖流域水环境治理项目的逐步推进，财政性环保支出应成为项目资金来源的重要渠道。江苏省将治理太湖水污染纳入同级财政预算，并确定以 2007 年两省治太财政投资为基数，每年从新增财力中划出 10%～20%专项用于水污染防治。2008 年，浙江省环保支出占全省财政支出比 1.97%，浙江杭嘉湖三地环保支出占财政收入比例平均增长率 17%。

3. 土地资源担保

土地资源是政府一般预算收入之外所拥有的主要资源。根据 2009 年全国 70 个大中型城市土地出让金排行榜，杭州、苏州、无锡、常州均进入前 20 强，杭州更是名列榜首，年土地出让收入达千亿元。仅仅上述 4 市的 2008 年土地出让收入即达 507 亿元，2009 年更达 1820 亿元。2011 年，中央一号文件也明确提出了从土地出让收益中提取 10%用于水利建设。雄厚的土地资源储备增强了地方政府财力，也使得政府和社会民众对太湖水生态环境治理项目有了更强烈的需求意愿和投入能力。

4. 信托融资

信托融资指信托人向社会发行信托计划，募集信托资金，进行对外贷款或投资于交通、能源等特定经营性基础设施建设项目，以项目运营收益、政府补贴、收费等方式形成委托人收益。信托融资具有部分市政债券的特点，通过信托计划募集太湖治理中的部分项目资金是一条可行之路。信托方式既拓宽了太湖治理中的融资渠道，又为民营企业和个人投资者提供了更多的投资选择。

5. 社保基金投资

随着我国经济总量的提升和人口老龄化的必然趋势，全国社保基金总额已超过 2 万亿元，并在持续增加。随着资产规模的扩张，社保基金投资逐渐扩展至固定收益类投资和基础设施建设中。目前全国社保基金支持了京沪高铁等工程建设，并参与对国开行和中国农业银行的股份制改造。太湖治理中的经营性基础设施项目也可成为社保基金的资产配置途径和稳健投资渠道。

6.3.4　流域综合治理投融资问题

1. 融资渠道狭窄

投资总量不足、投资效率较低是当前国内第三方治理投融资市场的常态,这两个问题在中小企业水污染治理、城市环境基础设施建设、农村水污染治理、水生态修复、河道整治、区域整体性治理等领域中表现突出。从资金结构来看,流域综合治理需要政府资本、民间资本和外来资本的共同支撑,然而就当前来看,政府财政资金、民间闲置资本和外来资本都没有发挥其应有的作用。

具体来说,首先,流域综合治理的资金主要来源于我国的财政收入,而且生态环境建设项目所需要的绝大部分资金也是通过政府间接融资(贷款)和直接投入获得的,但是与政府的间接融资相比,政府直接投入所占比例较低,而且在政府财政收入预算中并没有专门用于流域综合治理的资金,在流域综合治理支出资金时仅仅挤占其他公共产品的供给比重,结果使得各级地方财政支出捉襟见肘,流域综合治理也仅是治标不治本。其次,民间闲置资本市场还不够完善,资本市场准入机制与市场信息不对称成为民间资本进入流域治理领域的主要障碍,而且国家的财政投入还没有激活和吸引更多的社会资金,使得民间闲置资本没有得到充分利用。最后,外来资本的利用也存在较大的问题。由于流域综合治理隶属于公共产品,因此可以利用规模较小且单一的外来资本,如世界银行的贷款和外国政府捐赠援助等,但是其数量极其有限。融资渠道狭窄产生的资金缺口直接影响地方政府和社会对流域进行治理的步伐。

2. 投资机制不健全

在众多影响因素中,不完善的投融资机制是导致第三方治理投融资陷入困境的首要原因,主要体现在:其一,从融资主体看,政府、排污者及第三方治理企业以外的其他投资市场主体及公众的投资潜力和积极性还未被真正调动。其二,从投资对象看,投资主要集中于盈利模式较清晰且高利润的治理项目,如钢铁和石化企业治理项目,中小企业水污染治理、农村水污染治理等盈利模式尚待明确或利润偏低的治理项目投资明显不足,同时,技术研发、服务创新等方面的投入也严重缺乏。其三,从融资渠道及其作用与贡献看,政府预算、融资在治理中依旧发挥着主导作用,但投资力度不够,同时向社会筹集资金的商业融资手段中主要依赖金融机构贷款等间接融资形式,企业债券融资、股票融资等直接融资形式未充分发挥作用,其中,鉴于污染治理设施通常依附于排污者的生产设施中,且设施占地使用权也归属于企业,因而,治理企业无法凭借治理设施和治理申请抵押贷款,同时,抵押收费权申请相关贷款的融资形式,目前尚处于研讨和探索阶段，因此，金融机构贷款也存在诸多障碍。其四，从投资方式看，基本以资本投资方式为主，证券投资方式应用较少。

我国流域综合治理的投资规模较大，但并没有达到预期的治理效果。总体来看，其主要是由治理资金管理机制相对落后、资金有效性不足、引导力不强和资金运行效率低下造成的。首先，由于缺乏专业化的投融资机构以及市场化的投资经营机制，出现资金使用分散、融资渠道不畅通和管理资金缺乏可持续发展的后劲与活力的现象。其次，各项激励措施与政策不配套，不能形成一个完整的系统体系，许多已经成形的方针政策也未能得到落实，各级地方政府对流域综合治理的积极性不强。最后，当前我国流域综合治理工作仍旧是封闭式运作，缺乏公平、公正、公开的市场竞争环境，加上治理项目运作过程中约束机制和监督机制不完善，结果导致没有人愿意承担资金投资主体的所有责任，而且在治理资本回收和项目筹资等过程中也比较容易碰到障碍，这在一定范围内对投资收益的正常运作产生较大的不良影响，甚至可能会带来风险。

3. 生态税收系统不健全

同其他国家已经形成的环保型税收体制相比，我国实行的税收体系还不能够体现出可持续发展的要求，没有起到治理污染保护环境的作用。特别是，我国目前实行的税收制度还未涉及与流域综合治理相关的税种。由于缺少该项税种，导致流域综合治理的社会成本不容易实现内部化，这就在一定程度上限制了税收在流域综合治理方面调控作用的充分发挥，减少了税收来源。另外，我国现阶段有关流域综合治理的税收优惠政策，主要是以减免税的方式分散在各个税种中，虽然实施的税收优惠政策在合理利用资源和保护环境方面发挥了一定的积极作用，但该政策缺乏前瞻性和系统性。依据 2017 年前的国内税收政策，凡属于收益性经营活动，其企业除了所得税外，还必须缴纳营业税，在传统治理中，污染治理作为企业的运营支出，是无须缴纳这两项税的，而在第三方治理中，第三方治理企业通过污染治理获取了相应利润，则必须上缴这两项税。污染治理若委托第三方治理企业，排污企业需向第三方治理企业支付污染治理服务费用，同时，第三方治理企业还需缴纳各项税负。这在一定程度上会加重了污染治理的负担，不利于第三方治理模式的推行。2017 年 10 月 30 日，营业税废止，相关负担有所减轻。

而且生态环境不断恶化与税收优惠政策的设置之间还不能达到平衡关系，例如某些政策在保护一些部门和行业的收益时，并不能实现生态环境的有效治理。由此可知，我国目前实施的税收优惠政策，不利于我国环保事业的持续健康发展，削弱了税收对环境保护和资源合理利用的支持力度。

4. 风险防范机制不完善

在整体经济转型升级、产业优化重组、实际经济增速放缓的大背景下，许多传统企业尤其是中小企业陷入发展困境，加剧了经济环境风险。同时，我国第三方治理尚处于发展的初级阶段，内部合作风险突出，此外，相关政策尚处于探索试验阶段，潜在的政策风险仍不容忽视。上述困境归根结底在于第三方治理风险防范机制的不完善。从规范指导方面看，首先，我国相关法律法规只对第三方治理的法律责任做了初步说明，而没有制定详细、可根据指导操作的具体条文。其次，国内缺乏明确的价格指导制度，没有建立价格体系，导致定价缺乏明确的参考标准和相应的约束，因而，以不合理的低价扰乱正常竞争的事件屡见不鲜。这不仅给委托方造成了损失，更影响了整个行业的健康发展，制约了环境保护的进程。

同时，相关招投标规定有待进一步完善，避免监管不力、程序混乱、操作欠规范、效率低下等问题。此外，尚未形成第三方治理企业的资质管理及信息披露制度，影响了第三方治理的交易效率。从监管方面来看，首先，当前我国的环境处罚措施不够严厉，环境管理能力不足，监管责权不清，监管力量分散，缺乏监管约束与激励机制，监管思路守旧，监管模式缺乏创新，监管人员素质有待提高，严重制约了对治理市场的监督与管理。其次，作为新的监管主体，目前尚未制定关于第三方治理企业的详细监管规定，不利于构建有效约束。此外，公众的监督主体作用及其优势还未能真正发挥。此外，从政策驱动方面看，当前的第三方治理政策尚处于探索试验阶段，支持力度有待加强，配套改革还未全部启动。从信息完善与共享方面看，目前国内相关信息透明化程度低，还未建立相应的诚信档案及信息共享平台，治理信息不完全现象十分严重。

5. 水价改革不到位

从 2002 年修订的《水法》颁布以来，中国供水价格体系的构成、定价机制在逐步完善，水价也多次调整。但是，普遍认为，中国目前的水价改革仍不到位，水价总体水平偏低，水价没有真实反映水资源价值和市场供求关系。具体表现在 3 个方面。

第一，中国的水资源费和排污收费的征收标准普遍较低，远低于生产或处理成本，并未体现水资源取用和水污染物排放的全部成本。2010 年全国 30 个省份地表生活用水，除北京的水资源费标准超过 1 元 / m^3 外，66%以上省份的水资源费标准在 0.1 元 / m^3 以下，大多数省份水资源费整体水平都较低，北京目前平均水价是 4.97 元 / m^3（含居民用水和其他各类用水），其中污水处理费仅为 1.32 元 / m^3，低于实际污水处理成本。

第二，供水价格结构不合理。中国水价是由 4 个收费项目组成的整体，包括水资源费、自来水费、污水处理费、排污收费，但是其结构并不合理，突出表现在水资源费和排污收费在综合水价中所占比重很小，2009 年二者的比重分别为12.8%和 3.6%。与此同时，中国水费的实际征收情况并不理想，征收率低和漏征严重成为困扰水价政策有效执行的难题。

第三，水价体系中的比价、差价关系尚不合理，各类供水价格水价关系尚未拉开。突出表现在，工业水价虽然高于居民用水，但是从全国平均水平来看，高出的幅度仍然偏小。

6. 水污染物排污权交易制度尚未发挥作用

尽管中国从 20 世纪 90 年代开展了排污权交易试点工作，但是效果并不明显，且其有效运转并发挥作用的前景堪忧，事实上目前中国并没有形成严格意义上的排污权交易市场。文献调研和实证研究普遍认为，中国建立排污权交易市场面临3 个方面的困难。

第一，排污权交易需要和其他环境政策工具衔接。排污权交易政策要有效发挥作用，需要与排污收费、污水处理收费、排污许可证等其他政策工具进行精巧地系统设计及衔接。从目前的实践来看，水污染排污权交易试点虽然已经将排污许可证制度作为排污权管理的基础，但还是存在排污权有偿使用和交易与排污许可证许可排放量衔接方式不当等问题。

第二，水污染物排放难以实现跨区域交易。现行总量控制制度下，总量指标依据行政区划，从"省-市-县"方式逐级分解至地方政府。与此同时，在目标责任制及相应的考核中，对"节能减排"中的"约束性"指标，国家实行"一票否决"，使得各个地方政府"惜售"本辖区的排污指标。由于政府是当前排污权交易市场的主导者，可以干预交易行为，致使跨区域的排污权交易陷入僵局。

第三，污染物排放监管能力不足，难以支撑水污染物排污权交易。由于中国污染物排放监测、报告与核查的基础相对薄弱，致使环保部门难以掌握排污单位的真实排放数据，这直接影响排污交易市场的建立，对水污染物交易市场的有效运行提出了重大挑战。

7. 环境污染责任险制度缺乏有效落实

当前环境风险管理体系主要依托于地方政府的环境监管和污染企业的相关配合。而高风险企业存在着规模大、分布广、风险复杂等问题，仅依靠各级政府监管部门，很难全面对环境风险源进行管理。同时，环境污染治理的高额经济成本与生态环境脆弱性的双重压力给地方政府的污染防范、治理及恢复工作带来了巨大的财政压力。中、小型企业少量的污染物违法或意外排放，往往会带来高昂的环境治理成本，并给人民健康、经济财产等带来损害，而污染企业很难负担起自身引发的污染治理费用。即使通过关、停责任企业，地方政府依旧面临责任方无力承担污染治理费用的情况。这些污染治理费用的转嫁将给地方政府的财政带来巨大压力。

第7章 流域水生态环境治理市场模式实践集锦

太湖流域在河湖防洪及水生态治理方面，涌现出了多种方式的案例，在建设和经营中获得了一定经验启示。

7.1 生态补偿相关实践案例

生态补偿机制是以保护生态环境、促进人与自然和谐为目的，根据生态系统服务价值、生态保护成本、发展机会成本，综合运用行政和市场手段，调整生态环境保护和建设相关各方之间利益关系的制度设计。实施生态保护补偿是调动各方积极性、保护好生态环境的重要手段，是生态文明制度建设的重要内容。

7.1.1 新安江流域生态补偿

新安江发源于黄山市境内，地跨安徽、浙江两省，流域总面积为 11 674 km^2，是安徽省仅次于长江、淮河的第三大水系，也是钱塘江正源和浙江省最大的入境河流，蜿蜒迂回 359 km，在浙江省淳安县汇集成为千岛湖。新安江出境水量占千岛湖年入库量的 68%，是浙江省优质水源的重要保障。然而，在流域水环境保护与管理上，流域的整体性与管辖权分割的矛盾一直存在。条块分割致使上游新安江与下游千岛湖水质保护长期单打独斗，各自为政，缺乏合作共治的机制和平台，实现跨省生态保护补偿更是难度倍增。由于新安江上下游经济社会发展水平存在一定差距，造成上下游理念不同、诉求不一。上游安徽黄山区域内渴望发展经济、改善百姓收入，希望下游对其流域环境治理、社会发展机会成本均给予经济补偿；下游浙江杭州更加关注生态环境安全，但认为根据相关法律上游地区本来就有责任和义务将新安江水质保护好，确保入浙江境内水质良好。如何统筹兼顾上下游的利益，破解经济发展与环境保护之间的困境，确保流域生态安全，成为摆在上下游面前的一道难题（中央组织部，2019）。

2007 年，财政部、环保总局开始持续关注新安江流域问题，并多次组织皖浙两省进行了不同层面的沟通磋商、深入调研，研究建立生态保护补偿机制，其间对若干个解决方案进行了探讨。2011 年 2 月，习近平同志在全国政协《关于千岛湖水资源保护情况的调研报告》上做出重要批示："千岛湖是我国极为难得的优质水资源，加强千岛湖水资源保护意义重大，在这个问题上要避免重蹈先污染后治理的覆辙。浙江、安徽两省要着眼大局，从源头控制污染，走互利共赢之路。"

2011 年，财政部、环保部联合印发了《关于启动实施新安江流域水环境补偿试点工作的函》（财建函〔2011〕14 号）以及《新安江流域水环境补偿试点实施方案》（财建函〔2011〕123 号），明确了试点工作目标、任务、保障措施等。在两部门推动下，两省分别于 2012 年 9 月、2016 年 12 月签订生态保护补偿协议，先后启动两期共 6 年试点工作，建立起跨省流域横向生态保护补偿机制。2017 年底，两轮试点结束。评估显示，2012～2017 年新安江上游流域水质总体为优，保持为二类或三类，千岛湖水质总体稳定保持为二类，营养指数由中营养转变为贫营养，水质变差的趋势得到扭转。2018 年，皖浙两省第三次签订补偿协议，逐步建立常态化补偿机制。与 2012～2017 年两轮相比，水质考核标准更加严格，补偿资金使用范围有所拓展，明确提出了深化补偿机制的任务要求，在健全生态保护补偿制度上进一步实现创新和突破。

1. 新安江流域生态补偿的主要做法

在新安江流域生态保护补偿机制酝酿并实施的过程中，皖浙两省不断统一思想、深化认识，以生态保护补偿机制为核心，把保护流域生态环境作为首要任务，以绿色发展为路径，以互利共赢为目标，以体制机制建设为保障，坚定不移走生态优先、绿色发展的路子。

1) 建立权责清晰的流域横向补偿机制框架

为确保试点顺利开展，财政部、原环境保护部统筹协调，制定并出台了《新安江流域水环境补偿试点实施方案》《关于加快建立流域上下游横向生态保护补偿机制的指导意见》等政策文件，有效解决两省存在的意见分歧，统一思想理念，推动皖浙两省及时签订补偿协议，明确细化责任，为试点的高效实施和整体推进提供了政策保障。试点实施方案突出新安江水质改善结果导向，基于"成本共担、利益共享"的共识，坚持"保护优先，合理补偿；保持水质，力争改善；地方为主，中央监管；监测为据，以补促治"四项原则，以原环境保护部公布的省界断面监测水质为依据，通过协议方式明确流域上下游省份各自职责和义务，积极推动流域上下游省份搭建流域合作共治的平台，实施水环境补偿，促进流域水质改善。

根据实施方案精神，皖浙两省建立联席会议制度，加强合作，协力治污，共同维护新安江流域生态环境安全。在中央相关部门的组织协调下，上下游联合开展水质监测，每年由原环境保护部发布上年水质考核权威结果。以高锰酸盐指数、氨氮、总磷和总氮四项水质指标 2008～2010 年的 3 年平均浓度值为基准，每年与之对比测算补偿指数，妥善解决了两省初期磋商时到底是以湖泊还是以河流水质为标准的分歧。补偿措施主要体现为对上游流域保护治理的成本进行补偿，同时完善市场化补偿措施，第一期试点中央财政每年拿出 3 亿元，均拨付给安徽，用于新安江治理。每年新安江跨界断面水质达到目标，浙江划拨安徽 1 亿元，否则安徽划拨浙江 1 亿元；第二期试点中央财政三年分别安排 4 亿元、3 亿元、2 亿元，继续拨付给安徽省，逐步退坡，两省的补偿力度则增加至每年 2 亿元。

2）加强流域上下游共建共享，打造合作共治平台

一是共编规划，强化精准保护。按照"保护优先、河湖统筹、互利共赢"的原则，浙皖两省积极沟通协商，联合编制了《千岛湖及新安江上游流域水资源与生态环境保护综合规划》，并经国家批准，进一步强化流域的共保共享。浙皖两省政府作为该规划实施的责任主体，分别制定并实施流域水资源与生态环境保护方案，共同承担规划目标和重点任务的落实。

二是共设点位，强化信息共享。经浙皖两省及相关县市共同商定，以浙江淳安县环境保护监测站和安徽黄山市环境监测中心站为主体，在浙皖交界口断面共同布设了 9 个环境监测点位。采用统一的监测方法、统一的监测标准和统一的质控要求，获取上下游双方都认可的跨界断面水质监测数据，并每半年对双方上报国家的数据进行交换，真正做到监测数据共享。

三是共建平台，强化保护合作。浙皖两省分别建立多个层级联席交流会议制度，部门之间定期或不定期地举行交流活动，建立起相互信任、合作共赢的良好局面。杭州市与黄山市共同制定《关于新安江流域沿线企业环境联合执法工作的实施意见》等文件，建立双方共同认可的环境执法框架、执法范围、执法形式和执法程序，制定完善边界突发环境污染事件防控实施方案，构建起防范有力、指挥有序、快速高效和统一协调的应急处置体系。淳安县与黄山市歙县共同制定印发了《关于千岛湖与安徽上游联合打捞湖面垃圾的实施意见》，并建立每半年一次的交流制度，通报情况，完善垃圾打捞方案。

四是共谋合作，强化区域协同发展。新安江上下游持续深化合作共识，黄山与杭州多层面互动，两市围绕双方签署的多项合作协议，在生态环境共治、交通互联互通、旅游资源合作、产业联动协作、公共服务共享领域等方面不断深化区域协同发展，实现共建大通道、共兴大产业、共促大民生、共抓大保护的局面，在设施全网络、产业全链条、民生全卡通、环保全流域等方面取得新突破。

3）实施新安江流域山水林田湖草系统保护治理

一是强化水源涵养和生态建设。黄山市深入实施千万亩森林增长工程和林业增绿增效行动，累计建成生态公益林 535 万亩，退耕还林 107 万亩，森林覆盖率达 82.9%，被授予"国家森林城市"称号。下游淳安县严格源头生态保护，开展封山育林，加大植树造林力度，森林覆盖率达到 87.3%，位居浙江省前列。

二是强化农业面源污染防治。在种植业污染防治上，黄山市大力推广生物农药和低毒、低残留农药，在全省率先建成农药集中配送体系，建成 455 个农药配送网点，建立有机肥替代化肥减量示范区 67 个。在网箱养殖污染治理上，黄山市

在新安江干流及水质敏感区域拆除网箱 6300 多只，并建立渔民直补、转产扶持、就业培训等退养后续扶持机制，一批批渔民"洗脚上岸"，做到"退得下、稳得住"；下游淳安县投入近 6 亿元，除保留 300 亩老口鱼种和 200 亩科研渔业网箱外，全县 1053 户（2728.42 亩网箱）全部退出上岸。

三是强化工业点源污染治理。根据流域水质目标和主体功能区规划要求，黄山市建立水资源、水环境承载能力监测评价体系，累计关停淘汰污染企业 220 多家，整体搬迁工业企业 90 多家，拒绝污染项目 192 个，优化升级项目 510 多个；下游淳安县制定了严于国家环境质量标准的千岛湖标准，否决了投资近 300 亿元的项目，推动产业转型升级。

四是强化城乡垃圾污水治理。黄山市结合美丽乡村建设和推进农村"三大革命"，大力推进农村改水改厕工作，中心村改厕率达 80% 以上，农村卫生厕所普及率 90% 以上。以农村垃圾、污水 PPP 项目为抓手，因地制宜、分类推进农村环境综合整治，同时配套的资源循环利用基地已完成前期工作，投资 4 亿多元的垃圾焚烧发电项目已投入运行。下游淳安县投入资金 11.4 亿元，户均投资 1 万元，实施 423 个村、19 个集镇的农村治污工程，建成污水管网 2991 km，污水处理终端 1863 套，农户纳管率由 2013 年的 30.9% 提高到目前的 85%。

4）创新流域保护治理体制机制

一是转变发展理念。安徽省把新安江综合治理作为生态强省建设的"一号工程"，建立了由省委、省政府领导主抓、各有关部门参与的工作机制，加强同浙江省的会商对接，统筹协调和推进试点工作。对黄山的考核指标调整至侧重于生态保护，引导地方党委政府科学发展。浙江淳安县在对乡镇部门业绩考核体系中，建立了以千岛湖生态保护为核心的考核导向机制，突出生态保护、生态经济指标设置，其中两项生态指标比重约占总分的 70%。

二是加强组织领导。安徽省成立了省新安江流域生态保护补偿机制领导小组，黄山市成立了由市委书记和市长担任组长的新安江流域综合治理领导组和生态保护补偿机制试点工作领导小组，专门在市、县两级财政设立新安江生态建设保护局，负责新安江流域水环境保护的日常工作，建立并完善与环保、水利、农业等部门相互协调的运行机制，累计出台《关于加快新安江流域综合治理的决定》等 70 多项政策文件。

三是强化区域联动。上下游通过建立跨省污染防治区域联动机制，统筹推进全流域联防联控，水环境保护合力逐渐形成。皖浙两省通过补偿协议进一步明确了各自的责任和义务，建立了"环境责任协议制度"，坚持上下游定期协商，完善联合监测、汛期联合打捞、联合执法、应急联动等横向联动工作机制，共同治理跨界水环境污染，预防与处置跨界污染纠纷。

四是完善管理制度。黄山市以生态保护补偿为契机，加快健全流域生态文明建设法规体系，制定出台了《黄山市促进美丽乡村建设办法》《新安江流域全面推广生态美超市》等文件，加大督导实施力度，进一步健全流域管理体系。淳安县委、县政府专门出台推进千岛湖综合保护工程、千岛湖水环境管理办法等 200 余项政策规定。

五是推进全民参与。黄山市把新安江生态建设与民生工程有机结合，推行村级保洁和河面打捞社会化管理，优先聘请贫困和困难户作为保洁员。健全市、县、乡三级志愿保护机制，组织党员干部、工青妇、民兵预备役和广大市民成立 76 支专门志愿者队伍，围绕政策宣讲、清理河道垃圾、送生态保护文艺下乡、环保教育、生态科普等志愿服务活动，影响、带动全市人民融入生态文明建设。

5）深入推动新安江流域绿色发展

一是绿色规划引领，坚持把科学规划作为高水平推进治理的重要支撑，上游地区深入贯彻落实《安徽省新安江流域水资源与生态环境保护综合实施方案》，编制《黄山市新安江生态经济示范区规划》，支撑省级层面的《安徽省新安江生态经济示范区规划》，积极对接杭州都市圈，进一步形成优势互补、互利共赢格局，推进流域上下游的一体化保护和发展。

二是优化产业结构，黄山市为发挥试点资金的放大效益，与社会资本共同设立新安江绿色发展基金，并争取 1 亿美元亚行贷款项目支持，努力把生态、资源优势转化为经济、产业优势。着力做好"茶"文章，推进茶叶种植生态化、加工清洁化改造，茶叶产值 34.28 亿元；着力做活"水"文章，山泉流水养鱼产业综合产值达 4 亿元，市场价格比普通鱼平均高出 3 倍，实现了"草鱼变金鱼"，探索了山区精准脱贫的新路子，同时培育"六股尖山泉水"等一批项目。

三是转变生活方式，黄山市大力倡导节约适度、绿色低碳、文明健康的生活方式和消费模式，推动形成全社会共同参与的良好风尚。新安江流域全面推广"生态美超市"，打造"垃圾兑换超市"升级版和拓展版，目前已设立 142 家。村民带着 20 个塑料瓶可以兑换一包盐，一纸杯烟蒂可兑换一瓶酱油，村民不再乱扔垃圾，环境更加清洁。

2. 经验启示

新安江流域补偿试点持续不断、压茬推进、久久为功，生态、经济、社会效益日益显现。

一是保育了新安江流域的绿水青山。试点工作开始因为上下游观念理念上分歧较大难以推进，习近平同志关于千岛湖的重要批示精神为试点工作指明了方向。两部门坚决贯彻党中央、国务院部署要求，进一步加大工作协调力度，推动上下游地区不断统一思想认识，促进发展理念转变，皖浙两省深刻认识到生态优先的重要性，必须采取行动加快扭转水质恶化的趋势，并就补偿机制的重要内容达成共识。从新安江试点过程看，正是由于上下游地区观念理念彻底转变，用正确的观念理念指导生态补偿机制建设，扎扎实实开展保护治理工作，试点工作才不断取得成效，充分体现了正确观念理念在指导实际行动中的根本性作用。新安江流域总体水质为优并稳定向好，跨省界断面水质连年达到考核要求，保持地表水二类标准，每年向千岛湖输送 60 多亿 m^3 洁净水，千岛湖水质同步改善，下游千岛湖富营养化趋势得到扭转。林地、草地等生态系统面积逐年增加，生态系统构成比例更加合理，自然生态景观在流域占比达 85% 以上。淳安县先后被列为首批国家级生态保护与建设示范区，被命名为国家级生态县，荣膺"全球绿色城市"，千岛湖列为首批五个"中国好水"水源地之一。

　　二是推动了新安江绿水青山向金山银山转化。新安江补偿试点实现了流域上下游发展与保护的协调，充分表明保护生态环境就是保护生产力，改善生态环境就是发展生产力。在流域水环境质量保持为优并持续向好的同时，黄山市经济社会也得到了长足的发展，生态产业化、产业生态化特征日益明显，以生态旅游业为主导、战略性新兴产业和现代服务业为支撑、精致农业为基础的绿色产业体系基本形成，服务业增加值占比居全省首位，绿色食品、汽车电子、绿色软包装、新材料等产业加快发展，使绿水青山的自然财富、生态财富变成社会财富、经济财富，更好地造福人民群众。2018 年，皖浙两省新签署的补偿协议提出，要推进杭州市与黄山市在园区、产业、人才、文化、旅游、论坛等方面加强多元合作，推动全流域一体化发展和保护，黄山市将全面融入杭州都市圈，"绿水青山"与"金山银山"将在更高的水平上实现有机统一。生态保护补偿试点不仅推动了全流域生态文明建设，而且以生态保护补偿为契机，探索了绿水青山向金山银山转化的有效路径，实现了生态效益和经济效益同步提升。

　　三是提供了上下游互利共赢的"新安江模式"。党的十八届三中全会明确提出建立事权和支出责任相适应的制度、适度加强中央事权和支出责任的要求，财政部会同有关部门积极推进生态环境领域中央与地方财政事权和支出责任划分改革方案。《中华人民共和国水污染防治法》规定："地方各级人民政府对本行政区域的水环境质量负责"。对于生态效益外溢性强、维系区域生态环境安全具有重要意义的跨省界水体，将其保护治理作为中央和地方政府的共同事权较为适宜。千岛湖及上游新安江流域事关整个长三角地区的生态安全，战略地位举足轻重，一方面地方政府对辖区内的水环境质量负责，另一方面中央从国家层面予以指导和支持，尤其是两部门牵头协调，开展顶层设计，统筹构建流域生态保护补偿政策框架，为流域保护治理提供了强有力的政策保障。试点表明，按照"新安江模式"，有利于提高流域保护治理效率，试点为生态环境领域的财政事权划分改革提供了生动案例、有力借鉴。在新安江流域生态保护补偿的试点基础上，桂粤九洲江、闽粤汀江-韩江、冀津引滦入津、赣粤东江、冀京潮白河以及省份众多、利益关系复杂的长江流域等横向生态保护补偿机制纷纷建立起来，为全国横向生态保护补偿实践提供了良好的示范和经验。

7.1.2　江苏省昆山市生态补偿

1. 昆山市生态补偿政策

昆山市处江苏省东南部，位于上海与苏州之间，面积 927.7 km^2，其中水域面积占 23.1%。2011 年 9 月 16 日，昆山市按照"谁保护、谁受益"的原则，出台了《昆山市基本农田生态补偿实施办法（试行）》，对基本农田、生态公益林、重要湿地、水稻田、饮用水源地和拆除围网养殖（由村级集体组织发包）的大水面实施生态补偿。生态补偿资金由市级财政筹措，纳入市对区镇财政转移支付范围，专项用于受保护限制和保障全市生态安全及整体环境质量而使经济发展受到制约的有关村级集体组织。具体补贴标准为：基本农田每年每亩补助 100 元；生态公益林和重要湿地每年每亩补助 100 元；种植水稻每年每亩再补助 200 元；饮用水源地和拆除围网养殖（由村级集体组织发包）的大水面，每年每亩补助 50 元。2011年拨付生态补偿金 7091 万元，涉及全市 173 个建制村和涉农社区。

2013 年，为了进一步优化生态补偿机制，增强生态保护重点地区镇、村保护生态环境的能力，昆山市在广泛调研基础上，对原有生态补偿政策进行调整和完善。生态补偿新标准为：①水稻田按每年每亩 800 元标准予以生态补偿；②对集中式饮用水水源地一级保护的建制村每村每年按 100 万元予以生态补偿，对二级保护的建制村按 60 万元予以生态补偿；③生态公益林和重要湿地按每年每亩 150元的标准予以生态补偿；④其他基本农田及拆迁围网养殖的生态补偿标准仍然按原标准执行。2013 年度昆山市生态补偿资金增加为 1.46 亿元。

2011～2013 年，昆山市安排了生态补偿专项资金 28 206 万元，各年度的生态补偿资金由市财政在下一年年初以指标形式下达给各区镇。根据各区镇生态补偿资金使用方案，以 2011 年至 2013 年全市资金使用情况为例：用于村庄环境整治15 571.19 万元，占 55.21%；用于富民强村 7085.12 万元，占 25.12%，主要是投资于所在镇的强村公司；用于农村生活污水管网 2285.18 万元，占 8.1%；用于公益事业 2652.17 万元，占 9.4%；用于生态修复 610.84 万元，占 2.17%。

2016 年，昆山市又对生态补偿实施办法进行了调整。一是扩展了重要湿地补偿范围，将澄湖湿地纳入重要湿地补偿范围。二是分类调整了生态补偿标准。具体来说，一方面调整水源地村、生态湿地村补偿标准。对纳入省政府公布的县级以上集中式饮用水水源地保护名录、由市水源地主管部门认定的水源地保护区范围内的村，以及纳入《苏州市级重要湿地名录》由苏州市农林部门认定的阳澄湖和澄湖水面所在的村，综合考虑湖岸线长度、土地面积及村常住人口等因素，分档次进行补偿。另一方面调整生态公益林补偿标准。凡界定为县级以上生态公益林的，按 200 元/亩予以生态补偿。三是按照规定范围、程序使用生态补偿资金。根据《苏州市生态补偿条例实施细则》规定，补偿资金用于维护生态环境、发展生态经济、补偿集体经济组织成员等。当地政府应当拟定生态补偿资金使用预算，报人大批准后实施；村（居）民委员会应当拟定生态补偿资金使用方案，经村（居）民会议或者村（居）代表会议通过后实施。

2. 昆山市锦溪镇生态补偿案例

锦溪镇位于淀山湖与澄湖之间，面积 90.69 km²，辖 3 个社区和 20 个建制村，常住人口 51811 人（2017 年）。2011 年，锦溪以直接承担生态保护责任的建制村为补偿对象，补偿标准为：首先，以土地二轮承包时的基本农田为基数，每亩补偿 100 元；其次，以现有实际耕地面积为基数，每亩补偿 200 元；对莲湖村自然湖泊水资源，以水面面积为基数，按照 5∶1（即 5 亩水面折 1 亩耕地）计算，每亩补偿 100 元；对镇区内主要湖泊水面所在村，给予每村 10 万～50 万元补偿。锦溪镇虬泽村原有耕地 6000 多亩，现在实有耕地 2000 多亩，根据补偿标准，该村获得生态补偿款 82 万元。

3. 昆山市张浦镇生态补偿案例

张浦镇位于昆山市正南腹地，面积 110 km²，下辖 11 个社区、16 个建制村，2018 年，张浦镇人口有 25 万人。当地生态补偿实践中的主要做法包括：一是强化经济竞争力，逐步增加生态补偿资金的拨付，使村（社区）可以腾出更多的资金增资强村公司抱团发展，夯实村级实力，截至 2018 年生态补偿资金直接和间接投入强村公司 5680 万元，建成了德园二期、德园三期等 8 个载体项目，经营性资产达到 1.71 亿元的规模。二是富出农民好日子，强村公司的做大、做强进一步提高了入股资金的收益，不断增加农民收入，发挥生态资金的最大效益。从 2014 年全镇进行股权固化，将经营性资产全部量化到村民，累计直接用生态补偿资金发放红利 739 万元，2017 年农民平均每人可以分红 241 元，农民的普惠收益不断提高。三是美到人居环境里，积极谋求"青山绿水"，明确生态资金投向，累计投入 7330 万元，助力村庄开展环境整治、生活污水治理、农田基础设施建设等生态环境建设工程，成功创建全国文明村 1 个（金华村）、省级生态村 13 个、省级"三星级康居乡村"12 个、苏州市级美丽乡村 3 个，美好生活家园的愿景渐行渐近。四是高出服务新水平。结合镇情实际，将生态补偿资金合理运用于村庄路桥、卫生环境、社区建设等，2011～2017 年全镇用于公共服务投入的生态补偿资金达到 1.18 亿元，平均每年达到 1670 万元，一批热点、难点问题得到了妥善处置，解决了基层实际困难，提升了群众满意度。

7.1.3　浙江省湖州市老虎潭水库水生态补偿

老虎潭水库位于浙江省湖州市吴兴区埭溪镇境内，水库总库容 9966 万 m³，是湖州市重要的饮用水水源之一。水库及引水管线工程于 2009 年 12 月建成，2010 年 3 月正式供水，日供水量 16 万 m³，累计供水约 2.8 亿 m³，供水范围涉及湖州市中心城区及周边乡镇，受益人口 80 余万。水库上游集水区面积为 110 km²，共 3 个乡镇 12 个建制村，库区上游山地占 90%，产业结构单一，生产经营模式以传统种植毛竹为主，笋制品和竹制品加工占一定比重。

2010 年，湖州市政府安排专项财政资金 3045 万元用于库区项目建设和水源保护，积极争取国家、省市专项资金，实施了一批重点水源保护项目。老虎潭水库水源地保护措施实施后，库区经济社会发展受到一定限制，库区群众要求政府实施生态补偿的呼声强烈。2013 年 6 月，湖州市政府设立每年 2000 万元专项资金用于水源地保护，并配套出台了《湖州市老虎潭水库水源地生态保护专项资金管理办法》，明确了资金筹集来源、使用范围、资金拨付、管理和监督等内容。专项资金设立后 1 年，关闭拆除了 138 家畜禽养殖场，建成了 5.5 km 的生态河道，组建了水源地协管员巡查队伍，完成了对 3 个镇水库的管理考核及 12 个建制村的日常环境管理考核，调动了上游地区开展污染治理、环境保护的主动性，水源地生态环境不断改善，起到了很好的示范效应。

7.1.4　浙江省德清县生态补偿模式

地处浙江省北部的德清县在 2004 年被国家环保总局命名为国家级生态示范区。该县的西部区域是全县水源涵养区和生态林的集中分布区，位于莫干山镇筏头地区境内的对河口水库更是全县的主要饮用水源。多年来，德清县西部乡镇为保护这一带生态和这一片水源牺牲了一定的经济发展机会，故该区域的经济发展水平与全县的中东部地区的经济发展水平相距甚远。2004 年，该地区农民人均纯收入低于全县平均水平 330 元/人，乡镇人均财政收入只为全县平均的 1/3。为了加快建设生态德清的步伐，缩小县域内富裕地区和贫困地区的收入差距，实现该县"创经济强县、建生态德清、构和谐社会"的目标，德清县于 2004 年组织开展了为期一年的生态补偿机制课题调研并提出了按照"谁受益、谁补偿"和"多元筹资、定向补偿"的原则建立生态补偿机制的建议。2005 年 3 月，德清县政府出台了《关于建立西部乡镇生态补偿机制的实施意见》，成为浙江省第一个在县级层面实施生态补偿机制的区县。

德清县在生态补偿机制的具体实践过程中，充分融入了以生态补偿资金为主的"小补偿"以及建立西部地区保障型财政体制的"大补偿"。"小补偿"的具体方式主要体现在两个方面：一是建立生态公益林补偿基金。对西部地区国家级和省级重点公益林按每年每亩 8 元的标准补偿，对其他生态公益林按每年每亩 4 元的标准补偿。二是建立全县生态补偿基金。在县财政预算内安排 100 万的同时，县政府再分别从全县水资源费中提取 10%、在对河口水库水资源费中新增 0.1 元/吨、每年从土地出让金县级所得部分提取 1%、从排污费中提取 10%、从农业发展基金中提取 5%。把这些生态补偿金纳入县财政专户管理，专项用于西部地区环保基础设施建设、生态公益林的补偿和管护、对河口水源的保护以及因保护西部环境而需关闭外迁企业的补偿等。"大补偿"的具体方式为：建立西部乡镇财政基本保障型体制。根据财政收入规模将莫干山镇等地归为保障性财政体制，乡镇分成所得税为 40%，增值税为 70%。

　　理念和机制上的探索与实践使德清县步入了"经济生态化、生态经济化"的可持续发展道路。自 2005 年以来，经过数年生态补偿实践，德清县西部乡镇污染源得到有效治理，仅 2005~2006 年，就关闭了 85 家低、小、散的水煮笋加工企业，对 9 家规模企业进行了整治；污水处理站等环保基础设施日趋完善，莫干山镇等地生活污水处理工程建成并投入运行，并建成 5 个农村生活污水处理示范工程；生态环境得到有效的保护和改善，对河口水库水质连续 6 年稳定在 II 类水标准；带动了生态农业、休闲旅游业等生态产业的发展，2010 年国家环保部将德清县命名为国家生态县，其中莫干山镇成功创建为国家级生态村，优美的环境吸引了大批游客的观光旅游。

7.2　排污权与水权交易的相关实践案例

　　排污权交易（pollution rights trading）是指在一定区域内，在污染物排放总量不超过允许排放量的前提下，内部各排污主体之间通过货币交换的方式相互调剂排污量，从而达到减少排污量、保护环境的目的。水权交易（water rights trading）制度是指政府依据一定规则把水权分配给使用者，并允许水权所有者之间的自由交易（李昊洋等，2017）。建立排污权、水权交易制度，是我国环境资源领域一项重大的、基础性的机制创新和制度改革，是生态文明制度建设的重要内容（封凯栋等，2013；李亚津，2013）。

7.2.1　江苏省太湖流域排污权交易

　　江苏省太湖流域是全国最早开展水污染物排污权交易实践的地区之一。早在 2004 年，江苏省就印发了《江苏省水污染物排污权有偿分配和交易试点研究》工作方案，开展水污染物排放权有偿使用试点。此后，太湖流域环境风险事件不断引发公众关注，财政部和国家环保总局于 2007 年决定选择在江苏太湖流域开展排污权交易试点。2008 年 8 月 14 日，财政部、环保部和江苏省人民政府在无锡市联合举行太湖流域主要水污染物排污权有偿使用和交易试点启动仪式，标志着此项工作在江苏省太湖流域全面展开。

1. 排污权交易的工作方案

江苏省环保厅会同省财政厅、省物价局联合印发了《江苏省太湖流域主要水污染物排污权有偿使用和交易试点方案细则》。一是明确指导思想，以太湖流域环境容量和污染物排放总量控制为前提，建立充分反映环境资源稀缺程度和经济价值的环境有偿使用制度，促进污染减排，提高环境资源配置效率，引导企业约束排污行为，形成减少排污的内在激励机制。二是明确试点范围及对象，包括：江苏省太湖流域年排放化学需氧量 10 吨以上的工业企业，接纳污水中工业废水量大于 80%（含 80%）的污水处理厂，报批环评报告书（表）需新增化学需氧量排放量的新、改、扩建项目排污单位。三是明确工作目标，通过改革主要水污染物排放指标分配办法和排污权使用方式，建立排污权有偿使用一级市场；在建立一级市场的基础上，利用市场配置功能，开展排污权交易，逐步形成排污权交易市场；通过试点工作初步建立太湖流域主要水污染物排放指标有偿使用和排污交易的制度体系，制定完善配套的政策措施，建成太湖流域排污指标有偿使用和交易平台，为下一步全面开展排污指标有偿使用和交易创造条件。四是提出保障措施，排污指标有偿取得和交易是环境管理的一种全新模式，涉及污染物总量控制、资金的收缴及调配、价格管理等多个方面，需要相关部门的协调配合。为此，专门成立了试点工作领导小组及办公室，领导小组由江苏省环保厅牵头，成员由省环保厅、省财政厅、省物价局及试点地区省辖市环保局组成。同时成立了由专家和技术人员组成的工作技术组，具体负责排污权有偿使用和交易的理论方法研究、技术方案设计以及对试点工作实施技术指导。

2. 排污权交易的主要做法

一是科学核定排污指标，排污指标申购核定遵循公平、公开、公正的原则。以污染物排放标准和满足地区总量控制要求为前提，以行政许可排水量、环评批复排水量为主要依据，同时参考"三同时"竣工验收意见以及近两年的环境统计数据，按照从严的原则核定排污单位排放指标。对因破产、自行关闭、转产等原因不再排污的排污指标申购单位，剩余指标可向当地环保部门提出申请，政府以不低于原申购价回购；排污单位实际排污量少于年度申购指标的部分，经受理申购的环保部门审核确认，可冲抵下一年的有偿使用费；对因环境违法行为被责令关闭、取缔的排污单位，其申购的排污指标由环保部门无偿收回。对于年排污量超过该年度申购指标的排污单位，将依法实施处罚。

二是准确核定排污量，对排污单位排污量的核定，充分运用现代化的在线监控、监测手段，按照在线监测与监督性监测相结合的原则核定排污单位的排污量。根据在线监测数据、污染源监督监测数据和流量数据，结合环境监察等部门掌握的企业生产、污水处理设施的运行等情况，按月核定排污单位的排污量。将在线仪监测数据按月核定的污染物排放量与监督监测结果核定的排污量按权重进行加权平均，作为排污单位该月的排污量。对试点企业实际排污量的核定，根据职责分工按计划进行。

三是出台排污权交易管理办法，2010 年 8 月，江苏省环保厅会同省财政厅、省物价局联合印发了《江苏省太湖流域主要水污染物排污权交易管理暂行办法》，该办法在原化学需氧量一项指标开展有偿使用试点的基础上，增加了氨氮和总磷指标。办法明确了排污权交易遵照分级审核统一交易的原则，江苏省环境保护厅授权省排污权交易管理机构对排污权交易进行统一管理，负责组建统一的交易平台，组织合法交易单位之间的交易活动。市、县（市、区）环保行政主管部门在省级或授权的交易管理平台下，负责辖区内排污单位总量指标核定、申购和交易资格的审查、推荐交易单位等。

3. 排污权交易的工作成效

至2012年,试点企业包括新建项目共缴纳化学需氧量有偿使用费1.82亿元。2011 年排污指标有偿使用扩大到氨氮、总磷等排污指标，2011～2012 年，排污企业共缴纳氨氮有偿使用费 391 万元，缴纳总磷有偿使用费 149 万元。以试点地区江阴市为例，2011～2012 年，江阴进行氨氮指标交易 210 笔，交易金额 39 万元，进行总磷指标交易 210 笔，交易金额 15 万元。试点也是相关配套政策和管理办法形成的过程，政府出台了工作方案、指标申购办法、排污量核定办法、排污权交易管理办法等一套管理制度和技术文件。此项试点工作的全面展开，为江苏省太湖流域地区污染物总量减排工作起到了积极的推进作用，也为其他地区开展类似工作积累了经验。"环境是资源"的意识已越来越被人们接受，通过加快建立环境资源的限额分配和有偿转让机制，发挥价格杠杆的作用，逐步形成比较完善的环境价格体系，使有限的环境资源发挥最大的经济效益、社会效益和生态效益。

7.2.2　上海市排污权交易

上海是我国试行排污权交易制度较早的城市（奚爱玲，2004）。1985 年，上海市人大颁布的《上海市黄浦江上游水源保护条例》确定了水源保护区和准水源保护区范围内污染物排放量的总量控制指标，并规定新建项目增加的排污量必须控制在保护区允许的排污总量指标之内，可以经环保部门同意在企业之间有条件地互相转让污染物排放总量指标。为了使水质达标，上海市环保局基于对黄浦江上游地区的纳污能力、排污现状的调查测验，提出了以 1982 年的工业排污量为基准，到 1990 年削减 60%排污量的目标，据此确定了排污总量。从 1986 年起，这些总量向该区域内的 404 家企业进行分配，并核发了排污许可证，规定了减排指标和期限，总量指标分配，为排污水权交易创造了前提条件（赵贺，2002）。

经济发展形势促使基层进行制度创新。由于水源保护区的总面积占整个上海市面积的 12%，所在的青浦、松江和闵行又是 20 世纪 80 年代上海郊区经济发展最具潜力的地区，招商引资活跃。这些地区新建项目不断，但排污总量有限。为了解决这一问题，这些地区进行了大胆探索，主动关闭一批效益差、污染严重的企业，让出排污指标给经济效益好、污染少的新项目，但接收排污指标的企业对关闭企业要给予一定的补偿。

1987 年，上海市闵行区开展了中国第 1 例企业之间水污染物排放指标有偿转让的实践，探索了在控制排污总量的前提下，企业的排污指标可有偿转让的方法，开启了中国水污染物排污权交易探索之路。到 2002 年，上海市有 60 多家企业开展了排污指标交易，交易价格也从 COD 每日每千克 7000～8000 元增至 15 000～20 000 元。一些经济效益差、污染严重的企业从经济成本考虑，退出了水源保护区，而效益好、污染少的企业逐渐取而代之。这样就形成了良性循环，经济增长和环境治理得到协调发展。以闵行区为例，在"九五"期间，全区的工业总产值高达 57%；但工业排放污水中的污染物排放量指标却从 1995 年的 2 万吨减少到 2000 年的 8700 吨；至 2005 年，闵行区发生交易项目 45 笔，COD 排放量交易金额共达 1549.5 万元。

2008 年 8 月 5 日，经上海市人民政府批准，上海环境能源交易所[①]正式挂牌成立并落户虹口区，该交易所是集环境能源领域的物权、债权、股权、知识产权等权益交易服务于一体的专业化权益性资本市场服务平台，有力促进了节能减排、环境保护与能源领域中的各类技术产权、减排权益、环境保护和节能及能源利用权益等综合性交易。

上海市将通过排污权交易所得的资金大部分用于环保治理设施建设。排污权交易的实施，促进老企业治理污染，要求新建项目采用先进的技术和工艺，促进了地区产业结构调整；同时排污权交易体现了环境是一种资源，推进了政府在环境管理工作方式上的转变。

7.2.3　东苕溪流域水权制度改革

东苕溪流域属浙江省杭州市余杭区和临安区行政管辖范围，2014 年，浙江省水利厅将东苕溪流域列为省水权改革试点区域（浙江省水利厅，2018）。试点区域

---

① 2011 年 12 月转制为上海环境能源交易所股份有限公司，为国内首家完成改制的环交所。

面积为 1390 km²，涉及行政分区为余杭的 9 个镇（乡、街道）和临安的 8 个镇（乡、街道）。2013 年，试点范围内常住人口 64 万，其中城镇人口 42 万，农村人口 22 万；耕地面积 38 万亩，农田有效灌溉面积 25 万亩，大小牲畜 12 万头。试点范围水资源主要由大气降水和地下水补给，以河川径流、水面蒸发、土壤入渗的形式排泄。涉及水系为南苕溪、中苕溪和北苕溪，水资源量为 11.14 亿 m³。

1. 工作思路和具体做法

2014 年 12 月，杭州市政府办公厅印发《东苕溪流域水权制度改革试点方案》。一是明确提出流域内各行政区的初始水权。区域初始水权既是两地政府水资源开发的红线，也是区域内取用水户获取水权的基础。二是在水量分配中预留了4000 万 m³ 的政府应急水量，支持政府未来重大民生工程的用水需要。三是明确了水权的获取及交易种类、现有许可取水户向水权证过渡的方式方法、水权时限和水权交易类型。在目前法律框架内，水权时限暂定为 10 年。水权交易类型有 3种，包括跨区域用水指标交易、初始水权交易及取用水户间的水权交易。完成流域水量分配。

2015～2016 年，杭州市全面开展确权登记工作。完成东苕溪流域 73 家年取水量 1 万 m³ 以上工业企业的取用水情况调查、核定工作；摸底排查 496 座山塘水库蓄水量和年用水量情况；启动农村集体经济山塘水库水资源确权试点工作，结合浙江省实际，委托浙江省水利河口研究院、浙江大学等技术支撑单位编制了确权技术方案，对典型山塘水库开展水资源使用权确权。同时结合水利工程标准化建设，对这些山塘水库进行管理范围划界，对山塘水库水资源用途、方式、数量及受益主体进行现场调查，建立山塘水库档案。完善取水户实时监控系统建设，在做好 5 万 m³ 以上取水户取水实时监控系统维护管理的基础上，加快推进 1 万 m³以上取水户监控系统建设，流域内临安、余杭两地已实现年取水量 1 万 m³ 以上取水户计量监控的全覆盖。完成水权信息登记系统建设，委托杭州市产权交易所开发完成了水权信息登记系统，同时开展辖区内取用水户信息系统录入工作，重点将首批已完成确权登记的工业用水户录入水权登记系统。

2016～2018 年，制度保障体系逐步建立。临安区制定《农村集体经济水资源使用权确权登记实施办法》《农村集体经济所有的山塘、水库水权转让暂行办法》，开展《东苕溪流域水资源资产价格评估理论》《杭州市农村集体经济山塘水库水权交易程序及交易平台建设思路》等研究，累计完成 26 座农村集体经济所有的山塘、水库水资源所有权确权登记。

2. 主要经验和成效

1）探索通过水权交易盘活优质山塘水库水资源资产，扩展了水权交易的范围和类型

目前国内水权交易主要集中于"区域水权"和"取水户水权"两种类型，且多数在北方缺水地区。南方水资源相对丰富，以上两种类型的水权交易需求很少，但农村山塘水库数量多，水资源综合开发需求较多，如农业用水转为工业用水，水域用于旅游开发、农家乐和宾馆经营等。以杭州市临安区为例，辖区内有山塘436座、水库60座，水质均在Ⅱ类以上，目前有少量水资源用于农业种植、水域开发和农家乐经营。为盘活这些"沉睡的资产"，结合该区农村产权交易制度建设，先后制定出台了《临安区农村集体水权确权登记管理办法》《临安区农村集体山塘水库水权交易办法》。通过扩展水权交易范围和类型，积极引导社会资本投入，并参与农村水资源开发利用，让"死权变活钱"，既有效缓解了山塘水库除险加固和安全运行的资金缺口，又实现了农村山塘水库水资源的保值增值，形成经济社会发展、农民受益、山塘水库维护运营有保障的多赢局面。

2）厘清政府和市场的关系，初步探明了政府监管的边界和重点

根据相关法律法规，农村集体经济组织修建的山塘水库的水资源归集体经济使用，但资源所有权仍属于国家。水权改革的深入推进，亟须厘清政府与市场的关系，明确政府的监管边界和责任。为此，在制度设计时，重点把好"三关"：一是把好确权登记关，水行政主管部门要对村委会提出的确权登记申请进行确认，重点是权属关系和权利分配，要进行严格审核并发放《水资源使用权证》，给集体山塘水库上"户口"，为水权交易提供依据。二是把好用途管制关，在设计交易制度时，规定水行政主管部门对用途管理的责任，要求对交易协议进行审核备案，明确严禁交易和私下交易等违规行为的法律责任（按照失信行为予以惩戒），确保农民利益不受损、生态环境不损害、山塘水库安全有保证。三是把好安全监管关，水行政主管部门要依法开展山塘水库巡查，及时处理受让方经营行为或用水活动影响山塘水库安全运行、损害第三者利益和影响水质等行为。

7.3 绿色金融相关实践案例

绿色金融是指为支持环境改善、应对气候变化和资源节约高效利用的经济活动，即对环保、节能、清洁能源、绿色交通、绿色建筑等领域的项目投融资、项目运营、风险管理等所提供的金融服务。与传统金融相比，绿色金融最突出的特点就是，更强调人类社会的生存环境利益，将对环境保护和对资源的有效利用程度作为计量其活动成效的标准之一，通过自身活动引导各经济主体注重自然生态

平衡。2017 年，中国人民银行等五部门联合发布了《金融业标准化体系建设发展规划（2016～2020 年）》，提出绿色金融标准体系主要包括产品标准、信息披露标准以及绿色信用评级标准。

7.3.1　江苏银行业金融机构绿色信贷

江苏省环保厅和江苏省信用办、江苏银监局共同建立环保信用信息共享机制，全省 13 个地级市环保局与各地银监分局建立了环保信用信息联动机制，推动绿色信贷发展。省银监局积极引导辖内银行业金融机构践行绿色信贷，把推进绿色信贷作为支持地方经济转型升级、促进银行业优化信贷结构和加强风险管理的一项重点工作。在环保和银监系统的引导和推动下，银行业金融机构绿色信贷取得了显著成效。截至 2015 年 6 月，江苏省银行业金融机构投向节能环保项目及服务贷款余额 3307.52 亿元，比 2014 年同期增加 860.5 亿元，增长 35.17%，高于各项贷款 23.95 个百分点。绿色信贷支持项目预计年节约标准煤 647.4 万吨，节水 1.6 亿吨，减排二氧化碳 778.1 万吨、二氧化硫 8.9 万吨、化学需氧量 36.5 万吨、氮氧化物 1.8 万吨、氨氮 4.7 万吨，银行机构较好地发挥了节能减排信贷引领作用。

江苏银行业金融机构完善行业信贷政策，引导绿色信贷投向。具体措施包括：设立绿色信贷专业管理部门和岗位，将绿色信贷指标纳入绩效考核体系，配置专项信贷资源，缩短绿色信贷审批流程用时，对环保不达标的项目实施“一票否决制”，遏制高污染高耗能企业的投资冲动，给予利率优惠等多种措施，加大对绿色信贷的投放力度。2014 年，江苏银行业金融机构对环保信用评价等级为绿色（环保信用优秀）、蓝色（环保信用良好）企业贷款余额 5212 亿元，占全部参评企业贷款余额的 92%。对环保信用评价为黄色、红色和黑色的贷款进行督促整改、压缩退出和清收处置的比例分别为 56%、12%、1%。同时，江苏银行业金融机构积极参与国际绿色信贷项目，多家机构与外资金融机构在能效信贷领域达成过合作。江苏银行业金融机构积极开展能效信贷，通过能效贷款和合同能源管理等方式支持企业节能减排，2000～2014 年，共支持节约标煤 5974 万吨，减排二氧化碳 15982 万吨。

2018 年，江苏省出台一揽子财政政策措施，通过“财政+金融”，综合运用奖励、贴息、风险补偿等手段，撬动银行、保险、债券、担保等各类金融资源支持绿色发展。一是支持发展绿色信贷，运用市场手段，通过建立风险分担机制、财政贴息等方式，引导银行金融机构加大绿色信贷投放规模。二是支持发展绿色债券，对符合条件的绿色产业企业上市和再融资进行奖励，对环境基础设施资产证券化和非金融企业绿色债券给予贴息。三是支持发展绿色担保，对为中小企业绿色信贷、绿色集合债提供担保的第三方担保机构进行风险补偿，对为非金融企业发行绿色债券提供担保的第三方担保机构给予奖励。四是支持设立绿色发展基金，通过鼓励有条件的地方政府和社会资本联合设立绿色发展基金，政府出资部分可通过社会资本优先分红或放弃部分收益等方式，向社会资本让利；对省生态环保发展基金投资省内成长期科技型绿色企业出现损失后给予一定比例的风险补偿。五是支持发展绿色 PPP，优先将黑臭水整治、矿区生态修复和休闲旅游、养老等有稳定收益相结合的项目选为省级试点 PPP 项目，并对符合奖补条件项目的奖补标准在现有基础上提高 10%。六是支持发展绿色保险，支持建立参加环境污染责任保险的激励约束机制，对符合条件的投保企业给予一定比例保费补贴。

7.3.2　江苏省常州市绿色信贷

常州银行业金融机构将环境保护和节能降耗等要求充分内化到银行机构的信贷管理的全流程中，加大了对绿色经济、低碳经济、循环经济的支持力度，绿色信贷得到蓬勃发展。

一是加快绿色信贷体系构建，完善内外运作机制。在管理架构上，有关银行成立专门的绿色信贷运作组织，如兴业银行作为国内首家采纳赤道原则①的金融机构，其总行成立可持续金融中心，涵盖了碳金融、环境金融等专业团队。目前，兴业银行常州支行所有项目贷款均上报总行，由总行可持续金融中心进行环评认证，对是否符合赤道原则予以评估审批。其他几家银行也在积极向赤道原则靠拢。常州当地的一些地方法人银行机构，积极筹划成立科技支行，专职负责节能低碳、科技型贷款的业务推进，同时，严格落实绿色信贷问责制，将信贷是否落实了环保所要求的依法合规指标纳入绩效考核的内容。2012 年，常州还在辖内南北两大科技创新企业、产业聚集区积极推进科技金融试点区筹建，着力打造科技支行、科技金融实验区、小企业金融服务专营体系"点线面一体化"的科技创新企业融资服务体系，重点支持符合国家产业政策、科技含量高、环保节能好的企业。

二是青睐"环境友好型"行业、项目，加大绿色信贷支持力度。积极开展节能减排和环境治理贷款业务。如，江苏银行常州分行 2011 年对纺织行业新增贷款中，50%支持了环保与排污技术双优企业；同时，向 BRT 快速公交专线建设投放绿色信贷资金 0.6 亿元，推动低碳出行和城市交通环保、控制尾气排放。

三是实行分类标识管理，采取"环保一票否决制"。2011 年，常州市在全国率先实施企业环境行为等级的动态管理，每月对企业环境行为动态评级，并将结果提交至人民银行企业信用信息数据库，各银行业金融机构据此调整信贷政策，

---

① 赤道原则（equator principles，EPs），财务金融术语，是一套非强制的自愿性准则，用以决定、衡量以及管理社会及环境风险，以进行项目融资（project finance）或信用紧缩的管理，要求金融机构在向一个项目投资时，要对该项目可能对环境和社会的影响进行综合评估，并且利用金融杠杆促进该项目在环境保护以及周围社会和谐发展方面发挥积极作用。

将环保标准与信贷风险管理要求有机结合起来，一旦出现信贷客户出现环评不达标或环保违规，立即予以风险预警、下调五级分类结果、制定压缩计划。多家银行机构均采取"环保一票否决制"的信贷审批制度，把环保达标作为客户授信准入和审批的重要依据，要求贷款项目必须符合国家有关环保政策的要求，对不符合节能环保要求的企业和项目不给予授信支持。2011 年，近 80 家"红色"和"黑色"企业被停贷或追回原有贷款。

四是明确"准入、退出"标准，加强绿色信贷全流程控制。多家银行对各行业均制定了信贷业务审批标准，详细规定了各行业贷款审批的环保执行标准，同时，制定公司客户信贷准入退出标准，既有对企业的节能环保的定性要求，也有对项目的环保节能指标和参数做出定量规定，使本行业系统对环保风险偏好做到上下一致，保证了在信贷准入关口就把环保不达标的企业拒之门外。同时，在具体操作中，各行业的绿色信贷理念也进一步得到细化，环保政策要求纳入信贷业务全流程，如一些机构把主力装备和工艺水平、新上产能合规性手续，环评审批、能耗和排放达标等情况作为贷前调查和贷时审查环节的考察审核重点以及授信分析报告和授信审查意见的必要内容，把环评部门验收意见、能耗和排放标准执行、资源节约落实情况作为贷后监控的重点，在机构的授信信息管理系统中，如不按照要求及时输入环保信息标识或更新环保信息，将无法完成"授信申请""行动计划（更改）""授后监控"等流程。

五是实行特定行业客户名单制管理，明确行业风险限额。多家银行对高耗能、高污染行业确定行业贷款限额，并按照有保有压的原则，对行业客户结构调整和限额内资源优化配置，对于新增贷款接近风险限额的行业，其新增贷款将予以严格审核和管理。如一些机构在 2010 年就开始对钢铁、水泥、煤化工、纺织等九大行业试行信贷限额管理，要求每年贷款占比不得超过上年度年末水平。

六是加快推进绿色信贷创新，满足绿色金融新需求。如一些机构在 2008 年推出环保主题贷记卡，体现了对开发、投资绿色产品与服务的重视和支持。一些机构推出了绿色金融"一条龙"，包括绿色融资、绿色管家、绿色效能、绿色生活和绿色公益 5 个子方案，通过制定有针对性的服务方案，满足环保行业客户的个性化需求，深化与政府环境保护管理部门、环保公益组织的业务合作，拓展环保领域的新商机。一些机构对科技型小企业的授信产品优先选择节能收益抵押贷款、绿色设备买方信贷、绿色融资租赁等特色产品。一些机构在 2010 年与上级机构同步推出了"科技之星"贷款，与省政府合作开发科技环保类贷款，向常州第一批 15 家符合国家产业政策、科技含量高、营利能力强、环保节能好、管理模式先进的科技型小企业合计投放 3000 万元贷款，一年后 15 家企业总资产达 34 925 万元，增幅为 16.7%；销售收入达 37 079.4 万元，增幅为 112%；净利润 4327.9 万元，增幅达 496.6%，其中 14 家企业已从试生产和小批量生产转变为大批量生产，呈现出强劲的发展态势，取得良好的社会效益。

7.3.3　江苏省无锡市五里湖水环境综合治理投融资

2000 年后，无锡市实施的五里湖水污染防治工作取得了明显成效，2003 年，高锰酸盐指数和总磷分别比 2002 年下降了 21%和 31%，达到国家考核要求。五里湖水污染防治取得的成效，离不开大量资金的投入，得益于以公共财政投入为主体、多元化筹资相结合的水污染防治投融资体制。其融资模式主要有 5 种。

一是财政融资，这是水环境治理融资的主要模式。无锡市在加快环境中的基础设施建设中，累计利用国债资金 2.96 亿元；从地方财政专项拨款，对地方污水处理厂采取经费补助的方式重点支持；提高供自来水价格中的污水处理费，为污水处理厂社会化管理创造条件。2003 年，无锡市对投资经营污水处理项目的部分乡镇，按处理污水量给予补贴。积极争取国家 863 项目科研资金。

二是信贷融资，这是财政融资的最重要补充之一。无锡市政府在五里湖综合整治项目上争取到国家开发银行专项贷款、世界银行贷款、外国政府长期优惠贷款。内外结合的信贷融资为水环境治理提供了大量资金支持。

三是股票融资。通过上市公司进行融资是水环境治理中的创新，主要适用于具有盈利前景、可以进行营利性经营的污水处理厂等环保工程的融资。无锡市通过上市公司在股票市场上募集资金，专项用于港下镇等污水处理厂建设，开拓了资本市场筹资新渠道。

四是信托融资。通过信托机构发行信托计划，融资人民币 1 亿元，用于芦村污水处理厂三期工程项目，信托期限 2 年，支付给投资者的利息 3.5%。信托融资有效降低了融资成本，提高了融资效率。

五是经营环境融资。通过水环境治理，改善城市环境，提升城市的功能和价值，以城市增值盘活城市资产，从而高效集聚城市财富，并以丰富的经济实力反哺环境综合整治，变环境优势为经济优势，实现环境及经济的良性循环。

7.3.4　浙江省绿色金融改革创新"浙江案例"

作为"绿水青山就是金山银山"重要思想的诞生地，浙江贯彻落实《浙江省湖州市、衢州市建设绿色金融改革创新试验区总体方案》，以金融创新推动"湖州市新兴绿色产业发展"和"衢州市传统产业绿色化改造"为主线，立足区域实际，大胆探索实践，着力破解绿色金融发展中的重点和难点问题，探索走出一条实现环境效益和经济效益双赢的绿色金融发展之路，全面推进绿色金融改革创新工作取得初步成效（殷兴山，2018；周丽，2018）。

1. 建设方式

建设"四大系统",探索绿色金融改革"浙江案例"。试验区获批后,浙江在全国率先出台了试验区实施方案,抓好绿色金融的政策保障、组织机构、产品服务、基础设施四大系统建设,努力探索绿色金融改革的"浙江案例"。

第一,出台绿色金融激励约束政策体系。一是在考核激励机制方面,湖州、衢州两市分别出台涵盖县区及各部门的试验区建设工作考核办法,根据改革任务分工制定了相应的指标、打分办法及奖惩措施,形成齐抓共建的合力。二是在财政政策支持方面,省级层面出台绿色金融的财政政策清单,湖州、衢州两市从 2017 年至 2021 年,每年各安排专项资金 10 亿元,用于绿色信贷贴息、绿色金融机构培育、绿色产品和服务创新、绿色金融基础设施建设等方面,推动绿色金融改革创新试验区建设。三是在金融政策引导方面,湖州、衢州两市人民银行出台绿色信贷工作指导意见,探索将绿色信贷业绩评价纳入宏观审慎评估(MPA),推动再贷款绿色化应用,加强对当地法人金融机构的绿色信贷引导,有序压降"两高一剩"行业(高污染、高能耗、产能过剩行业)贷款。

第二,建立健全绿色金融组织体系。一是开展金融机构绿色化改造。湖州市率先实现城商行和农信机构绿色金融事业部制全覆盖,其中湖州银行成为中英首批联合试点开展环境信息披露的金融机构,并开展赤道银行创建工作。衢州市农信系统全部设立绿色金融事业部,并对 18 家绿色金融试点银行进行统一授牌,人民财产保险衢州分公司在系统内率先设立绿色保险事业部。二是建立特色考核管理和绿色业务流程再造。湖州市推广"六单"管理的创新机制,推动绿色专营机构单列信贷规模、资金价格、风险管理指标、信贷审批通道、绩效考核、绿色金融产品,探索统一建立标准化的绿色金融业务流程。衢州市推行绿色业务流程再造,金融机构开通"柜面"一站式服务和改进绿色信贷审批流程,建立绿色信贷"一票否决"制度。三是推动绿色金融组织集聚发展。湖州市建设太湖绿色金融小镇,已进驻 30 多家绿色金融机构和组织。衢州市构建绿色金融大厦、科创金融小镇等多维圈层体系,吸引金融企业入驻。

第三,丰富绿色金融产品和服务体系。一是创新绿色金融产品,湖州市编制首批绿色信贷产品清单,全市 35 家银行机构共开发"光伏贷""园区贷"等绿色金融创新产品 94 只;衢州市创新推广生猪统保、安环险,形成 91 个绿色金融助推绿色发展的"衢州案例"。二是拓宽绿色直接融资渠道,至 2018 年第一季度,湖州市绿色股权融资余额 152.4 亿元;绿色债券发行 174.9 亿元,其中绿色金融债25 亿元。衢州市推动当地机构发行全国首单小微企业专项绿色金融债,其中 9800万元定向支持衢州市传统产业绿色化改造。三是组建多元化绿色产业投资基金,湖州市将绿色项目担保基金和绿色产业发展基金列入年度行动计划,力争产业基金规模不少于 150 亿元。衢州市成立首期规模为 10 亿元的衢州绿色产业引导母基金，并以 3 亿元参股设立 5 个子基金，带动其他社会资本投资共 12.5 亿元。

第四，完善绿色金融基础设施体系。一是在绿色金融标准建设方面，湖州市结合区域实践，积极探索企业项目与银行业绿色标准基本框架。开展《绿色银行评价规范》等标准编制工作，目前《湖州市绿色企业认定评价方法》和《湖州市绿色项目认定评价方法》已发布。衢州市绿色金融综合服务标准化试点项目已报国家质检总局评审。二是在绿色金融统计监测方面，湖州探索建立全国首套区域绿色金融统计指标体系，覆盖银证保全领域，发布全国首份区域性绿色金融统计数据。衢州市构建涵盖绿色信贷、绿色保险、绿色证券和绿色基金等领域的绿色金融监测指标体系，同时开展绿色产业企业监测工作。三是在绿色信用体系方面，湖州市已启动绿色金融信用信息服务平台一期项目建设，这是全国首个绿色金融信用信息特色数据库。四是进一步推动绿色项目库建设，在浙江省级层面，制定出台了全省绿色项目清单，梳理了 1800 余个绿色项目，总投资金额超 2 万亿元。湖州市编制绿色项目指引目录，首期项目库涉及绿色制造、绿色生态、绿色城镇化、绿色产业、绿色设施等领域，共计 708 项，总投资 6969.4 亿元；衢州市编制《衢州市绿色金融政策支持目录》和《衢州市绿色项目库》，并推动本地环境效益显著的项目纳入省级项目库共计 325 个，总投资 2759 亿元。

2. 建设成效

浙江省通过完善绿色金融机制，把社会资金引导到有利于环境保护、节约资源能源的行业和领域，并抑制高污染、高耗能的投资，在推动绿色发展方面取得了成效。

一是推动农业农村现代化绿色化发展。"美丽乡村"是浙江省的一张"金名片"，湖州安吉县是美丽乡村建设的发源地，相关做法已上升为国家标准（中央组织部，2019）。为支持安吉县"美丽乡村"建设，湖州当地金融机构开发出多款特色产品，仅湖州银行就累计发放贷款 37.7 亿元，支持安吉县 40 多个传统村落、景区的保护性再开发。作为浙江省的传统农业大市，衢州市借助绿色金融与传统农业养殖融合互动、共益互进，先后创新推出生猪保险统保与无害化处理的"集美模式"、生态循环农业种养的"开启模式"，并以试验区建设为契机，在全市推广应用，有效解决了农业养殖废弃物污染问题，也极大促进了传统农业养殖走上规模化集约化的发展道路。截至 2017 年末，衢州市共承保生猪 944.9 万头，累计赔付 2.48 亿元，综合赔付率达 79%。2017 年，衢州市通过推广应用商品有机肥和沼液管网灌溉（畜禽养殖废弃物资源化利用的产物），实现化肥（折纯）减量 6950 吨。同时，通过金融支持专业合作社建设，衢州市农业养殖逐渐向规模化、标准化发展。2017 年，衢州市养殖户户均养猪达到 1876.4 头，是 2012 年户均数量的 13 倍，龙游县生猪规模养殖比例接近 100%。

二是促进传统产业绿色化转型。试验区不断优化金融资源配置，进一步加大绿色化改造、资源循环利用和绿色制造技术创新等领域的金融支持力度，有力促进了传统产业转型提质增效。湖州市以"创新升级、整合优化、集聚入园、有序退出"为路径，积极推动传统行业绿色化、高新化发展。2017 年，湖州市工业技改投资增速达到 12.4%，居浙江省第二位，"两高一剩"行业贷款余额同比下降 8.9%，连续三年实现下降；完成"低小散"块状行业整治淘汰企业和作坊 3058 家，腾出 16.08 万吨标煤的用能空间，实现单位工业增加值能耗同比下降 8.5%。衢州市以化工、造纸、钙及水泥等传统产业改造为突破口，强化对龙头企业绿色化改造的金融支持力度，形成以龙头示范带动产业升级的绿色转型机制。2017 年，衢州市技术改造投资额同比增长 11.8%，"两高一剩"行业贷款余额同比下降 8.94%；工业利润率同比增长 56.8%，居全省首位，同时实现单位地区生产总值能耗同比下降 3.5%。其中，作为绿色转型的典型，衢州市化工龙头企业——巨化集团通过获得金融的有效支持，持续加大环保投入，实现了从低端到高端的产业转型，成为国家循环经济教育示范基地、浙江省特色产业发展综合配套改革试验区、循环经济示范区。

三是支持绿色产业创新升级。试验区坚持强化绿色导向，推动金融资源和绿色产业高效对接，有力促进了绿色新兴产业高质量发展。湖州市着力推动金融资源全方位融入绿色制造、智能制造行业，挖掘"两高六新"（高成长、高科技、新经济、新服务、新能源、新材料、新农业、新模式）绿色企业予以重点扶持。2017 年末，湖州市绿色制造贷款同比增长 23.78%，增速快于全部制造业贷款增速 26.37 个百分点；全年实现规模以上工业新产品产值增长 25.6%，产值率达 37.38%，新增省级工业新产品备案 1418 项，备案数居全省第一。

试验区银行机构在加大绿色信贷投放力度、推动经济绿色发展的同时，保持了信贷资产质量优良，实现了较好的经济效益。截至 2018 年第一季度末，湖州市、衢州市绿色信贷余额占该市全部信贷余额的比重分别达到 22.5%和 16.4%，同比分别提高了 4.9 个百分点和 1.68 个百分点；绿色信贷不良率分别仅为 0.08%和 0.31%，明显低于整体不良率水平（分别为 0.83%和 1.27%）。

7.4　环境污染强制责任保险相关实践案例

环境污染强制责任保险是以企业发生污染事故对第三者造成的损害依法应承担的赔偿责任为标的的保险。根据环境风险管理的新形势新要求，开展环境污染强制责任保险试点工作，建立环境风险管理的长效机制，是应对环境风险严峻形势的迫切需要，是实现环境管理转型的必然要求，也是发挥保险机制社会管理功能的重要任务。

7.4.1　江苏省环境污染责任保险

在推进环境污染责任保险发展的实践中，江苏省积极探索，形成了一套符合本省实际、具有本省特色的有效做法。

一是地方党委政府高度重视，在工作启动阶段，特别是在企业、公众对这项环境经济政策不太了解、市场尚未培育成熟的情况下，政府运用行政干预进行推动尤为必要。在通过省委、省政府的高层次文件作出部署、提出要求的同时，江苏还运用考核这一手段，推动市、县政府具体抓落实。为推进生态文明建设，江苏省政府每年与各省辖市签订年度生态文明建设目标责任书，并在次年初对上年完成责任目标情况进行考核、通报。省环保厅（生态环境厅）在代省政府拟定目标责任书时，注重把年度推进环境污染责任保险作为内容之一，根据各地高环境风险企业的数量、工作基础，提出不同的投保数量要求，年度未达到投保企业数量会扣分。无锡、泰州、徐州等省辖市将环责险推进情况纳入年度环保目标考核内容，将试点任务分解到所属县（市、区）。此举有效地推动了工作的落实。

二是多部门协力开展试点推动，江苏注重加强与江苏银保监局和省政府金融办的合作。早在 2008 年，江苏就争取环保部、保监会的支持，将苏州、无锡列为首批国家试点单位，并启动环境污染责任保险试点。在两市试点取得初步进展的基础上，省环保厅（生态环境厅）、江苏银保监局、省政府金融办经过深入调研，先后联合印发了《关于推进环境污染责任保险试点工作的意见》《关于印发推进环境污染责任保险试点工作实施方案的通知》和《关于建立环境污染责任保险联席会议机制的通知》，具体明确开展环境污染责任保险的指导思想、基本原则、试点范围、工作目标和保障措施、省有关部门的职能和工作机制。按照"先行试点、逐步完善、建章立制、全面推行"的原则和"由简入繁、先易后难、点面结合"的推进模式，在江苏省积极稳妥地推进。在推进环责险工作中，江苏注重建立长效机制，省环保厅（生态环境厅）与江苏银保监局、省政府金融办建立了联席会议机制，明确了联席会议人员组成、工作职责、工作制度。工作中，联席会议成员单位密切配合、相互支持，适时进行信息沟通，一同制订工作计划，对重点和难点问题一同组织调研、分析研究，一同探索解决办法，从而保障试点工作的有序进行。

三是积极推进地方性法规建设，江苏在推进环责险过程中，从一开始就注重加强相应的地方性法规建设。在 2010 年 1 月 1 日起施行的《江苏省固体废物污染环境防治条例》第 39 条中，明确"鼓励和支持保险企业开发有关危险废物的环境污染责任险；鼓励和支持产生、收集、贮存、运输、利用、处置危险废物的单位投保环境污染责任险"；在 2012 年 4 月 1 日起施行的《江苏省通榆河水污染防治条例》第 27 条中，明确"推行环境污染责任保险制度。鼓励和支持保险企业在沿线地区开发环境污染保险产品，引导排放水污染物的单位投保环境污染责任险"。这些法规为开展环境污染责任保险提供了有力的支撑。

四是激励企业自主投保，2000 年，江苏省开始大力推进企业环境信息公开，经过多年实践，现已发展成为企业环境信用评价。江苏省环保部门主导的企业环境信用评价企业每年稳定在 23 000 家左右，而此类企业也恰恰是具有较高环境风险的重点排污企业。为调动他们的投保积极性，江苏在构建企业环境信用评价标准体系时，专门设立了鼓励环境风险企业投保的指标，不投保不扣分，如果投保便可加 5 分。江苏省环保部门与省信用办、工商、银保监、财政、科技、税务、银行业等金融机构都建立了信用信息共享机制，实行联动激励惩戒。由于企业环境信用评价结果应用面广泛，涉及企业授信、财政资金申请等，诸多企业为了提高信用等级会积极投保，从而达到激励目的。此外，部分江苏省辖市把污染源企业投保环责险，作为高环境风险企业环境信用评为"绿色"等级的基础条件。

五是积极开展创新驱动，在理念创新方面，引导投保企业和承保的保险公司全面认识环责险的功能，提升对环责险意义的认识，把着眼点从投保企业出险以后的理赔功能转变到风险控制功能上。由于强调环责险的风险控制功能，注重在企业投保后通过政府环保部门、保险机构、投保企业三方共同努力，把企业的环境风险降到最低，使其不出险，企业能正常生产、生态环境和第三方环境权益不受损害、保险公司也能营利，从而使环责险进入健康发展的状态。在路径创新和政策创新方面，不搞"一刀切"，鼓励各地根据实际采取差别化政策，推动企业投保。2008 年，无锡市作为环保部和江苏省的首批环境污染责任保险试点城市，在政府主导、市场运作的有序推进下，形成了一套从投保企业选择、产品宣传、风险评估、问题整改到承保、理赔的完整流程，使保险的社会管理功能得到了充分体现。几年来，无锡市每年在保企业都保持在 1000 家左右，在全国地级市中排名第一。探索形成"政府推动、市场运作、专业经营、风险可控、多方共赢"的"无锡模式"。南京实行"责任包干、分片推进"的展业方式，也有效扩大了当地的环责险市场。在产品创新方面，江苏省放开环责险市场。只要保险公司开发出的相关优质产品通过中国银保监会备案，就允许进入环责险市场展业承保。即使一些省辖市进行了招标，入围的保险公司也是向企业推荐的性质，政府和环保部门不强求企业向中标的保险公司投保，让具备承保环责险资格的保险公司在公平的市场条件下充分竞争，形成"同款产品比质量、同等质量比服务、同等服务比价格"的竞争态势，从而激励保险公司开发符合企业需求的环责险产品，优化承保服务。此外，南京、无锡、徐州等地引进了保险经纪公司，帮助优化保险方案、开发个性化的保险产品。在江苏参与环责险的多家财产保险公司，除在中国银保监会备案的主险外，均顺应企业需求开发了附加险。

　　六是着力改进承保后的服务，江苏在推进环责险时，注重引导和指导保险公司在企业投保前、承保中和出险后，为投保企业提供物有所值的专业性服务。企业投保前或确定投保后，由保险公司聘请经验丰富的环保专家作为第三方，上门为企业进行环境风险勘察，并将环境风险报告给到企业、环保部门和保险公司。企业以报告为参照，采取措施加强和改进环境管理，降低甚至消除环境风险。环保部门以报告为参照，督促企业整改环境问题。保险公司与企业签订保险合同后，在保险期内会聘请专家再次为企业提供每年一到两次免费的风险勘察与培训服务，对于个别企业还会组织专家上门帮助消除环境隐患。

　　七是积极宣传发动，国务院出台保险业新"国十条"后，江苏省政府专门召集会议，研究推进环责险等关系民生的责任保险问题；省环保部门每年举办环境政策法制培训班时，都安排相关经验交流和银保监局专家讲座；省环保部门和江苏保险学会、银保监局专门编印环责险相关知识手册，向污染企业和相关部门免费发放；无锡市环保部门、保险机构、企业联合创办了"中国环境污染责任保险网"，为环责险的普及进行"传道、授业、解惑"，通过一系列的多元化宣传活动，使基层环保部门、高环境风险企业对该项工作有了更深的认识，推动企业由被动投保向主动投保的转变。对于无锡的成功实践，江苏省环保厅（生态环境厅）也十分注重经验的推广。环保部（生态环境部）、中国银保监会领导和有关专家多次前往无锡调研，并给予充分肯定；中央电视台、《人民日报》等中央主流媒体曾报道无锡的经验做法；全国 20 余个环保部门和保险机构组织人员前往无锡学习调研。

7.4.2　环境污染强制责任保险"湖州模式"

　　2018 年，在浙江银保监局和省生态环境厅的推动下，湖州市的金融办、环保部门、保险行业协会、人保财险等建立了协作机制，共同推广环责险"湖州模式"——保险+服务+监管+信贷。湖州市政府专门出台了《关于环境污染责任保险工作的实施意见》，2018 年 4 月，湖州市国家绿色金融改革创新试验区建设领导小组办公室又下发了《关于深化绿色保险创新加快推进环境污染责任险的通知》（以下简称《通知》）。《通知》要求各部门和金融机构对重点企业是否投保环污险、是否落实整改要求等情况开展联合奖惩。市级环保部门负责实施差别化的监管措施，在检查频率、政策扶持等方面给予奖惩。银行机构负责采取差别化的金融服务措施，在贷款利率、融资额度、增信措施等方面给予奖惩。保险公司负责采取差别化的保险服务措施，在保险费率、保障金额、风险体检等方面给予奖惩。

　　企业在投保前，保险公司组织专业力量对投保企业进行环境体检，确保在企业生产、仓储、运输等全流程实现环境评估、检测、监督等工作。投保后，定期组织体检，从源头上做好环境污染风险的管理工作，真正发挥保险机制参与环境安全过程管理的第三方监督作用。

体检报告决定着保险方案和整改方案。一方面，环保部门可根据体检报告的结果，对环境风险企业实行风险隐患整改，促使企业有效降低环境风险，提高企业环境风险管理水平；另一方面，保险公司按照企业环境风险的高低情况确定保险的投保方案，风险等级高的企业保费相应较高。截至 2018 年 6 月，湖州市完成86 家企业体检，涉及皮革制造、化工、纺织印染等行业，在已形成体检报告的 45家企业中，签单的 24 家企业合计保额 4180 万元，合计保费 87.25 万元。

湖州市作为全国生态文明建设先行示范区，在"绿色保险"领域积极探索，2019 年 4 月，湖州市地方标准《环境污染责任保险风险评估技术规范》发布。该标准由市生态环境局牵头，市政府金融办、市保险行业协会、人保湖州市分公司等部门人员成立了标准起草组，通过广泛收集材料与多方实地调研，组织专家对7 个行业 142 家企业进行了现场勘查，开展承保前风险评估。在此基础上，参考企业的环评、环评批复、"三同时"验收结论等相关资料，根据产品、原辅材料、生产工艺、产污环节、污染防治措施等企业实际生产情况，从使用、存储或释放的事故环境风险物质数量、工艺过程与风险控制水平、环境风险受体的敏感性以及环境应急管理等方面对企业环境污染风险予以分析评估，通过实践应用检验标准草案的合理性及适用性。根据该标准的"细致"评分，通过十大类风险指标，包括 80 项静态风险指标和 90 项动态风险指标，累计 170 项内容，全面反映企业的环境风险状况。通过静态、动态两大类风险指标，经过 7 个评估流程，最终呈现低风险、一般风险、中等风险、较高风险、高风险 5 个等级划分，企业环境风险等级一目了然。目前标准适用于全市铅蓄电池、电镀、化工、纺织染整、制革、造纸 6 大类行业的危险废物收集、贮存、利用、处置行业的环境污染责任保险风险评估，其他行业可参照执行。

7.5 其他相关实践案例

7.5.1 江苏省常熟市农村分散式污水处理 PPP 项目

为了加快推进常熟市农村生活污水治理工作，规范工程建设管理，保障资金使用，确保工程质量和工程计划进度，响应国家倡导的《农村生活污水治理工程建设管理办法》。常熟市农村生活污水治理在"统一规划、统一建设、统一运行、统一监管"基础上进行新探索，将农村生活污水处理设施建设和运行管理进行打包，创新农村分散式污水处理 PPP 项目。

常熟市农村分散式污水处理项目（一期）于 2015～2017 年实施，建设范围涉及常熟市 10 个镇（街道）、330 个自然村，合计约 1.3 万户的农户。建设内容包括农户住宅室外生活污水收集系统、污水处理设施、尾水排放系统、远程监控信息系统，以及绿化围栏等配套设施。项目运营模式为常熟市政府授权水务公司负责农村污水处理项目的投融资、设计、建设、运营管理以及对项目设施与设备的维护、更新；水务公司在特许经营期内拥有设施和设备的所有权，在特许经营期满后，污水处理设施和设备水务公司无偿移交常熟市人民政府。常熟市政府出资占项目建设的一部分股份，自污水处理设施运营后，常熟市政府按污水处理户数支付水务公司污水处理服务费。

该项目是国内首批农村分散式污水处理 PPP 项目，解决了常熟市村镇污水处理的难题，统筹解决了村镇污水融资、建设及运营的问题。目前常熟市农村污水处理率约达 70%，污水处理设施的完好率达 95%，正常运行率达 98%，大大减轻了区域水环境的营养元素负荷，改善了区域水环境的水质和生态系统，为该地区的供水安全和生态环境建设打下坚实基础。

7.5.2　上海市巨灾保险制度

2018 年 5 月，上海市巨灾保险试点工作在黄浦区启动，针对台风、暴雨、洪水产生的人财物损失启动保险理赔，探索"政府引导、市场运作、多层保障、风险共担"的巨灾保险新模式。在巨灾保险模式下，保险公司把一定比例的险资投入黄浦区气象灾害风险预警和社区气象灾害防御能力建设中，对巨灾保险从灾后理赔向灾前风险防控延伸方面做出了积极探索，具有"上海特色"和创新意义。

巨灾保险由黄浦区政府出资，投保范围涵盖了整个黄浦行政区域。巨灾保险共保体由多家保险机构共同组成。黄浦区政府作为巨灾保险的投保人，以财政支付方式缴纳巨灾保险保费。保险期间内，因遭受台风、暴雨、洪水导致黄浦区行政区域内住房及其室内家庭财产发生损失，以及因上述自然灾害和突发事件导致身处黄浦区行政区域范围内的自然人死亡时，保险公司按合同约定予以赔偿。

保险公司委托上海市气象部门开展黄浦区气象风险防控，例如黄浦区暴雨内涝灾害风险普查，绘制黄浦区台风暴雨内涝风险隐患点风险地图，建立社区灾情信息报告机制等，建设精细化的气象灾害监测与预警服务系统，并联合开展社区气象灾害防御培训与应急演练。巨灾保险服务内容涉及暴雨内涝风险预警及跟踪服务、大风风险预警及跟踪服务、太湖流域降水量分析报告和多渠道实时天气咨询服务等。

一旦出现重大气象灾害，保险公司、气象部门等将发挥各自的专业优势，联合面向黄浦区各个社区街道，聚焦高风险区域、风险防范重点单位，开展有针对性的台风暴雨内涝风险预警等服务。通过灾前防控不仅能有效提升城市气象灾害防御能力，减少人民群众生命财产损失，同时也有助于保险公司减少理赔提高收益。此外，在理赔方面，一旦达到理赔触发点，保险公司直接赔付给受灾群众，可提高灾害救助的效率。例如，2018 年 8 月 21 日早高峰期间 8 点半左右，上海市气象局就发来消息预计 1 小时内将出现短时强降水,小时雨强可达 30 mm 以上。通过巨灾风险保障项目,抢险队伍比"暴雨"还要提前到达黄浦大桥附近易积水风险点,开展强化路面排水措施。最终,这场短时强降水没有造成大面积路面积水,市民出行未受影响。通过试点,探索以保险机制为纽带,实现气象灾害防御能力提高、市民受灾损失减少、政府精细化社会治理效率提升的良性循环。

巨灾保险试点工作是上海作为金融中心开展保险产品创新的重要举措,也是依托保险机制,促进政府主导、部门联动、社会参与的城市气象灾害防御机制的有益探索。上海市气象局适时评估黄浦区巨灾保险试点成效,在形成可复制可推广经验后,不断扩大试点区域范围,为提升超大城市社会治理能力、助力全市金融改革创新做出贡献。2019 年,上海首个巨灾风险保障项目——巨灾保险试点工作,被列入自贸区 15 例金融创新案例。

7.6　各类实践的经验与启示

7.6.1　寻求多样化投融资途径

要积极拓展社会融资渠道。在风险可控的前提下,灵活运用多种融资工具,建立多层次的金融及供给体系,通过不同融资方式满足不同期限的融资需求。对于流域水生态环境,只有寻求以社会化、市场化为基础的投融资途径,形成由政府、社会和企业三方共同承担流域水环境治理所需费用的模式,才能够真正做到有效治理。

一是吸纳多样化的投融资主体,各级地方政府应将企业、个人以及金融机构都并入投资主体行列中来。金融机构尤其是政策性银行,可以制定和实施倾斜性的货币政策,例如可以适当减少当地环保企业取得金融贷款的条件,高度扶持有益于自然环境建设和保护的信贷融资和投资工程。企业应遵从"谁污染、谁治理"的方针,增加水生态环境治理的资金投入,将工业环境治理的责任落实到实际主体,以推进企业的垃圾和污水处理进程。促进流域水生态环境治理投融资机制前进的步伐,大力吸收用于环保事业的国际金融组织提供的资本、社会资本以及国内外政府机构贷款,形成以政府机构为主导、市场化改革为推动力和多样化投资模式为特征的格局。设立市场化、多样化的投融资体制,促使流域水生态环境治理投资主体由政府向企业的转变,向企业、个人以及一些投资金融组织机构提供充足的投资机会。这种以多样化为特征的投资模式能够促进市场竞争机制的形成,加大环境保护事业发展和技术进步的前进步伐。

二是开拓社会化与市场化投融资途径,流域水生态环境治理是一个长期工程,这就需要治理主体加大前期流域水环境治理的基础性建设,而这需要大量的资金支持。现阶段我国地方流域水生态环境治理的主要资金来源是政府的财政资金，但仅依靠政府财政资金还远不能达到庞大资金的需求，这就需要各级地方政府积极拓宽社会化和市场化融资渠道，通过发行水生态环境治理彩票、建立流域水生态环境治理专项基金，鼓励支持从事水生态环境治理的企业优先上市等形式，实现资本市场与环保产业相结合，筹集流域水生态环境治理资金。管理和监督治理资金使用方向，企事业单位、社会融资与政府部门融资相互补充，从而在一定程度上实现拓宽流域水生态环境治理的资金获取渠道以及有效预防流域水环境治理资金投入严重不足的目的。同时，加快构建引导社会资金进入污染治理领域的市场化机制，指引社会资金投向第三方治理产业，鼓励第三方治理企业通过资本市场融资，灵活运用上市融资、债券融资等工具。

三是构建多元化的投融资模式，加快推行绿色银行评级制度，引导金融机构建立绿色信贷制度，积极动员商业金融机构参与流域水生态环境污染第三方治理，激励商业银行等金融机构积极开展金融服务创新，探索节能环保信贷资产的证券化，尝试绿色金融租赁、收费权质押融资、能效贷款、排污权贷款、环保基金等绿色信贷服务在市场化和多样化的流域水环境污染治理的投融资机制条件下，为各个流域水生态环境治理投资主体提供多样化的服务与投资模式，各种投资主体可以通过直接与间接相结合的投资方式来进行流域水环境治理投资，也可以根据自身的技术生产能力与经济能力，理性地选择适合自身的投资模式。这几种模式在本质上能够促进流域水生态环境治理企业优势的充分发挥。

7.6.2 健全治理设施与管理机制

进一步完善政策和市场环境，积极引导社会资本进入水生态环境污染治理市场。探索构建完善的管理机制。要设定合理的投资回报预期，并配套建立科学、可行的政府扶持政策体系和工作机制。明确水污染防治工作中部门间、中央与地方政府间环境保护事权与支出责任。合理划分政府与市场边界，明确水生态环境污染治理投入主体和职责分工。修订相关法律法规，明确排污企业和治污企业在污染治理中的责任。建立并完善与生态环境污染第三方治理相适应的预处理标准体系与相关制度。进一步放开并规范水生态环境污染防治领域的市场准入制度，鼓励专业化污染治理公司进入污染治理设施的投资、建设、运行和维护管理等领域。探索构建完善的融资资金退出渠道。

一是创新流域水生态环境治理的市场体制。首先，依照市场化运行、法治化原则、行业化成长和企业化管理的要求，切实转变政府职责，逐步促进流域范围内生活和生产垃圾以及污水治理模式改革，实现政府与企业、政府与事业单位相分离，从而保证城市环境以及社会公众利益不受其影响。在流域水生态环境治理中增加了"特许经营"的政策，也就是将生态环境治理的一些特许权赋予那些经验较高、能力较强的企业，激励这些企业增加治理投资，并且引入实力较强的国有企业尤其是中央企业，以及私营企业等进入流域水生态环境治理领域，加快市场化治理的脚步。其次，健全流域水生态环境治理的投融资体制，不管是城市治污设备，还是企业的治污设施，都需要依照企业方式来建设、运行和管理。同时，加大对各种社会群体投资流域水环境污染治理设备建设的激励力度，实现投资主体的多样化以及产权性质的股份化，明确界定各个投资者间固有的权利、责任和利益，提高投资者对水环境污染治理的投资能力，保障投资者的相关权益。

二是明确治理设施管理的法律地位。对"同时设计、同时施工、同时投产使用"要重新定义，尤其是一些中小企业并不需要自己建设治理设施，它们可以将污染物转移给治理能力较高的企业，这样就能集中处理污染物。同时，还要确定污水治理企业与污水排放企业的相关法律责任。此外，政府机关应该加快对有关环保法律规定的完善，以"谁污染、谁付费，谁治理、谁受益"为主要原则，企业可以自己治理企业所造成的污染，也可以将污染委托给治理能力和技术水平较高的治污企业来帮助治理。

三是转变政府职责，建立市场竞争机制。政府在流域水生态环境治理过程中执行的应是裁判员的职能：实施严格的行业监督管理，健全监督管理体系，建立并逐步完善公平的市场竞争机制，制定切实有效的有关环保方面的法律制度，进而提升政府、企业的投资效率。另由于存在经济的外部公共性，使得企业和个人重视程度不够，市场在流域水生态环境治理方面失灵。在这种情况下，要求政府通过宏观调控政策来调整因失灵产生的市场不足。但是政府在生态环境治理方面能否发挥积极功效的关键是以什么样的方式弥补。对于关系重大、涉及责任主体过多、不易判定责任主体、低投资回报甚至零回报、社会关注度低、社会资金吸引力不足的领域，政府必须承担主导投资责任。

四是加大对水生态环境治理设施的技术研发力度。政府部门应加大对治理设施技术的研发力度，获取新技术，进而提高产品质量和治理设施的技术水平，减少资金浪费，使得治理设施达到理想的效果。

五是探索、实行绩效补贴政策。即将污染治理的最终成果作为补贴的标准，以污染治理为例，改变补贴治理工程投融资或建设的传统模式，采取依据达标处理量开展补贴的创新思路。

7.6.3　构建税收补偿体系

考虑到污水处理行业具有典型的公益属性和自然垄断性，应进一步完善污水处理市场的价格形成机制和监管机制。出台相关的财税、补贴政策，保证环保治理效果与运营者获得合理收益，形成环境治理的良性循环。

生活和生产过程同样消耗着自然资源，每个消费者都应该承担起一定的治理污染的责任，并以缴纳税费的方式弥补环境损失。因此，我国应该考虑征收水生态环境治理和保护税。该税的征收不仅可以督促纳税人增强流域水生态环境保护意识，而且可以筹集治理和保护水生态环境的专项资金，从而达到缓解水资源不足带来的生活与生产压力，加强社会公众对水生态环境质量的监督和关注的目的。同时，治理流域水生态环境问题，政府不应仅仅局限于水污染处罚和收费本身，还应实施多种激励措施，积极鼓励和引导企业和个人提高环保意识，主动运用先进技术设备等手段来降低污染程度。国家还应该利用必要的税收政策促进环保技术的发展，对那些使用和生产防污设备、治污设备、节能设备，以及积极研究治污、防污技术的企业和个人实施一定的税收减免政策，从而达到鼓励其继续为流域水生态环境治理做出贡献的目的。

一是调整税收优惠适用范围，环境保护税中的税收优惠适用范围关系到税收优惠的调整对象，影响着税收优惠的实施效果。结合环境保护税中税收优惠的制度问题，充分考虑税收与环境保护的利益平衡，对税收优惠适用范围进行重新设定，以发挥税收优惠的正面功用。首先，对农业生产排放污染不宜全部采取免征环境保护税的税收优惠措施。应当设定触发税收优惠的条件，只有满足预设条件的农业生产才可以享受免征或减征环境保护税的税收优惠。例如农业生产的产品是国家急需的战略物资，或者农业生产过程排放污染物低于国家标准与地方标准，为农业生产适用免征或减征环境保护税规定而创设更为严格的条件。其次，对于流动污染源应当采取分类适用免税、减税、不减免的方式，进行环境保护税的税收征管。公共交通工具与私人交通工具相比更为环保，国家应当鼓励使用公共交通工具的出行方式。对于公共交通工具这一流动污染源，应当免征环境保护税。对于采取某些特定环境保护措施的流动污染源，比如油电混合动力的机动车，应当对其采取减征环境保护税的税收优惠措施。对于其他流动污染源应当正常征收环境保护税。最后，对于向污染处理场所排污以及污染处理场所排放处理过的污染物的税收优惠也需要进行调整。无论是向污染处理场所排污，还是污染处理场所自身的排污，都属于污染物的排放。从理论上讲，只要有污染物的排放，就应当予以征收环境保护税。将向污染处理场所排污的行为计入环境保护税的征税范围，既有利于污染物的预处理，也可以引导纳税人减少污染物排放当量。对于污染处理场所的排污，可以适当给予减征环境保护税的税收优惠，以扶持相关产业的发展。

二是加强税务部门与环保部门的协作，环境保护税的实施依赖于税务部门与生态环境主管部门的协作，为此《中华人民共和国环境保护税法》专门规定了环保部门在环境保护税运作机制中的作用与职责。环保部门负责对污染物的监测管理，这关系到环境保护税的计税依据与应纳税额，而税务部门也应当定期将环境保护税涉税信息交送至环保部门。此外，税务部门与环保部门还应当建立信息共享平台，以方便部门之间的协作。环境保护税的征收管理与环境保护行政执法应当大力提倡一体化建设，增加信息共享的深度与广度，以减少税收征管的成本。环境保护税的税收优惠的实施需要税务部门与环保部门协作，尤其是调整适用范围后的税收优惠制度的运用，更需要环保部门介入。比如农业生产排污是否符合国家标准与地方标准的界定，又比如向污染处理场所排污以及污染处理场所自身排污的污染当量的测量监控，税收优惠适用范围的限缩使得税务部门需要在专业环保部门的大力协助下，才能更好地完成税收优惠的实施与管理。

三是引入公众参与制度，公众参与制度是环境保护中的一项制度，是环境法基本原则的体现。通过在环境保护税中引入该项制度，可以提高纳税人的税收遵从度和环境保护意识，同时增加环境保护税的可接受性。环境保护税中税收优惠的实施应当充分公开披露，以保障公众的知情权，而知情权是公众参与的基本前提。此外，赋予公众对税收优惠一定的监督权，公众可以对税收优惠的实施进行适当监督，监督权的行使有利于税收优惠的公平公正，避免出现行政机关以及纳税人对税收优惠政策的滥用。《环境保护税法》的实施关系到每个公民的切身权益，公众参与具有形式的合法性以及实质的合理性，环境保护税中的税收优惠问题，仅仅通过立法机关以及行政机关加以自我修正还不够完善，从税收与环境保护的制度内涵和制度目的来看，公众参与制度的引入可以更好地完成税制改革与生态文明建设的使命。

7.6.4　保障流域水生态环境治理的投资

坚持用好专项政策。考虑到河湖防洪和水生态环境治理的属性，应当加大协调力度，积极争取用好用足利息优惠、还款期长的政策性贷款。

一是改善政府间的财政转移支付制度。我国现阶段的流域水生态环境治理资金应该采用以中央政府转移支出为主导、地方政府交错并存转移支出方式的转移支付制度。一方面，充分发挥中央政府对省级地方政府的宏观调控作用，积极引导省级地方政府改善省级以下地方政府的转移支付制度和财政体制，妥善处理流域内的生态环境系统补偿问题，积极推进流域内的水生态环境保护进程，从而促进流域经济系统的全面协调可持续发展；另一方面，加大中央政府在专项投资资金转移支付上的比例，从而产生以专项转移支付为主导、特殊性转移支付相互补和一般性转移支付相匹配的混合型转移支出格局。

二是加大流域水生态环境治理公共财政预算资金的投入。目前我国的公共财政体制仍处于有待完善阶段，政府力求优化财政收支结构和规范财政收支行为。流域水生态环境治理是典型的基础性和公共性行业，属于公共财政支撑的重点领域。因此，我国政府应增加各级地方财政对流域水环境治理的投资力度，尽快全面落实资金规划，保证治理工作依照规划实施，有效完成治理目标。地方政府可以在逐步提高财政投资的同时，继续加大用于流域水生态环境治理的国债资金的占比，通过发行长期国债来增加水生态环境治理建设的资金，并重点解决跨界的流域水生态环境治理问题，从流域水生态环境可持续发展角度统筹资金的使用。给予关系国家发展，与民生密切相关的第三方治理重点项目和发展潜力较强，综合信用较高的第三方治理企业以相应的特别贷款优惠，为第三方治理企业和流域水污染第三方治理事业提供融资便利，切实提高融资效率。

三是优化生态环境治理投资结构，提高环保技术。生态环境治理投资对区域间环境污染治理差异的影响是一个综合作用过程，仅仅依靠投入的增加并不能使有效产出获得同等幅度的增加，因此在缩小各区域生态环境污染治理投资效率差异的问题上优化投入结构是关键和长期的战略举措。对于技术或者纯技术效率的提高，应该投资那些能真正有效改善污染治理效果的技术项目，这些投资不能仅以政府为导向，还需要与企业自发相结合，以达到在社会范围内起示范作用的目的。为提高我国生态环境治理投资效率，要不断完善和提高我国生态环境保护领域的技术水平，重视对生态环境保护的实用技术和设备的研发、引进和培养相关的高级专业技术人才等。

四是建立健全生态环境治理投资的监督机制。在提高生态环境治理效率中，纯技术效率反映各省份生态环境治理能力（环境管理政策）和技术水平，对提升综合环境治理效率尤为重要。因此对环境治理的政策制度和监督机制要不断进行完善。首先，对于生态环境治理投资项目的监督主体、各相关人员的职责分工要明确。这就需要我们成立涵盖众多部门的监督协调小组，而且要对评估监督的各项指标进行科学设计，并制定出有关工作流程和制度。其次，要加强相关监管人员的培训。这些培训要涉及绩效预算知识、绩效分析方法以及对监督人员的作风培训等，作为监督人员，必须公正廉洁。最后，必须要加强对环保资金以及相关设施运行的监管。总的说来，要对生态环境治理投资的整个流程进行监督，力求使生态环境治理投资效率得以提升。

五是平衡经济发展与生态环境治理的关系。研究表明，反映经济发展的人均生产总值和对外开放程度以及工业产业的比重都对生态环境治理效率有消极效应，如何寻求发展经济和保护生态环境之间的平衡点对各级政府来说尤为重要。事实上，经济发展方式决定了两者之间的替代程度，所以各级政府必须放弃过去粗放的发展方式，积极促进产业结构升级，并对技术创新进行引导，注重经济发展质量，严格审查可能会造成污染生态环境的项目。

六是促进生态环境治理投资主体多元化、投资渠道和投资方式多样化。对于整个社会来说生态环境保护是一项正外部性特别强的投资，既拥有投资规模大、对社会的效益大的优点，又存在投资回报低、投资回收期较长等缺点。这些特点会使相应投资主体相对缺乏，投资渠道以及投资方式比较单一。因此要积极促进投资主体的多元化，不能仅仅依靠政府投资，多元化的投资主体还可以包括本国企业、社会公众和国外投资主体，例如，BOT 的公私合营模式是增加投资渠道的选择。

7.6.5　完善风险防范机制

一是健全相关法律法规，完善制度和政策体系。完善环境法律法规、制定科学合理的生态环境政策指导，严格规范环境市场运行。以日本为例，其拥有十分健全的环保法律法规体系，不但规范界定了公民、企业、社会团体及各政府部门的环境权力与环保职责，还明确了治理原则，同时，针对各种违法排污以及违规治污行为也制定了严格且规范的惩罚措施，为解决污染治理责任模糊以致治理低效提供了清晰的法律路径。因此，我国应强化政府责任，加快完善各项法律法规，加强政策指导与支持。深入研究，加快制定、推动出台相关法律法规、政策制度及其相应的实施细则，构建完善的制度与政策框架，配套推进财税、金融、物价、科技、信息、投资、人事、劳动各领域的改革，尽可能地集中相关力量，整合相关优势资源，营造积极和谐的制度环境。

二是完善监管体系，加强执法建设。建立健全政府-市场-社会全方位的、系统化的、专业化的治理监督管理机制，推行准入-运营-退出全程型监管模式。重视行业协会、专业社会组织等平台的培育，多途径为这些组织提供参与流域水污染治理的机会，充分发挥其监督及协调作用。充分保障各利益相关主体，尤其是公众有序参与治理监督管理工作的基本权利，各利益相关主体如若发现违法排污、违规治污、违规交易或者谎报信息等行为，均可依法向相关责任管理部门进行检举，尤其针对可能造成重大不良环境及社会影响的行为，可通过相关司法途径给予严厉处罚和矫正。与此同时，加强政府监管，定期检查与不定期检查相结合，现场检查与非现场检查相结合，提高检查频率，扩大检查范围，细化检查内容，加大惩罚力度，规范执法流程，提升执法水平。再者，明确监督管理职权划分，避免监管资源浪费，增进各相关管理部门的交流与合作，并建立监管信息系统，提升治理监管效率。

三是实施政府指导价，引导良性竞争。政府指导价即由市场主体根据政府拟定的基准价和浮动范围，结合生产成本和市场需求自主制定具体价格，灵活调整价格的一种双重定价方式。流域水污染治理中实行政府指导价是较为合适的选择。如若实行市场调节价，那么为了降低污染治理成本，排污者会尽可能地寻求价格低的第三方治理企业，而第三方治理企业为了获取市场份额也会尽量压低自己的价格，如此，很容易造成市场低价恶性竞争，导致治理效果不理想，甚至引发治理纠纷。而如若实行政府定价，当第三方治理企业能够获得相对稳定的收益时，便不会过多地关注技术和服务的创新，也不会继续投入大批资源和力量，如此，将会制约第三方治理市场的竞争，使得第三方治理市场丧失活力。实行政府指导价，通过给予第三方治理企业一定的定价权，扩大其自主空间，有利于激发其创新动力，引导第三方治理市场的良性竞争，实现流域水污染的有效治理。

四是建立信用体系，推进审批便利化。推行第三方治理评价制度，降低道德风险。首先，鼓励排污企业和第三方治理企业对治理合作开展相互评价，积极提出相关意见和建议。其次，充分利用行业协会等相关平台，建立健全第三方治理信用体系，构建第三方治理数据库，录入排污企业和第三方治理企业的资质信息、治理经验、信用记录等相关信息。同时，实行黑名单制度与推荐制度，在数据库或咨询平台中，对于存在违法排污、违规治污、违规合作、谎报信息等现象的排污企业或第三方治理企业予以突出和重点关注，而对综合信用良好的排污企业或第三方治理企业给予支持和推荐。此外，在第三方治理企业的准入、第三方治理融资、建设、经营及管理等领域，优化审批制度，简化审批程序，减少审批障碍，提升审批效率，增强第三方治理积极性，提高第三方治理效率。

五是健全环境责任保险制度，引入第三方支付。环境责任保险制度是各国通过社会化途径和市场化手段解决流域水污染第三方治理风险的重要方式之一。德国的《环境责任法》以清单形式确定了涉及保管、运输、废物处理在内的 10 大类 96 种高环境风险设备的类型，规定相关的设施运营主体必须提交财务担保或者购买环境污染责任险。而美国的环境保险业中还有一类特别为环保评估、分析、监测相关公司及其业务服务的险种。为推动流域水污染第三方治理健康发展，一方面，国内应鼓励支持开发环境责任保险，优化财税激励制度，培育专业评估机构，完善相关技术规范，规范保险合同与保费制定。另一方面，积极引导排污企业或第三方治理企业主动购买该保险。效仿淘宝交易支付形式，引入污染治理第三方支付，即第三方治理的报酬不直接进入第三方治理企业的账户，而是暂时存在第三方支付中介机构的账户中，待确认第三方治理企业如约完成治理目标，再由第三方支付中介机构将相关报酬转给第三方治理企业。第三方支付的引入，可有效地避免因报酬支付带来的合同风险，减少排污者赖账、第三方治理企业获得报酬后不积极治理等现象的发生。

7.6.6　推行排污权交易制度

在解决生态环境污染的外部性问题上，排污权交易制度具有 4 个优点：一是从治理成本角度看，排污权交易制度可以实现治理成本最小化。排污权交易制度的实施，能够通过市场力量，在满足污染控制的总目标下，使得社会总治理成本趋于最小。二是从管理成本角度看，排污权交易制度能节约大量生态环境管理成本。三是从生产和治理的技术水平角度看，排污权交易制度可以提高社会生产和治理的技术水平。四是从生态环境和经济发展的角度看，排污权交易制度可以加快生态环境质量的改善，促进经济发展。实施排污权交易制度，可以使企业更好地兼顾经济与生态环境效益，而政府也可以通过市场调控，促进生态环境质量改善，从而促进社会的和谐发展。

一是完善排污权政策与法律法规保障。排污权是排污权交易制度的核心，也是排污权交易市场的交易对象。要建立起排污权交易法律制度和排污权交易市场，单位和个人合理利用环境容量的排污权应该得到法律的确认和保护，因此应从《中华人民共和国物权法》《中华人民共和国环境保护法》等国家层面法律上确认排污权，逐步建立中国的排污权交易法律体系。通过法律体系的建立，厘清排污权与环保管理中的其他管理手段的关系，承认其"特殊物权"性质，从而强化其拍卖、租赁、抵押等流通可塑性。排污权交易作为一种生态环境经济管理手段，只有在被纳入法律规范的前提下，才能更好地发挥作用。

二是开展分类分行业排污权核定分配。初始排污权的核定量不得超过国家和区域总量分配指标的上限，并且各级政府要适当预留一定的初始排污权指标。核定方法要"合身"，要充分考虑不同行业、不同生产规模等因素，保证核定方法的相对合理性和公平性。综合考虑当地的实际情况，应开展印染、制革、电镀、化工、造纸、合成革等重污染行业和金属酸洗等其他特色行业的分行业核定。开展排污权交易价格形成机制研究，将排污权内在价值的形成，准确反映到资源稀缺程度、地区经济发展水平、污染治理成本、政府宏观调节等综合理论因素上来。

三是构建新型排污权-排污许可证制度。排污权是排污许可证制度的核心内容和微观细化，也是区域排污总量控制的落脚点（夏青等，1990）。总量控制制度是环境管理制度中的一项重要制度，它以生态环境质量目标为基本依据，对区域内各污染源的污染物排放总量实施控制，有利于实现生态环境资源的合理配置。从生态环境管理制度的关系来看，审批制度、环境监察制度等为总量控制制度提供了保障。排污许可证制度是总量控制制度的核心，通过排污许可证将数量定格在许可证登载的范围内，它是宏观管理的重要手段，也是政府的"执法依据"、企业的"守法文书"、群众的"监督平台"，环评制度、环境标准制度等为排污许可证的登载提供了依据。应将排污许可证与总量目标管理、初始排污权核定、排污权竞拍与交易等相结合，提高其审查监管力度，将其打造成排污权一站式管理的"身份证"。建议排污权以排污许可证的形式予以确认，排污权指标类型和数量要与核定的许可排放量一致。

四是研究排污权有偿使用与交易机制。逐步构建信息平台激活二级交易市场体系。构建统一的网络信息平台，及时收集并公布排污权分配情况、需求量、供给量等排污权交易市场信息，提高交易成功率。排污权只有 5 年有限期限减弱其作为"特许物权"的商品属性，不仅造成了与排污费或以后的环境税之间容易混淆概念的问题，也降低了排污权流通过程中的物权性质，不利于其市场化，建议适当延长排污权有限期限，以体现其作为产权的属性，同时可以减少企业之间排污权交易中为匹配指标有效期限所浪费的边际成本。同时按照生态环境质量保护要求，结合已实施的污染减排和总量准入政策，探索多种符合可持续发展的排污权指标调节政策，有效促进排污权指标在区域间的流动。

五是探索排污权核证方法和处罚依据。根据排污企业特点，将排污企业划分为重点污染源企业和中小企业两种类型，分别进行排污权总量核查核定。重点排污企业继续提升在线监测以及刷卡排污系统的有效运行，与质监部门联合对自动监测设备进行强制检定工作，确保污染源在线监测计量器具量值准确可靠、监测数据真实可信，为排污超量行政处罚提供执法依据。综合在线监测数据、刷卡排污系统、污染源监督监测数据、流量数据并结合环境监察等部门掌握的企业生产、污染物处理设施的运行等收集情况，设置不同来源数据的权重，核定本行政区域内排污企业的实际排污量。对于无法安装自动监测设备且不具备监测条件的中小企业，考虑采取多种不同措施相互校核的核查核定新方法和措施的应用，如用水用电刷卡、排污申报制度、补贴按照自动监控设备等。结合新《环保法》的相关规定，提出排污权指标超总量排放执法的依据和操作规定，一是实施按日处罚超标超量排污收费制度，对超过排放标准的排污单位，按照超标天数对排污单位进行累计处罚；二是要求违法排污企业限期整改，整改效果不佳或不执行整改的，要求其停止生产；三是对排放污染物导致严重社会后果的企业，可以对企业相关责任人提请刑事诉讼；四是对所有参与有偿使用政策的企业开展环境信用评级，评级结果提供给银行以决定信贷的额度；五是推动企业环境信息公开，发挥广泛的社会力量共同参与到污染源监管中的作用。

7.6.7　推动环境污染责任保险制度

进一步推动商业生态环境污染强制责任险在流域的试点。合理利用保险金融产品的特性，提高生态环境治理中各类资金的利用效率；放大生态环境风险管理资金的保障功能，通过市场经济手段进一步配合环境监管对污染企业的行为进行约束；在商业生态环境污染强制责任险的试点工作中，明确损害赔偿的相关细则，以此为生态环境补偿和赔偿提供基础；通过保险提供的生态环境风险灾害融资渠道，缩小有限社会资源导致的风险敞口。

利用商业保险机构，在流域提供基于生态环境污染强制责任险的风险隐患排查和生态环境风险管控服务。商业保险公司切实存在相关经济利益，因此其对投保污染企业潜在的风险隐患以及生产经营中的生态环境管理会十分重视。无论是投保前对现有风险的全面评估，或者是承保过程中为投保企业提供的隐患排查服务都将进一步提高企业的环境风险管理水平。通过市场和政府的双重监管渠道，从保前评估到保中服务建立起全过程管理的生态环境风险防范体系。

加强流域生态环境风险防范体系多层次的建设。可以打造三个层级、两个方面的立体体系。三个层级指的是风险个体的自我防范、依托金融保险业的商业管控，以及政府统筹的巨灾应急。两个方面是指应对风险的财务准备和科学化的生态环境风险管控机制。具体而言，风险个体的自我防范主要体现在，一方面企业自身需要加强对生态环境保护的认识和投入，另一方面对于小型及一般突发应急的生态环境事件需要有预留的财务准备。行业市场的商业管控一方面体现在商业保险公司提供全过程的风险管控服务，另一方面它们可以为中型及较大的环境事件提供财务支持。政府统筹的巨灾应急则在一方面需要完善针对政府所辖特定区域的整体风险管控体系，另一方面为大型及特别重大的生态环境巨灾预置财务资金。

一是完善法律法规，建议出台环责险条例，提高环责险的法律地位，明确强制环责险的投保范围和惩罚措施等，强制企业投保环责险，为企业环责险的实施提供法律法规保障。此外，出台生态环境损害赔偿法，完善生态环境污染损害赔偿法律法规体系，倒逼企业主动购买环责险。

二是信用共享、联合惩戒，加强环保、银行、保险公司等部门的信息共享，依靠已成熟的生态环境管理制度，将绿色保险与环境信用评价、绿色信贷以及企业排污许可、总量控制等制度有效衔接，发挥环境管理协同效应。将企业投保环责险情况与企业信贷资质、信用评定等联系起来。银行授信时，将企业是否投保环责险作为实施差别化信贷政策的重要依据，对投保企业给予优先放贷等优惠政策。对应投保环责险而未投保的企业，采取行政、信贷等方面的联动惩戒。如江苏省生态环境厅与省信用办、工商、银保监、财政、科技、税务、银行业金融机构等都建立了信用信息共享机制，实行联动激励惩戒，环责险发展势头较好。

三是建立环责险共保体，适应共保体模式的风险类型及特征为"风险和损失属于低频、高损，缺乏大数据支持，救灾需要大量人力物力财力的投入，灾害损失对国家战略和社会安定有重大影响，具有典型的公共性特征，有较高的技术需求等"。当前企业环责险在很大程度上符合以上特征，特别是重大突发环境事件，其发生的概率低，后果严重，应急处置专业性强，事件造成的损失数据缺乏。发展环责险共保体，将单个保险公司难以承担的风险，通过开展多保险公司合作来化解。例如，1989 年，法国保险业组建了环境责任再保险共保体（ASSURPOL），由 50 家保险公司和 15 家再保险公司组成，承保能力高达 3270 万美元，在抑制污染和保护生态环境方面发挥了重要作用。2011 年 7 月，无锡市生态环境部门通过公开招标的方式，确定了 5 家保险公司成立无锡市环责险共保体。以共保体的形式开展多保险公司的合作，明显提高了承保能力。

四是建立专业环责险机构，环责险专业性强，投保前的风险评估、费率厘定，保期内定期的隐患排查，事件发生后理赔的损害鉴定等过程，均是承保环责险过程中的重要工作，需要由专业从事生态环境风险和损害鉴定的人员提供支持。因此，建议设立专业环责险机构，增强保险机构技术能力，为企业提供定制型保单。如美国于 1988 年成立了专门承保环境污染风险的保险集团——环境保护保险公司，该公司由政府出资设立，属于政策性的投保机构，在运营中不以营利为目的，兼具公益性。

五是创新保险产品，保险机构应开发更符合企业需求的保险产品，消除企业"投保容易理赔难"的担忧。例如，苏州市开发的环责险"自然灾害条款""地下储罐条款""精神损害赔偿条款"广受企业好评。衢州市将安全生产和环境污染保障合二为一，开发出安环险，包含了安全生产事故、环境污染和危险品运输三大保险责任，受到企业的欢迎。此外，建议拓宽承保范围，开发累积型环责险产品或条款。在美国、德国、法国等环责险发展较好的国家，累积型环责险均在承保范围。

六是完善生态环境风险评估方法，完善分行业的企业突发环境事件风险评估方法，特别是针对《企业突发环境事件风险分级方法》不适用的行业，以及针对石化、化工、医药等重点行业，提出细化的企业环境风险评估方法。开展生态环境风险评估方法的细化研究，如将企业生态环境风险指数化，打破原有的风险简单分级形式，突出不同企业之间和企业在不同时期的环境风险差异，为环责险费率的厘定提供更精细化的依据。开展累积型环境风险评估方法研究，为累积型（渐进式）环责险提供方法支持。

七是探索区域环责险，除了多措并举促进企业环责险的发展外，还可以尝试探索以区域为单位投保环境责任保险，即一个区域的政府和企业共同出资购买保险，对整个区域的环境污染事件进行投保。以区域为单位投保环责险，未投保的企业发生环境污染事故、无法找到责任人的生态环境污染事故、交通事故造成的生态环境污染事件等，只要在区域内发生的生态环境污染事故，都可由区域环责险承保。

7.6.8　试行洪水保险制度

多年以来，我国主要是运用工程体系、行政体系来防洪减灾，抵御洪水，降低灾害损失。但随着经济社会的快速发展，防御洪水的成本日益提高，同时洪水造成的灾害和损失也不断加重，因此在既有的防洪保安体系下，应当按照市场经济体制的要求，积极探索以经济手段进行防洪减灾和救灾救济。美国等国家实行的洪水保险制度，就是运用经济保险的方式来实现防洪保安的目的。我国自然条件和经济社会环境与美国不同。美国经济社会发达，保险体系完善，同时地广人稀，自然资源丰富；我国是发展中国家，经济社会发展不平衡，保险体系尚不完善，全面实行洪水保险制度存在较大的难度。但在我国经济较发达地区，如太湖流域，人口稠密、城市集中，对于防洪保安的要求很高，可以探索试行洪水保制度，在发挥工程措施、行政措施作用的同时，更多地运用经济手段进行防洪减灾，以进一步完善防洪保安体系，保障流域经济社会的可持续发展。

一是洪水保险采取政府主导，商业化运作模式政府主导，即由政府制定统一的洪水保险政策，成立专门的洪水保险管理机构，负责全国洪水保险计划的制定及实施，监督管理和运作洪水保险基金。对于属于商业性质的洪水保险完全由商业保险公司承担。洪水保险要根据保险产品公益性程度的大小，保费分别由政府财政支出、财政和居民按比例分摊、完全由居民和企业支出等几种情形。既不能无限扩大政府财政的责任，也不能使洪水保险中存在政府缺位。商业化运作，即洪水保险不需要设立新的保险公司，利用现有保险公司体系，按照统一条款和有区别的费率由保险公司直接签发洪水保单，并在承保限额内承担赔偿责任。

二是采取强制保险与市场保险相结合的方式，采取强制投保来源于洪水保险的准公共产品属性。准公共属性是指对于洪水造成的大面积灾害损失，政府有责任、有义务对灾民进行补偿救济。鉴于我国多数居民家庭缺少风险与保险意识，我国的国家洪水保险应定性为具有间接强制性的保险或称为弹性强制保险，采取国家补贴与居民缴费相结合方式，明确规定不购买国家洪水保险居民家庭及市场主体不能获得与洪水灾害所造成财产损失相关的救济或补助。

三是洪水保险采取长期保单与短期保单相结合的方式，国际经验表明，洪水保险是转移洪水风险的最佳方式。洪水保险的开展，最大的问题就是如何提高保单覆盖面或者说提高人们的参保率。长期保单可以解决保险公司短期行为以及居民投保意愿低的问题。从多年洪水发生的概率看洪水发生具有相对的稳定性，但是明确到某一年洪水发生的概率具有非常大的偶然性，可能一年都没有发生洪水，可能一年发生几次，对一年不发生洪水的洪水保险业务开展公司，保费基本全部转变利润，对一年发生几次洪水的保险公司可能难以赔付；对于居民，较长的保期洪水肯定发生，投保意愿就会上升。既然洪水保险费率的计算按较长时间洪水发生的概率来测算，那么洪水保单年限就可以采取较长年限，特别是国家强制保险部分。纯商业洪水保险部分可以采取现有一年等短期保险方式。

四是成立洪水保险基金、建立风险分层分担机制，洪水保险的风险分担机制应分为几层：其一是洪水保险的保费不能仅靠政府或个人出资，要政府、居民、企业等主体按比例分摊，形成责任共担、损失共担；其二是洪水风险不可以由单一的保险公司或区域公司承担，需要各保险公司成立保险联合体，按市场规模大小分担保费和承担理赔；其三是风险不仅由保险公司承担，还要将风险向再保险公司转移，就可以从特定的区域内向区域外、行业外转嫁；其四是洪水风险不仅在一定区域内承担，还需要在跨地域范围分摊风险，需要成立全国洪水保险基金，对不同地域的风险进行分摊；其五是风险需要在全国范围内进行分摊，需要国家财政对剩余风险进行承担。

第8章 流域水生态环境保护政策措施与市场模式的未来发展路径

改革开放 40 多年来，在党的领导下，生态环境管理思路发生了由政府的单一行政管控，到以命令控制为主、市场化法治手段为辅，再到命令控制与市场化手段并重的变化。环保工作经历了生态环境保护滞后于经济发展转变为生态环境保护和经济发展同步，再进化为经济社会发展与生态环境保护相协调；由重经济增长轻生态环境保护转变为保护生态环境与经济增长并重，再进化为以生态环境质量改善为核心；由单纯通过行政手段解决生态环境问题转变为综合运用法律、经济、技术和必要的行政手段解决生态环境问题，再进化为注重运用市场化的激励与约束手段，对生态环境风险防控进行综合考量。这三个转变是方向性、战略性、历史性的转变，标志着中国环保工作进入了以生态环境质量的改善为主，生态环境保护优先的新阶段（韦贵红等，2016）。

8.1 强化系统思维，加强对生态环境治理的统筹谋划

做好生态环境治理工作的关键就在于充分认识生态环境在经济社会发展中的基础性作用，深刻把握治理生态环境工作的客观规律。习近平总书记指出，环境治理是一个系统工程，要坚持标本兼治和专项治理并重、常态治理和应急减排协调、本地治污和区域协调相互促进，多策并举，多地联动，全社会共同行动。2016年 1 月 5 日，习近平总书记在推动长江经济带发展座谈会上指出的"共抓大保护，不搞大开发"就充分体现了系统思维。这些论述是我们开展生态环境治理工作的重要遵循。生态环境治理中的系统思维，就是要从人民群众的根本利益出发，尊重自然，顺应自然，保护自然，自觉把生产生活行为控制在自然承受的范围之内，算好大账和综合账，用整体观、全局观来协调推进生态文明建设。

8.1.1 系统治理生态环境理念

在人与自然这个生命共同体中，人的命脉在田，田的命脉在水，水的命脉在山，山的命脉在土，土的命脉在树，各个要素相互制约、相互影响。我们必须遵循生态系统的内在规律，坚持节约优先、保护优先、自然恢复为主的方针，给自然留下休养生息的空间。要划定生态红线，把良好的生态系统尽可能保护起来。

要保护和恢复湿地，保护天然林，严格保护耕地，健全耕地、草原、森林、河流、湖泊休养生息制度。还应看到，人-社会-自然是一个复合生态系统，自然生态与社会生态密切相关。自然生态问题的解决，有赖于经济增长方式和人们生活、消费模式的改变。要正确处理经济发展与生态环境保护的关系，牢固树立保护生态环境就是保护生产力、改善生态环境就是发展生产力的理念，坚持走绿色发展、循环发展、低碳发展之路，倡导适度消费、绿色消费、简朴生活，倡导健康文明的生活方式，从而实现人与自然和谐发展。

8.1.2　深入推进新时代生态环境管理体制改革

我国生态环境管理体制改革不会一蹴而就，也不可能一劳永逸，需要进一步围绕转变职能、提高效能、强化机制创新和能力建设，全面深化改革。

一是进一步理顺政府部门间的职责关系。在生态环境保护领域，要抓紧研究生态环境保护监管的内涵、途径和方式，进一步强化统一监管，为生态环境部履行生态环境保护监管职责、明确分工奠定基础；在应对气候变化方面，建议强化国家应对气候变化领导小组的顶层设计，完善统筹协调机制，按照绿色低碳发展长期目标和规划要求，明确各部门的分工与合作，发挥好协同效应；在自然保护地方面，进一步明确国家公园的法律定位和标准，依法依规构建以国家公园为主体的自然保护地体系，在不断完善生态系统服务功能的基础上协调好保护与发展的关系，避免盲目地"先画圈、再保护"的现象及可能产生的"后遗症"，发挥好对保护工作的监管作用，协调好有关部门的分工，理顺相互关系；在解决流域性、区域性资源环境问题方面，要构建符合现阶段特点和治理要求的体制机制，尊重自然规律、科学规律和各利益相关方诉求，在保护优先的前提下处理好区域、流域内资源配置、合理利用与冲突解决。以起草长江保护法为契机，构建流域保护与可持续发展的法律法规体系，考虑到中央已明确部署的河长制、按流域设置环境监管和行政执法机构等相关改革任务，为加强流域统筹，建议由生态环境部门会同有关部门负责构建包括河长制在内的现代流域综合管理体系，实现流域、区域治理体系与治理能力的现代化的组织实施工作。在上述工作基础上，对决策、执行、监督监管等事项进行一定程度分离，分清主次责任，同时还要加快研究界定和划分生态环境领域的央地事权财权，构建事权与财力相匹配的央地权责体系，完善"保护优先"的财政转移支付、政府购买服务和生态补偿等相关制度。

二是加快推进部门内相关职能的整合转变。机构改革与职能转变是管理体制改革的一体两面，前者是载体，后者是主要目的。应进一步推动制度整合和职能转变，以不断改善生态环境质量为目标，整合排放许可证、生态环境影响评价、总量控制、污染排放标准、生态环境税等制度，进一步明确其相互关系，突出排放许可证的核心制度定位（卫小平，2019）；科学合理有序地建立防治常规污染与应对气候变化的协同机制，重视转隶后地方应对气候变化工作的职责巩固与能力提高；应加快构建以国家公园为主体的自然保护地体系，以维护生态系统的完整性和原真性为目标，推进国家公园体制改革，明确保护对象并处理好与当地居民以及土地权属关系，除了关注国家公园的设立、审批等项工作，要全方位考虑生态系统的整体性保护与各类生态产品服务功能的提高。

三是强化机制建设和创新，实现生态文明建设职能的有机统一，增强体制运行效能。生态环境大部门制只能解决环境内部各个要素的协调，而无法处理环境与自然资源管理、经济发展之间的关系。国外的许多实践证明，高规格协调机构对生态环境保护有着不可估量的重要作用。在当前经济发展面临多重挑战、污染防治攻坚战形势严峻、生态系统保护实施综合治理的情况下，有关部门在制定政策措施时需要避免仅从自身职能出发制定影响全局的政策措施。应在体制创新的基础上，推动机制创新，通过强化利益相关方参与，构建高效的协调议事机制、统筹决策机制，并做出程序性规定，提高体制改革的成果与效率。一方面，建立健全生态文明建设的协调议事机制和程序，集中领导保护、发展、安全等方面的协调工作，就跨部门、跨领域改革任务做好顶层设计和督察实施，制定中国绿色转型的战略及其路线图、时间表和优先序。另一方面，推动完善生态环境保护科学决策和民主决策。完善决策机制，在重大行政决策前做好部门协调、专家咨询和公众参与等工作，形成有法律法规明确规定的可操作性规则。强化信息披露和责任追究，建立重大决策及不良后果的终身责任追究制度。

四是全面加强自然资源和生态环境部门的能力建设。针对存在的能力不足问题，应在生态文明建设重要程度日益提高的情况下，全面加强自然资源和生态环境部门的能力建设，特别是加强对地方政府部门的指导及其能力提高，以完成日益繁重的管理任务。作为生态环境执法的主体，各级生态环境与自然资源部门必须自律，加强对执法人员的教育管理。增强各类非政府环保组织参与资源与生态环境管理的能力。

8.1.3　推进生态环境保护工作的统筹谋划综合治理

生态环境是包括山水林田湖草的生命共同体，生态环境问题形式多样，原因复杂，涉及多个领域的利益调整和管理主体，多头治理、不相统属易导致"九龙治水"、各行其是的局面。要进一步完善生态环境治理工作体制，建立多部门、多领域统一协调机构，构建包括信息共享、联席会商、生态补偿、项目联报及跨区域环境事故协商处置等内容在内的协调联动机制，整合分散在各部门、各领域的相关环境监管、治理、执法力量，健全统一监管、分工负责的管理体系，不断提升生态环境治理的综合水平。

同时，进一步创新干部考核制度，对生态脆弱和重点保护地区探索取消经济考核指标，实行自然资源资产离任审计和生态损害责任终身追究制，加快建立更加注重发展方式转变、资源节约利用、生态环境保护的政绩评价体系，使之成为推进生态文明建设的重要导向和约束。特别要防止一味以生产总值排名比高低、论英雄，全面认识持续健康发展和生产总值增长的关系，把保护生态、改善环境作为加快经济社会发展的基本前提，用最小的资源环境代价支撑更高水平的发展。

8.2　强化法治思维，运用法治方式治理生态环境

法治思维是将法律作为判断是非和处理事务的准绳，将其要求运用于认识、分析、处理问题的思维方式，是一种以法律规范为基准的逻辑化的理性思考方式。生态环境治理的法治化既是依法治国的必然要求，也是加强生态文明建设的必由之路。运用法治思维和法治方式推进生态环境治理，是我们实现治理成本降低和可持续化的关键所在。随着《环境保护法》的修订，"大气十条""水十条""土壤十条"的实施，我国的生态环境法律体系正在加速完善，也为我们运用法律手段推进生态环境治理打下了坚实的基础。

8.2.1　提升生态环境立法质量，发挥立法的引领和推动作用

法律是治国之重器，良法是善治之前提。在当前的立法实践中，无论是立法动议、方案起草均由负责具体管理工作的各级行政部门主导。这种"部门立法"模式一方面有利于发挥行政管理部门的专业性，提高立法针对性，但是由于立法主体单一、社会参与面较窄、各方利益诉求表达不充分，在生态环境治理的相关立法领域，出现了职权不清、权责分离，"重行政，轻民事"的问题，影响了立法质量和法律法规对于生态环境治理工作的规范和引导作用。进一步提高生态环境立法质量的关键就是要按照党的十八届四中全会关于"深入推进科学立法、民主立法"的要求，明确各级人大的立法主导地位，完善各级人大立法项目征集和论证制度，在立法动议、征求建议、起草内容的各个环节，创新方法、拓宽渠道，充分吸收行政部门、社会组织、企业事业单位、学术团体甚至是公民个人有序参与。

8.2.2　加大对生态环境违法行为的处罚力度

法律的生命力在于实施，法律的权威也在于实施。在实践中，生态环境治理工作中的一个突出问题就是"守法成本高、违法成本低"，导致生态环境违法行为的成本收益倒置，法律法规的威慑力不足。进一步做好生态环境治理工作，必须加大对生态环境违法行为的处罚力度。既要提高生态环境违法行为的处罚标准，实行计日罚款和累计处罚，真正使违法经济成本高于违法收益，又要明确将生态损害纳入环境污染损害的赔偿范围，建立生态损害鉴定和赔付补偿机制，增加违

法者的民事责任。同时，对于造成重大生态环境损害后果的，还要严格追究违法者的刑事责任。

8.2.3　推动生态环境治理领域的司法创新

完善有效的司法救济是化解社会纠纷、维护各方合法权益的重要保障，也是生态环境治理法治化的显著标志。要进一步优化司法职权配置，一是探索设立以流域、地域等生态系统或以生态功能区为单位的跨行政区划环境资源保护的专门审判机构，实行对生态环境案件的集中管辖。二是探索建立环境审判协调联动机制，推动建立审判机关、检察机关、公安机关和生态环境保护行政执法机关之间的执法协调机制，推动环保案件刑事、民事、行政"三审合一"，形成专门、便捷、高效的生态环境案件诉讼体制机制。三是进一步完善生态环境公益诉讼制度，在生态环境治理领域适度降低公益诉讼原告主体资格门槛，赋予有关单位、公民个人或社会团体生态环境公益诉讼的权利。

8.3　强化市场思维，充分发挥市场在资源配置中的决定性作用

当前，需要进一步发挥市场在资源配置中的作用，逐步形成社会治理体制机制，并与政府部门形成相互配合、相互监督的"协同治理"的格局，使政府的自然资源保护统一管理和生态环境保护的独立监管真正发挥效能。

8.3.1　充分认识自然生态环境资源的稀缺性和商品价值属性

自然生态环境资源作为人类生产和生活资料的主要来源，是经济社会发展的物质基础。在一定历史条件下，自然生态环境资源并非"取之不尽、用之不竭"，相对无限地满足人类需求，可利用的自然生态环境资源是有限的，甚至是稀缺的。有限的自然生态环境资源在满足人们生产和消费需求的同时，进入市场交换领域，从而具备了商品价值属性。同时，人们为了获得清新的空气、洁净的水源、清洁的土壤和宜人的气候等良好的生态产品，在保护修复生态环境的过程中同样耗费了一定的生产要素，需要以价格来衡量。

8.3.2　健全生态环境保护的市场体系

生态环境治理是一个持续的过程，不能仅依靠行政手段，而是要更多地依靠好的生态环境经济政策。促进生态环境政策与经济政策、发展政策深度融合，发挥制度优势和后发优势，加速生态环境治理进程。加快自然资源及其产品价格改革、资源环境税费改革，提高污染物排放收费标准，改变资源环境价格过低、消费过度问题，实现生态环境成本内部化。

一是坚持体制机制创新，更好发挥有效市场和有为政府的作用。要建立具有商业可持续性的绿色金融资源配置机制，必须解决外部性的问题。试验区建设应当围绕这个核心问题，大胆开展体制机制创新。积极探索把银行绿色信贷表现作为重要指标纳入宏观审慎评估、银行业金融机构综合评价、央行评级、财政性存款招投标；探索将绿色信贷资产优先作为再贷款的合格质押品；探索开展绿色信贷资产证券化试点等，引导金融机构和投资主体将更多的资源配置到绿色产业及相关领域。还要深化绿色信用信息平台建设，建立部门间的信息共享机制，探索构建规则统一、更加完善的生态环境权益交易市场，使绿色金融产品和服务更加具有市场吸引力。同时，加强与各级政府和相关部门的协调，强化产业、财税、金融等政策的协同配合，发挥政策的协同效应、集成创新效应，为绿色金融改革试点创造良好的政策环境。

二是进一步健全生态环境保护的市场体系，激发企业活力。创建生态环境资源市场，实施有偿使用和排污交易，建立生态环境资源产权。推进生态环境污染责任保险试点，完善绿色信贷、绿色贸易等政策。建立环保基金，推进环保产业发展。完善生态环境标准体系，加快制订一批符合国情、具有引领作用的污染物排放、生态环境质量等标准，实施排污强度"领跑者"标准。把握绿色金融的方向，总结环保相关 PPP 项目和生态环境保险试点的经验教训，有序推进绿色和气候投融资的改革发展进程；采取有效措施，降低当前因内外部政策变化所造成的一些环保、新能源和电子废弃物处置企业的财务风险，促进环保产业的可持续发展。

三是完善社会组织与公众参与生态环境保护决策和监督的机制。进一步完善生态环境保护信息的公开制度，建立政府与社会各界的沟通协商机制，构建公众有序参与生态环境规划制定、行政许可、管理监督等各环节的制度和程序，进行充分协商，尤其是发挥居委会、街道办事处等基层组织与公众沟通的作用。完善生态环境保护的公益诉讼制度，完善社团登记和管理制度，培育和扶持各种基层生态环境保护社区组织和民间组织。

8.3.3　建立和完善生态环境资源的补偿机制

党的十八届三中全会提出，"建设生态文明，必须建立系统完整的生态文明制度体系，用制度保护生态环境"，其中的关键就是建立和完善生态环境资源的价格机制和补偿机制。

坚持先易后难，在具备重要饮用水功能及生态服务价值、受益主体明确、上下游补偿意愿强烈的跨省流域积极推动上下游横向生态保护补偿机制试点，不断探索在其他生态环境要素开展补偿的可行性及实现路径，不断增强横向生态环境保护补偿机制的政策效能，包括开展补偿基准、补偿方式、补偿标准、联防共治机制等的研究。加快形成"成本共担、效益共享、合作共治"的流域保护和治理长效机制，使得保护自然资源、提供良好生态产品的地区得到合理补偿，促进流域生态环境质量不断改善。

建立基于水质目标的水资源承载力评估核算制度。2017 年我国发布的《关于建立资源环境承载能力监测预警长效机制的若干意见》，将资源承载力分为超载、临界超载、不超载 3 个等级，对于不超载等级，要求"研究建立生态保护补偿机制和发展全补偿制度"。建议将各省份饮用水安全核心功能作为基础进行水资源安全承载力能力评估。一是分析评估各地饮用水取水口水质情况［包括地表水环境质量标准（GB 3838—2002）中涉及饮用水的所有指标］，确定该流域或河段水质达标所需控制的污染总量。二是在总量确定的情况下，分步研究补偿资金核定方法。

长三角地区作为流域下游省市，饮用水安全保障的需求十分迫切，而且目前已经建立的长三角污染治理合作平台运行良好，基本可以承担区域污染联防联控制度建设和共同监督推进的合作功能。建议生态环境部门牵头，以长三角污染防治协作机制平台为基础，探索开展基于水源地安全的跨界生态补偿试点。以上海为例，根据黄浦江上游流域水生态承载力估算情况，探索研究上海与江苏、浙江之间构建跨界生态补偿制度。从跨界生态补偿制度的补偿原则、主体、对象、标准、方式、监督机制和争端解决机制等方面入手进行设计。在补偿标准方面，研究建议采用上述长三角水资源生态环境标准进行确定，对目前水源地面临的安全风险和上游产业发展矛盾进行充分梳理分析，突出基于水质目标和重点污染控制因子的分类，分区域确定补偿标准。在补偿方式方面，建议在传统的政府转移支付的基础上，尽可能采用横向市场化的补偿方式以利于培养多元化跨界生态补偿主体。

建立长江经济带省际生态环境保护联席保障制度。加快形成利益共享、责任共担的激励机制和约束机制。一是要建立跨界生态补偿会商协商机制，负责解决跨界生态补偿机制设计中存在的问题，协商其他跨界环境污染协作治理机制（如污染赔偿机制、第三方治理机制等）构建等；二是建立跨界水质目标绩效考核机制，加快推进长江经济带跨界生态补偿机制的实施，不断完善长江经济带跨界生态补偿制度体系；三是在科学评估长江经济带生态系统服务价值的基础上，发展多元化生态补偿方式，完善政策规制。

参 考 文 献

安继民, 高秀昌. 2008. 庄子[M]. 郑州: 中州古籍出版社: 214-217.

步雪琳. 2007-12-28. 环境法制建设取得新突破[N]. 中国环境报, 3.

蔡守秋. 2002. 欧盟环境政策法律研究[M]. 武汉: 武汉大学出版社: 67-70.

曹彩虹. 2017. 美国环境保护的社会机制及启示[J]. 环境保护与循环经济, 37(10): 9-12.

常纪文. 2009. 三十年中国环境法治的理论与实践[J]. 中国地质大学学报(社会科学版), 9(5): 28-35, 42.

常纪文. 2015. 党政同责、一岗双责、失职追责: 环境保护的重大体制、制度和机制创新——《党政领导干部生态环境损害责任追究办法(试行)》之解读[J]. 环境保护, 43(21): 12-16.

陈健鹏. 2018-12-10. 我国环境治理 40 年回顾与展望[N]. 中国经济时报.

程声通, 钱益春, 张红举. 2013. 太湖总磷、总氮宏观水环境容量的估算与应用[J]. 环境科学学报, 33(10): 2848-2855.

邓启铜, 刘波, 王川. 2015. 周礼[M]. 南京: 东南大学出版社: 81.

刁欣恬. 2019. 太湖流域整体性治理问题研究[D]. 南京: 南京大学.

丁磊, 杨凯. 2014. 荷兰艾瑟尔湖综合治理对太湖治理的启示[J]. 水资源保护, 30(6): 87-93.

杜江, 罗珺. 2013. 我国农业环境污染的现状和成因及治理对策[J]. 农业现代化研究, 34(1): 90-94.

杜鹰. 2007. 加强"三湖"流域水环境综合治理[J]. 中国经贸导刊, 15: 4-5.

范晔. 2015. 后汉书[M]. 北京: 中华书局: 2323.

封凯栋, 吴淑, 张国林. 2013. 我国流域排污权交易制度的理论与实践: 基于国际比较的视角[J]. 经济社会体制比较, 2: 205-215.

郭鹏飞. 2018-10-30. 资源环境审计深化发展的路径研究[R]. 审计署审计科研所审计研究报告.

过孝民. 1993. 我国环境规划的回顾与展望[J]. 环境科学, 14(4): 10-15, 93.

何劭玥. 2017. 党的十八大以来中国环境政策新发展探析[J]. 思想战线, 43(1): 93-100.

胡北. 2009. 中国古代的环保思想和法律制度及其时代意蕴[J]. 理论月刊, 8: 61-63.

胡惠良, 谈俊益. 2019. 江苏太湖流域水环境综合治理回顾与思考[J]. 中国工程咨询, 3: 92-96.

环境保护部. 2008. 开创中国特色环境保护事业的探索与实践: 记中国环境保护事业 30 年[J]. 环境保护, 15: 24-27.

黄文钰, 杨桂山, 许朋柱. 2002. 太湖流域"零点"行动的环境效果分析[J]. 湖泊科学, 14(1): 67-71.

黄肇义, 杨东援. 2001. 国内外生态城市理论研究综述[J]. 城市规划, 1: 59-66.

蒋仕伟. 2008. 论析欧洲的环境政策[J]. 西南农业大学学报(社会科学版), 3: 6-8.

金浩波. 2010. 江苏太湖流域排污权交易试点实践[J]. 环境保护, 19: 50-52.

克莱夫·庞廷. 2002. 绿色世界史: 环境与伟大文明的衰落[M]. 王毅, 张学广, 译. 上海: 上海
　　人民出版社.

李勃然. 2014. 20 世纪 70 年代美国环保政策演变及对我国环保政策的启示[D]. 武汉: 湖北大学.

李创, 宋文婷. 2015. 美日欧环境管制政策的特点分析[J]. 资源开发与市场, 31(6): 740-743.

李飞. 2018. 环境要素的罗马法处遇: 森林与矿产[J]. 华侨大学学报(哲学社会科学版), 2:
　　123-133.

李干杰. 2018. 以习近平新时代中国特色社会主义思想为指导 奋力开创新时代生态环境保护新
　　局面[J]. 环境保护, 46(5): 7-19.

李昊洋, 胡晓铭, 戴晶晶. 2017. 湖州市天子岗工业园区水权交易制度探究[J]. 水利规划与设计,
　　11: 128-131.

李明华, 陈真亮, 文黎照. 2008. 生态文明与中国环境政策的转型[J]. 浙江社会科学, 11: 82-86, 128.

李庆瑞. 2015. 新常态下环境法规政策的思考与展望[J]. 环境保护, 43(21): 12-15.

李蔚军. 2008. 美、日、英三国环境治理比较研究及其对中国的启示[J]. 上海: 复旦大学.

李亚津. 2013. 跨区域水权交易法律问题研究[D]. 兰州: 兰州大学.

李正强, 舒红. 2008. 经济发展与环境保护[J]. 理论与改革, 3: 65-66.

李挚萍. 2017. 论以环境质量改善为核心的环境法制转型[J]. 重庆大学学报(社会科学版), 23(2):
　　122-128.

李宗桂. 2012. 生态文明与中国文化的天人合一思想[J]. 哲学动态, 6: 34-37.

刘炳江. 2014. 改革排污许可制度 落实企业环保责任[J]. 环境保护, 42(14): 14-16.

刘齐文. 2004. 日本的环境政策分析. 培训与研究——湖北教育学院学报, 5: 84-86.

刘思帆. 2017. 日本环境政策研究[J]. 经济视角, 1: 17-24.

刘震. 2018. 重思天人合一思想及其生态价值[J]. 哲学研究, 6: 43-52, 128.

陆桂华, 张建华. 2014. 太湖水环境综合治理的现状、问题及对策[J]. 水资源保护, 30(2): 67-69, 94.

罗熹. 2007. 欧盟环境政策实施初探[J]. 北京行政学院学报, 6: 77-80.

吕忠梅. 1995. 论公民环境权[J]. 法学研究, 6: 60-67.

马超, 景跃军. 2005. 从经济发展看日本战后的环境政策演变[J]. 现代日本经济, 3: 50-52.

马娜. 2005. 中国与欧盟环境政策比较研究[J]. 上海标准化, 2: 40-45.

梅凤乔. 2016. 论生态文明政府及其建设[J]. 中国人口·资源与环境, 26(3): 1-8.

南玉泉. 2005. 中国古代的生态环保思想与法律规定[J]. 北京理工大学学报(社会科学版), 7(2):
　　63-67.

彭佳学. 2018. 浙江"五水共治"的探索与实践[J]. 行政管理改革, 10: 9-14.

彭水军, 包群. 2006. 经济增长与环境污染: 环境库兹涅茨曲线假说的中国检验[J]. 财经问题研
　　究, (8): 3-17.

钱易. 2017. 生态文明的由来和实质[J]. 秘书工作, 1: 73-75.

饶尚宽. 2006. 老子[M]. 北京: 中华书局: 63-105.

单玉书, 沈爱春, 刘畅. 2018. 太湖底泥清淤疏浚问题探讨[J]. 中国水利, 23: 11-13.

沈惠平. 2003. 日本环境政策分析[J]. 管理科学, 3: 92-96.

沈满洪, 谢慧明, 王晋等. 2015. 生态补偿制度建设的"浙江模式"[J]. 中共浙江省委党校学报,

31(4): 45-52.

石艾帆, 李慧明, 郑大愚, 等. 2010. 伴随世界文明史的环境保护[J]. 环境保护, 15: 23-26.

石淑华. 2007. 日本的环境管制体系及其启示[J]. 徐州师范大学学报(哲学社会科学版), 33(5): 101-105.

宋娇, 李海峰. 2014. 从年名看古巴比伦时期的灌溉农业与水渠开建[J]. 农业考古, 6: 278-281.

孙宝乐, 胡美灵. 2014. 我国环境政策的演变分析与改进研究[J]. 中南林业科技大学学报(社会科学版), 8(1): 120-124.

孙佑海. 2013. 明确环境司法依据从严打击环境犯罪: 关于《最高人民法院、最高人民检察院关于办理环境污染刑事案件适用法律若干问题的解释》的解读[J]. 环境保护, 41(15): 10-14.

唐丽梅. 2017. 日本环境精细化治理及其对我国的启示[D]. 济南: 山东大学.

王丹. 2011. 马克思主义生态自然观研究[D]. 大连: 大连海事大学.

王海滨. 2016. 浅析中国古代的环保思想及举措[J]. 法制与社会, 15: 9-11.

王华, 陈华鑫, 徐兆安, 等. 2019. 2010~2017 年太湖总磷浓度变化趋势分析及成因探讨[J]. 湖泊科学, 31(4): 919-929.

王金南, 刘年磊, 蒋洪强. 2014. 新《环境保护法》下的环境规划制度创新[J]. 环境保护, 42(13): 10-13.

王金南, 苏洁琼, 万军. 2017. "绿水青山就是金山银山"的理论内涵及其实现机制创新[J]. 环境保护, 45(11): 13-17.

王金南, 万军, 王倩, 等. 2018. 改革开放 40 年与中国生态环境规划发展. 中国环境管理, 10(6): 5-18.

王金南, 吴悦颖, 雷宇, 等 2016. 中国排污许可制度改革框架研究[J]. 环境保护, 44(21): 10-16.

王少波, 刘立夫. 2007. 中国古代环保机构的作用及其现实意义[J]. 淮阴师范学院学报(哲学社会科学版), 29(3): 317-319.

王社坤, 苗振华. 2018. 环境保护优先原则内涵探析[J]. 中国矿业大学学报(社会科学版), 20(1): 26-41.

王树义. 2014. 论生态文明建设与环境司法改革[J]. 中国法学, 3: 54-71.

王文睿. 2007. 论欧盟环境政策及其对中欧贸易的影响[D]. 北京: 对外经济贸易大学.

王曦. 2009. 论美国《国家环境政策法》对完善我国环境法制的启示[J]. 现代法学, 31(4): 177-186.

王艳洁. 2018. 我国跨区域流域水管理体制分析: 以太湖流域为例[J]. 经济研究导刊, 1: 118-120, 176.

王玉庆. 2018. 中国环境保护政策的历史变迁[J]. 环境与可持续发展, 43(4): 5-9.

王资峰. 2010. 中国流域水环境管理体制研究[D]. 北京: 中国人民大学.

韦贵红, 黄雅惠. 2016. 论环境保护优先原则[J]. 清华法治论衡, 2: 122-137.

卫小平. 2019. 环境影响评价与排污许可制的衔接对策研究[J]. 环境保护, 47(11): 33-36.

魏世梅. 2008. 儒家"天人合一"观与现代人天和谐观之比较[J]. 中州学刊, 1: 164-166.

吴荻, 武春友. 2006. 建国以来中国环境政策的演进分析[J]. 大连理工大学学报(社会科学版), 4: 48-52.

吴舜泽. 2009. "十一五"规划中期考核研究[M]. 北京: 中国环境科学出版社.

吴舜泽, 徐毅, 王倩. 2009. 环境规划: 回顾与展望[M]. 北京: 中国环境科学出版社.

奚爱玲. 2004. 水环境治理中排污权交易的国际经验及上海的实践[J]. 世界地理研究, 2: 58-63.

夏青, 邹首民, 成果, 等. 1990. 水环境标准与排污许可证制度[J]. 环境科学研究, 3: 1-64.

向佐群. 2017. 日本公害事件受害者的救济体系及对我国的借鉴[J]. 中南林业科技大学学报(社
　　会科学版), 11(1): 52-57, 83.

解振华. 2017. 构建中国特色社会主义的生态文明治理体系[J]. 中国机构改革与管理, 10: 10-14.

解振华. 2018. 深入推进新时代生态环境管理体制改革. 中国机构改革与管理, 10: 6-11.

解振华. 2019. 中国改革开放 40 年生态环境保护的历史变革: 从"三废"治理走向生态文明建
　　设[J]. 中国环境管理, 11(4): 5-10, 16.

徐雪红. 2013. 加强流域综合治理与管理 推动太湖流域水生态文明建设[J]. 中国水利, 15:
　　63-65.

杨洪刚. 2009. 中国环境政策工具的实施效果及其选择研究[D]. 上海: 复旦大学.

杨继文. 2015. 基于生态整体主义的环境治理进路研究: 理性化、社会化与司法化[J]. 环境污染
　　与防治, 37(8): 90-95.

杨继文. 2018. 中国环境治理的两种模式: 政策协调与制度优化[J]. 重庆大学学报(社会科学版),
　　24(5): 108-116.

杨锐. 2003. 试论世界国家公园运动的发展趋势[J]. 中国园林, 7: 10-15.

叶大凤, 唐娅玲. 2017. 西方发达国家环境政策的经验及其启示[J]. 中南林业科技大学学报(社
　　会科学版). 11(6): 14-17, 38.

叶俊荣. 2003. 环境政策与法律[M]. 北京: 中国政法大学出版社: 140-141.

叶姝阳, 王志亮. 2016. 欧盟环境监管政策及实践对我国的启示[J]. 商业会计, 20: 25-27.

殷兴山. 2018. 绿色金融改革创新的浙江案例[J]. 中国金融, 13: 17-19.

尤珍, 钱纯纯, 马颖卓. 2018. 太湖局打造湖长制"升级版" 太湖首创跨省湖泊湖长协商平台[J].
　　中国水利, 24: 112-113.

余辉, 牛远, 徐军, 等. 2018-04-26. 新时期太湖流域综合治理"减排"与"扩容"策略[N]. 中国
　　环境报, 4.

岳倩. 2011. 日本环境保护的历史考察(1955~2000)[D]. 苏州: 苏州大学.

翟淑华. 2017. 太湖流域水生态文明建设理念与实践[A]. //2017 中国水资源高效利用与节水技术
　　论坛论文集[C]. 南京: 河海大学.

张炳, 费汉洵, 王群. 2014. 水排污权交易: 基于江苏太湖流域的经验分析[J]. 环境保护, 42(18):
　　32-35.

张卫东, 汪海. 2007. 我国环境政策对经济增长与环境污染关系的影响研究[J]. 中国软科学, 12:
　　32-38.

张学良, 陈建军, 权衡, 等. 2019. 加快推动长江三角洲区域一体化发展[J]. 区域经济评论, 2:
　　80-92.

张艺. 2019. 儒道佛三家"天人合一"思想溯源与对比研究[J]. 牡丹江大学学报, 28(8): 13-16.

张永秀. 2011. 论古印度文明的特性[J]. 潍坊学院学报, 11(1): 86-89.

赵贺. 2002. 排污权交易的理论与实践: 结合上海排放权交易[J]. 上海综合经济, 1, 10-11.

赵克仁. 2015. 古埃及生态教育及其现代启示[J]. 中东问题研究, 2: 235-251, 286.

赵廷宁, 武健伟, 王贤, 等. 2001. 我国环境影响评价研究现状、存在的问题及对策[J]. 北京林业
大学学报, 2: 67-71.

浙江省水利厅. 2018. 浙江省杭州市: 东苕溪流域水权制度改革实践与经验[J]. 中国水利, 19:
68-69.

中国工程院, 环境保护部. 2011. 中国环境宏观战略研究. 第一卷[M]. 北京: 中国环境科学出版社.

中国国际工程咨询有限公司. 2019. 关于太湖流域水环境综合治理总体方案(2013 年修编)实施
情况的咨询评估报告[R]. 北京: 中国国际工程咨询有限公司.

中央组织部. 2019. 贯彻落实习近平新时代中国特色社会主义思想、在改革发展稳定中攻坚克难
案例·生态文明建设[M]. 北京: 党建读物出版社.

周宏春. 2018-11-12. 中国生态文明建设发展进程[N]. 天津日报, 9.

周宏春. 2019. 改革开放 40 年来的生态文明建设[J]. 中国发展观察, 1: 5-10.

周宏春, 江晓军. 2019. 习近平生态文明思想的主要来源、组成部分与实践指引[J]. 中国人
口·资源与环境, 29(1): 1-10.

周宏伟, 黄佳聪, 高俊峰, 等. 2019. 太湖流域太浦河周边区域突发水污染潜在风险评估[J]. 湖
泊科学, 31(3): 646-655.

周丽. 2018. 衢州市绿色金融改革创新的实践与思考[J]. 浙江金融, 1: 68-73.

朱玫. 2011. 墨累-达令流域管理对太湖治理的启示[J]. 环境经济, 8: 43-48.

朱伟, 陈怀民, 王若辰, 等. 2019. 2017 年太湖水华面积偏大的原因分析[J]. 湖泊科学, 31(3):
621-632.

朱源. 2013. 近年来美国环境政策制定的趋势及对我国的启示[J]. 环境保护科学, 39(5): 46-50.

后　记

　　太湖流域既有园林之美，又有山水之胜，自然、人文景观交相辉映，是无数文人墨客笔下写不尽的江南。人们喜欢在城市中寻绿，在乡野里探绿，游走于林间田舍，吟唱诗和远方之歌。绿水青山不仅能令人愉悦轻松，更能让人深深体会到生活的美好，触摸到人与自然关系的真谛。良好的生态环境，一直是太湖流域高水平全面建成小康社会孜孜以求的奋斗目标。

　　2023 年是我参加工作的第 20 年，我亲身经历了 2002 年以来太湖流域水环境治理的历程。记得 2007 年 5 月底，那个潮湿的下午，传真机"吱吱"地吐出地方反映太湖水源地情况的报告。我没有想到，之后不久太湖流域水环境治理就翻开了新的篇章。这些年，各级政府不断向"最痛处"亮剑，向"最难处"攻坚，护山、活水、育林、疏渠、清湖、丰草，将"环境美"体现在"只能更好、不能变坏"的不断追求里，印刻在水韵灵动、宜业宜居的城乡画卷上。我们能切身感受到，太湖水质明显好了很多。消失了很久的甲鱼、鳗鱼开始回归，很多以前从来没有见过的水鸟也飞到太湖边繁衍栖息。在无锡鼋头渚，不少市民在湖边散步、写生。一位渔民说："我们的生活与太湖息息相关。只有太湖美，我们的日子才会更美。"我想，这些改变的根本原因，是人们的思想意识发生了变化，绿色发展的理念深入了人心。一轮明月、一江春水、一缕乡愁，这些对优质生态产品和美好生态环境的期待，正在通过生态文明建设逐渐变成现实，转化为支撑经济社会高质量发展的生态环境基础。

　　15 年前，我作为特邀专家，到北京参加《太湖流域水环境综合治理总体方案》编制讨论。在和其他学者专家深入交流的过程中，我认识到，要保护好环境，需要"有效"市场和"有为"政府充分结合，用好市场机制释放动能。这里的关键是在明晰生态环境公共产品属性的基础上，发挥好政策工具的调控作用，使生态规律和市场机制相协调。而在太湖流域，不管是政策法规、体制机制、区划红线，还是绿色金融、生态补偿、排污权交易，都有很多创新而生动的实践，值得总结归纳。正如王浩院士所说："太湖流域的事情就有这么一个特点，以创新引领实践，实践反过来又促进了创新。"例如，流域水环境综合治理信息共享、太湖湖长协商协作、太浦河水资源保护省际协作、江苏省水环境质量双向补偿机制等，很多做法、理念都是超前的。2016 年后，我和魏清福就想把太湖的"故事"整理一下。回顾过去，是为了更好地面向未来。留点笔墨，与其说是为了自己忆念，不如说是为了传递给周围的人，从某种意义上说，这也是一种责任。

需要说明的是，本书借鉴了许多已有的研究成果。大家能够看到，我们在书中大量地引用了国家发展改革委、生态环境部、水利部、住房和城乡建设部、农业农村部等部委印发的规划、意见、行动计划等，还有解振华、王浩的很多观点，有些观点来自阅读，有些则来自亲炙和请益。此外，本书还引用了陆大道、钱易、王金南、张建云、程声通、杜鹰、常纪文、周宏春、夏青、彭佳学、吕忠梅、李小平、朱昌雄、崔广柏、胡维平、马荣华、钱益春、彭树恒、张建华、周杰、陈方、渠晓东、姜霞、卢少勇、孔明、袁洪州、朱伟、卢士强、杨桂山、陈雯、冯健、贾更华、杨凯、车越、钱新、董壮、蔡梅、单玉书、朱玫、程翠云、叶建锋等学者的专著或者论文。当然，除了提到名字的这些学者之外，应该还有挂一漏万之处，因为在写作过程中，我们查阅了数百篇论文，注释难免有不规范之处，在此一并深致谢意和歉意。

一千个人眼中有一千个哈姆雷特，每个人阅读本书也会有不同的体会。这本书也是一家之言，肯定会有很多偏颇之处。但是如果这本书能刺激你更主动、更积极地思考流域水环境治理，或者若你能把这本书当成我们手绘的太湖水环境治理缩略图去漫游，探索更深入、更广阔的治理历程，那么我们的目的就达到了。

最后，感谢王浩院士的指导，感谢科学出版社的支持与鼓励，感谢参加编写的每一位同志。这次合作的经历，如春风般美好，留在我的心间。

2023 年 1 月 22 日